KB025747

다정한 수학책

HOW TO FREE YOUR INNER MATHEMATICIAN
© Susan D'Agostino 2020
All rights reserved.

HOW TO FREE YOUR INNER MATHEMATICIAN was originally published in English in 2020. This translation is published by arrangement with Oxford University Press. Bookhouse Publishers Co., Ltd. is solely responsible for this translation from the original work and Oxford University Press shall have no liability for any errors, omissions or inaccuracies or ambiguities in such translation or for any losses caused by reliance thereon.

Korean translation Copyright © 2024 by Bookhouse Publishers Co., Ltd.
Korean translation rights arranged with Oxford University Press
through EYA(Eric Yang Agency).

이 책의 한국어판 저작권은 EYA(Eric Yang Agency)를 통해
Oxford University Press와 독점 계약한 (주)북하우스 퍼블리셔스에 있습니다.
저작권법에 의하여 한국 내에서 보호를 받는 저작물이므로
무단 전재와 무단 복제를 금합니다.

HOW TO FREE YOUR INNER MATHEMATICIAN

내 안에 숨겨진 수학 본능을 깨우는 시간

다정한 수학책

수전 다고스티노 지음 | 김소정 옮김

해나무

《다정한 수학책》에 보내는 찬사

"실생활과 수학을 연결하되 너무 빠르지도 느리지도 않게 독자들을 이끈다. 이 유쾌한 책을 통해 거의 모든 사람이 수학이라는 귀중한 보물을 이해할 수 있을 것이다. 책 속에 녹아든 다고스티노의 개성이 지혜, 재미, 유익함을 고루 보장한다는 점이 가장 특별하다."

—스미스 대학교 수학통계학과 학과장 크리스토프 골Christophe Golé

"수학은 삶의 아름다움과 매혹적인 면을 제대로 보여주는, 열심히 배우고 탐구해야 할 중요한 학문이다. 그러나 학교는 수학을 제대로 가르치지 못하고 있으며 어른들에게 수학의 경이로움을 탐구하고자 하는 호기심을 심어주는 데도 실패했다. 다고스티노의 이 우아한 책은 적당히 타협하지 않으면서도 매력적이고 명석하게, 우아하면서도 재치 있게 수학에 활기를 불어넣어 쉽게 전달해준다. 학생들뿐 아니라 어른들도 반드시 읽어야 할 책이다. 독자들은 읽는 내내 웃으며 저자에게 고마워하리라."

—열린사회를 위한 대학교 네트워크 회장, 바드 대학교 학장, 아메리칸교향악단 지휘자 리언 보츠타인Leon Botstein

"다고스티노의 책은 주변 세상에 호기심이 많은 학생을 위한 훌륭한 시작점이자, 아이를 돕고자 하는 부모를 위한 근사한 참고서다. 수학을 돌아보고 싶은 현직 기술자를 위한 복습서이자, '지식을 보강하고 개선하고 싶은' 모든 독자를 위한 책이다. 수학은 우아한 방법으로 세상을 이해하게 해주며, 성공은 보는 사람의 관점에 달려 있음을 이 책은 강조한다."

—다트머스 대학교 학장 조지프 J. 헬블Joseph J. Helble

함께 수학을 이야기하다가

결국은 사랑하게 된 나의 에스터밴에게

들어가는 글

이 책이 존재하는 이유는 무엇일까

고백을 하나 해야겠다. 고등학교 때 미적분 시험을 망친 뒤로 나는 수학을 버렸다. 수학에 관한 한 나의 전성기는 지나버렸다고 생각했기 때문이다. 대학교에서는 인류학과 영화를 공부했고, 뉴욕 허드슨강 계곡에 있는 젖소 농장에서 일했다. (여름 방학에도 수학 관련 인턴 일은 신청할 생각조차 하지 않았다.) 대학을 졸업한 뒤에는 모교에 진학하고자 하는 학생들을 상담해주려고 북아메리카 대륙과 남아메리카 대륙을 구석구석 돌아다녔다. 그후 닭이 4만 2000마리나 있는 농장에 자리 잡고 지냈는데 주로 아시람(힌두교 수도원)에 머물면서 인도 철학과 요가를 공부했다. 그런 생활을 하면서도 나에게는 한 가지 비밀이 있었다. 수학을 조금 더 배우고 싶다는 바람이 점점 더 커지고 있다는 것이었다.

여행하지 않을 때는 목요일마다 멜리사와 함께 직접 저녁을 만들어 먹었다. 멜리사는 네 살 때부터 춤을 추었다. 현미밥과 우리 지역에서 기른 채소에 레몬 타히니 소스를 뿌린 요리를 먹으면서 우리는 앞으로 해야 할 일을 생각했다. 멜리사는 창의성을 추구한다는 것이 어떤 의미인지, 꿈을 꾼다는 것이 어떤 의미인지를 잘 아는 친구였기에 나는 내 비밀을 멜리사에게 털어놓았다.

"농부와 요가 스승에게 배운 끈기와 근면함을 수학 공부에 활용하면 근사하지 않을까?" 비밀을 들은 멜리사는 흥미로운 대답을 해주었다. 농장의 일꾼일 때 나는 가뭄과 해충, 고장 난 기계와 작물을 시들게 하는 질병과 싸우면서도 달콤한 딸기를, 최상급 체더치즈를, 부드러운 아스파라거스를, 신선한 달걀을, 아삭한 사과를 거뜬히 만들어냈다. 요가를 할 때는 차분하게 숨을 쉬면서 힘차고 강인하게 몸을 접어 연꽃 자세를, 쟁기 자세를, 독수리 자세를 해낼 수 있었다.

거의 10년 동안 수학 책을 펴본 적도 없고, 수학 교실에 들어가본 적도 없었지만 나는 용감하게 미적분 예비 반에 등록했다. 생계를 따로 해결하면서 수학 학사 학위를 따기까지는 여러 해가 필요했고, 다트머스 대학교에서 수학 박사 학위를 따기까지 또다시 몇 년을 보내야 했다. 그동안 나는 한 남자와 사랑에 빠져 결혼을 했고 두 아이를 낳았고 부모님을 떠나보냈다. 고등학교와 대학교에서 수학을 가르쳤고 주 정부 관리들에게 수학 교육에 관한 조언을 했다. 그 덕분에 뉴햄프셔주뿐 아니라 여러 주의 학생들과 교사들, 초등학교·중학교·대학교 실무자들을 만나 수학에 관한 이야기를 나눌 기회를 얻었다. 교직을 그만둔 뒤로는 수학 논문 책임 편집자로 일하기도 했고 독일 하이델베르크 수상자 포럼에 초대받아 수학의 노벨상이라고 할 수 있는 필즈상 수상자들을 인터뷰하고 글을 쓰기도 했다. 물론 우리 아이들이 초등학교에 들어가고 중학교와 고등학교에 다니는 동안에는 부엌 식탁에 앉아 아이들의 수학 숙제도 도왔다. 그러다가 죽을 수도 있는 병에 걸려 다시는 걸을 수 없으리라는 절망 속에서 오랜 시간을 견뎌야 했다. (다행히 지금은 걸을 수 있다.) 버트런드 러셀Bertrand Russell은 "인간 세상에 나를 위로해줄 것이 하나도 없다고 느낄 때면 수학과 별이 나를 위로해준다"라고 했다. 러셀은 내 삶의 여정을 미리 내다본 것이 분명하다. 행복한 순간에도, 암울한 순간에도, 수학은 언제나 내 곁을 지켜준 소중한 친구였다.

살면서 경험한 일들 덕분에 나는 개인으로, 가족으로, 지역 공동체의 일원으로, 한 나라의 구성원으로, 국제 사회를 살아가는 사람으로서 수학을 공부하는 이유를 알게 되었다. 수학이 나의 삶에 가져다준 의미가 너무나도 고마워서 마음이 부풀어 오르지 않는 날이 없다. 사고 능력이 제대로 발휘되지 않아 수학을 제대로 고민할 수 없어 답답한 날일지라도 나는 수학이 정말 고맙다. 다른 사람들 때문에 의기소침해지기도 하고 괴롭힘을 당할 때도 있었지만, 수학을 공부하는 동안에는 시간을 초월해 추상적 사고와 비판적 사고를 찬양하는 공동체의 일원으로 살았기에 행복한 순간이 더 많았다. 사람들이 수학을 좋아하게 하려고 노력했다는 이유로는 전혀 사과할 생각이 없다. 누구에게나 수학적 사고 능력이 있다는 걸 알고 있으니까. 사람은 누구나 아직 개발하지 않은 엄청난 수학적 잠재력을 지니고 있다. 직접 수학을 공부하면서, 또 나의 아이들과 학생들, 뉴햄프셔를 비롯한 미국 전역의 사람들, 내가 방문한 전 세계 학교의 학생들, 내가 편집해 발행한 논문을 저술한 수학자들, 내가 만나본 필즈상 수상자들이 수학을 추구하는 모습을 보면서 언제나 같은 결론을 내릴 수 있었다. 수학은 타고난 재능보다 호기심, 열망, 끈기가 더 중요하다.

다양한 배경을 가진 사람들과 수학에 관한 대화를 나누면서 나는 한 가지 공통점을 깨닫게 됐다. 사람들은 수학을 사랑하든 수학을 미워하든지 간에 수학에 정말 강렬한 감정을 품고 있다. 그런데 수학이 밉다고 고백한 사람들은 보통 "~하기 전까지는 수학을 사랑했다"라는 말을 황급히 덧붙였다. 원래는 수학을 좋아했지만 싫어하게 됐다는 사람들도 그 이유가 온전히 수학 때문인 경우는 거의 없었다. 그 누구도 "4차원이라는 개념에 모욕을 느꼈기 때문에 수학을 싫어하게 됐다"라거나 "크기가 다른 무한이 존재한다는 생각을 철학적으로 반대하기 때문에 수학을 싫어하게 됐다" 같은 말은 하지 않았다. 대신 대부분 자신이 수학을 '떠나야 했던' 이유를 (바로 어제 겪은 일인 것처럼 생생하게) 황급히 설명해주었다. 어떤 사람은 어린 시절의 나처럼 단 한 번 수학 시험에 실패했기 때문에 수학을 떠났다. 친구나 부모님, 과외 교사나 선생님의 '너는 수학에 소질이 없어'라는 가혹한 한 마디가 수학의 영토에서 떠나라는 해고 통지서처럼 날아와 수학을 포기한 사람들도 있었다. 수학의 개념을 제대로 설명해주지 않은 수학 선생님 때문에 지금도, 그리고 앞으로도 수학을 제대로 할 수 없으리라 생각하고 수학을 놓아버렸다는 사람들도 있었다. 어떤 이유로 수학을 싫어하게 됐건 수학을 싫어하는 사람들은 거의 모두 이런 말을 덧붙였다. "늘 수학을 잘하는 사람이 부러웠어요. 언제나 나도 수학을 잘하면 좋겠다는 생각을 했어요."

이 책은 단 한 번의 실패로 더는 수학을 잘하게 되는 날은 없으리라고 잘못 생각해버린 어린 시절의 나에게 주고 싶은 책이다. "~하기 전까지는 수학을 사랑했다"라고 말하는 모든 사람에게 주고 싶은 책이다. 아울러 수학을 정말 사랑한다고 말하는 사람에게도 주고 싶다. 이 세상 사람들을 '수학을 할 줄 아는 사람'과 '수학을 할 줄 모르는 사람'으로 나누는 이분법에는 찬성하지 않기 때문이다. 당신이 어떤 사람이든, 수학이 당신에게 어떤 역할을 했고 그 의미가 무엇이든지 간에 이 책은 직접 수학을 고민하고 그것에 귀를 기울이고 매혹되어 볼 기회를 줄 것이다. 당신은 머릿속으로 형태를, 패턴을, 수를, 생각을 뒤집어보게 될 것이다. 수학의 영역을 넘어 삶에도 적용할 수 있는 교훈을 얻게 될 것이다. 그것이 바로 다시 수학으로의 여행을 시작할 방법, 삶에서 수학을 재건할 방법이다. 내면의 수학자가 자유롭게 풀려나 재능을 발휘할 수 있게 해줄 방법이다.

이 책은 당신을 위한 책일까

지금 배우고 있는 수학, 이미 배운 수학, 학교에서는 절대로 배운 적이 없는 '수학 너머에 있는 수학적 생각'에 관심이 있는 사람이라면 이 책이 유용할 것이다. 수학을 즐기며 배우는 고등학생이나 대학생일 수도 있고 오래전에 수학을 (좋게든 나쁘게든) 경험했던 직업인일 수도 있다. 수학을 배우고 자신감을 길러 아이들의 숙제를 도와주려는 학부모일지도 모른다. 이 책을 읽는다고 굳이 대수나 기하학, 미적분학 지식을 미리 갖추려고 노력할 필요는 없다. 이 책을 읽는다고 그런 지식을 알게 되지도 않을 것이다. 공식을 알아야 할 이유도, 수학 기호를 기억해야 할 필요도 없다. 그저 읽고 배우고 생각하는 과정을 즐길 수만 있으면 된다. 수를, 패턴을, 모양을, 추상적인 수학 개념을 조금 더 잘 이해할 수 있도록 책에 그려진 그림을 보고 음미할 수만 있으면 된다.

벽지 무늬, 오렌지를 쌓는 가장 좋은 방법, 지구의 모양, 공정한 투표 방법, 다른 사람이 제멋대로 자료를 변경했는지를 알아보는 기술 같은, 우리 주변에 있는 수학의 속성에 우선 흥미를 느껴야 한다. 4차원 입체 도형, 카오스 이론, 미생물의 기하학 속성 같은, 우리가 살면서 경험하지 못하는 개념들에도 호기심을 가져야 한다. 게임 이론, 부호 이론, 미적분학, 위상 수학 같은 수학 하위 분야의 기본 지식을 알게 된다는 사실에 신이 나야 한다. 이 책에서 언급한 수학을 공학, 생물학, 화학, 물리학, 경제학, 기술 같은 실생활에 적용하고 싶겠지만, 이론 수학의 개념을 눈에 보일 정도로 쉽게 실생활에 적용하지 못한다고 해도 너무 걱정하지는 말았으면 좋겠다. 수학자들은 주로 지적 능력을 기르려고 수학을 추구한다. 지적 능력의 성장까지는 아니더라도 수학이 주는 근본적인 즐거움 때문에 수학을 연구하는 수학자도 아주 많다.

이 책에서 독자들은 무엇을 기대해야 할까

어쩌면 당신은 해변에 앉아서 이 책을 읽을지도 모르겠다. 책상에 똑바로 앉아서 읽을 수도 있다. 하지만 이 책을 어디에서 어떤 식으로 읽느냐보다는 어떤 마음으로 읽느냐가 더 중요하다. 이 책을 읽는 동안 쉽게 이해되지 않는 문제를 만날 때도 있겠지만, 그런 문제를 고민하는 이유는 결국 더 큰 행복을 가져올 경이로움 때문이라고 생각해주면 좋겠다. 이 책의 어느 장도 다른 장을 선행 지식으로 요구하지 않으므로, 목차에 상관없이 자신에게 맞는 순서로 읽어나가면 된다. 특히 마음에 드는 소제목이 있거나 호기심이 느껴지는 주제가 있으면 그곳부터 읽어나가자. 물론 처음부터 끝까지 순서대로 읽어도 된다. 이 책을 모두 읽는 데 걸리는 시간도 읽는 사람이 마음대로 정할 수 있다. 일주일 안에 모두 읽어도 되고 오랜 시간 천천히 읽어도 된다.

이 책에 실은 각 장의 수학 주제는 모두 단독으로 책 한 권의 주제가 되어도 좋을 만한 내용이다. 이 책에서는 몇 가지 주제를 깊게 다루지 않고 많은 주제를 넓게 다루었다. 길지 않은 각 장의 내용은 명확한 수학 개념을 소개할 뿐 아니라 수학을 계속 공부해나가는 데 필요한 조언도 함께 제시한다. 많은 경우 수학뿐 아니라 인생을 살아가는 데도 도움이 될 조언들이다. 각 장의 끝에는 본문 내용을 이해했는지를 점검할 수 있도록 (그리고 이 책이 들려준 조언을 실제로 삶에 적용할 수 있도록) 문제를 냈다. 계산이 필요한 문제도 조금은 있지만 거의 대부분 관점을 바꾸면 풀 수 있는 문제들이다. 해변에서 이 책을 읽는다면 눈을 감고 파도 소리를 들으면서 해답을 생각해봐도 좋을 것 같다. 책상에서 읽고 있다면 연필을 들고 (그림도 그려가면서) 답을 적어보자. 자세한 해답은 이 책의 뒤에 실었다. 해답에서는 각 장에서 다룬 수학을 조금 더 자세하게 논의하거나 실제 사례를 소개한다.

각 장은 예상 난이도에 따라 세 부로 나뉜다. 하지만 난이도는 사람마다 다르게 느낄 것이다. 어떤 사람에게는 어려운 문제가 다른 사람에게는 쉬울 수도 있기 때문이다. 그 점을 생각하면서 각 부에 관한 다음 소개를 읽어보자.

- **1부**에서는 '몸을 위한 수학'을 다룬다. 책을 읽어나갈수록 점점 더 어려운 주제가 나오긴 하지만, 1부에서는 수학을 시작할 수 있는 친숙한 주제, 적어도 쉽게 접근할 수 있는 진입로 역할을 해줄 주제를 다루었다. 도시에 있는 7개 다리를 한 번씩만 건너서 모두 건널 방법을 알아내는 쾨니히스베르크 다리 문제가 그 예다. 한 가닥의 줄로 묶을 수 있는 매듭의 종류를 다루는 매듭 이론도 1부에서 다룰 것이다. 인간 컴퓨터와 수학자 캐서린 존슨을 소개한 장에서는 우주선이 대기권으로 재진입하는 방법을 살펴본다. 지금까지 우주를 다룬 수학을 접해본 적이 없다고 해도 살면서 누구나 한 번쯤 우주여행을 하는 상상을 해보았거나 꿈꾼 적이 있을 거라고 믿는다.
- **2부**에서는 '마음을 위한 수학'을 다룬다. 2부에서 다루는 내용은 1부에서 다룬 내용을 포함하고 있지만 조금 더 어렵다. 1부에서 쉬운 내용을, 2부에서는 조금 더 상세하고 어려운 내용을 다룬

것이다. 더 추상적이고 낯설 거라는 말이 더 적절할지도 모르겠다. 이름은 재미있지만 정말로 진지한 수학 정리가 있다. 바로 털북숭이 공 정리다. 내용은 유쾌하지만 제대로 이해하려면 연속적인 벡터장을 이해해야 한다. (걱정할 필요 없다. 연속적인 벡터장이 무엇인지를 이해할 수 있도록 다양한 방법으로 설명할 테니까.) 쌍둥이 소수 추측 문제에서는 수직선의 먼 끝부분에 있는, 아주 외진 곳에 살기 때문에 자기들끼리 작은 무리를 지어 함께 사는 극지방 주민(소수prime number, 1과 자신만을 약수로 갖는 수)들을 살펴볼 것이다. 수를 의인화하는 경험이 모두에게 익숙한 건 아닐 테니까, 처음에는 낯설 수도 있다.

- **3부**에서는 '영혼을 위한 수학'을 다룬다. 수학자들이 가장 사랑하는 추상 수학을 다루는 것이다. 거꾸로 매달린 채 출발점으로 돌아오게 되는 4차원 클라인 병에 관해서도 알게 될 테고, 다른 무한보다 더 큰 무한이 있음을 입증하는 과정도 배울 것이다. 분수 차원인 물체도 상상하게 될 것이다. 분수 차원은 그림으로 그릴 수가 없기 때문에 상상할 수밖에 없다. 공간을 채우는 곡선도 다룬다. 3부에서는 독자의 이해를 도우려고 그림을 많이 그렸다. 확실히 정신을 바짝 차리고 집중해야만 이해할 수 있는 내용일 테지만 힘든 만큼 정신적으로나 지적으로 더욱 큰 보상을 얻으리라고 본다.

이 책을 읽을 때 수학은 '꽉 막히고 답답하다'라거나 '공식에 숫자만 집어넣으면 되는 거 아니야?'라는 생각은 버리자. 물론 수학 책을 읽는 과정은 소설책이나 신문을 읽는 과정과는 다르다. 수학 책은 천천히 읽어야 하고, 잠시 멈춰 생각해보다가 다시 읽는 과정을 반복해야 한다. 책을 읽어나가면서 계속 이런 질문을 던져보자. **'이 문장을 내가 이해했나? 내가 이해한 문장으로 다시 말해볼 수 있을까? 이 문장을, 이 문단을, 이 페이지를 다시 읽어볼까? 한 가지 예를, 두 가지, 세 가지 예를 생각해낼 수 있을까? 지금 읽은 내용을 그림으로 그릴 수 있을까?'** 다른 사람들 눈에 당신이 책을 읽다가 잠시 멈춰 생각하고, 바로 앞 페이지를 들춰 보면서 가끔은 연필을 들어 그림도 그리고, 다시 돌아가서 읽은 뒤에 문제를 풀려고 노력하는 모습이 보여야 한다. 이 책에 실은 문제들은 본문을 다시 읽어야만 풀 수 있는 문제가 대부분일 것이다. 음식 맛을 제대로 음미하려면 '슬로푸드'를 먹어야 한다고 말하는 요리의 세계처럼, 수학의 세계에서도 수학의 깊이를 제대로 음미하려면 '슬로 리딩'을 해야 한다.

한 장에서 너무 오랫동안 애를 써도 진도가 나가지 않는다면 다음 장으로 넘어가서 완전히 새롭게 시작해도 좋다. 하지만 일단 내버려두고 넘어갔던 장으로 다시 돌아오는 걸 잊지 말자. 시간이 흘러 조금 더 수학을 잘 알게 됐을 때, 다른 날에 다른 기분과 다른 관점으로 지나쳐온 수학을 다시 보면 당신의 뇌가 새로운 지적 경로를 열어 그 전에는 이해하지 못했던 내용을 이해하게 될 수도 있다. 그런 경험을 할 때마다 엄청난 발견의 기쁨을 느끼리라(이 책을 읽는 동안 이 책과 함께, 당신 자신과 함께, 다른 사람과 함께 수학 이야기를 하는 동안에는 늘 그런 일이 일어날 것이다). 그런 경험이 쌓이면 결국 당신 내면에 갇혀 있는 수학자가 자유를 얻고 풀려나 재능을 발휘한다고 믿는다.

차례

들어가는 글 7

1부 몸을 위한 수학

1장 일상을 흐트러뜨리자 소수 주기 23
2장 뻗을 수 있는 쪽으로 자라나자 보로노이 다이어그램 28
3장 논리적으로 추론하자 종이를 접어 달에 닿기 33
4장 성공의 기준을 스스로 세우자 애로의 불가능성 정리 41
5장 별에 닿아보자 나사의 수학자 캐서린 존슨 49
6장 알맞은 짝을 찾자 컴퓨터와 이진수 59
7장 자연스럽게 행동하자 벤포드의 법칙 65
8장 비교를 거부하자 카오스 이론 70
9장 일상 속에서 수학을 찾아보자 고대의 수학자 아르키메데스 75
10장 천천히 걸으면서 생각해보자 쾨니히스베르크의 다리 80
11장 꼬인 문제를 풀자 매듭 이론 90
12장 모든 사항을 고려하자 두 점을 잇는 가장 짧은 길 98
13장 아름다움을 찾아보자 피보나치수열 103
14장 분할하고 정복하자 미적분의 리만 합 107
15장 변화를 받아들이자 비유클리드 기하학 116
16장 쉽게 접근하자 비둘기 집의 원리 120
17장 구체적으로 추측하자 케플러의 구 쌓기 추측 125
18장 나만의 속도를 찾자 종단 속도 129
19장 세부 사항에 주목하자 회전 타원체 지구 133
20장 수학 모임에 가입하자 힐베르트의 스물세 문제 138

2부 마음을 위한 수학

21장 마음이 맞는 친구를 찾아보자 쌍둥이 소수 추측 147

22장 완벽할 필요는 없다 털북숭이 공 정리(고슴도치 정리) 153

23장 목표를 추구하는 과정을 즐기자 페르마의 마지막 정리 159

24장 나만의 패턴을 만들어보자 펜로즈 패턴 166

25장 가능하면 단순하게 바꿔라 0.999⋯=1 175

26장 관점을 바꿔보자 비비아니의 정리 177

27장 탐험하자 뫼비우스의 띠 184

28장 반론을 제기하자 소수는 무한하다 191

29장 되도록 협력하자 게임 이론 198

30장 사람들이 가지 않은 길을 찾아보자 조르당 곡선 정리 203

31장 탐구하라 황금 사각형 212

32장 느려도 꾸준히 나아가자 조화급수 222

33장 효율적으로 일하자 정이십면체 대칭인 박테리오파지 228

34장 균형을 찾자 부호 이론 237

35장 그림을 그려보자 다양한 방식으로 생각하기 244

36장 미묘한 차이를 감지하자 퍼지 논리 248

37장 답이 있는 문제에 고마워하자 브라우어르의 부동점 정리 255

38장 이해한 것을 계속 업데이트하자 베이즈 통계 262

39장 열린 마음을 유지하자 허수 267

40장 과정을 음미하자 무작위 걷기 272

41장 실패를 두려워 말자 아인슈타인의 $E=mc^2$ 276

3부 영혼을 위한 수학

42장 방향 감각을 잃어보자 클라인 병 285

43장 경험의 영역을 벗어나라 초입방체 293

44장 호기심을 쫓아가자 공간을 가득 채운 곡선 300

45장 상상력을 길러보자 분수 차원 308

46장 신중하자 다른 무한보다 더 큰 무한 318

결론 333

감사의 글 339

해답 342

참고문헌 384

찾아보기 390

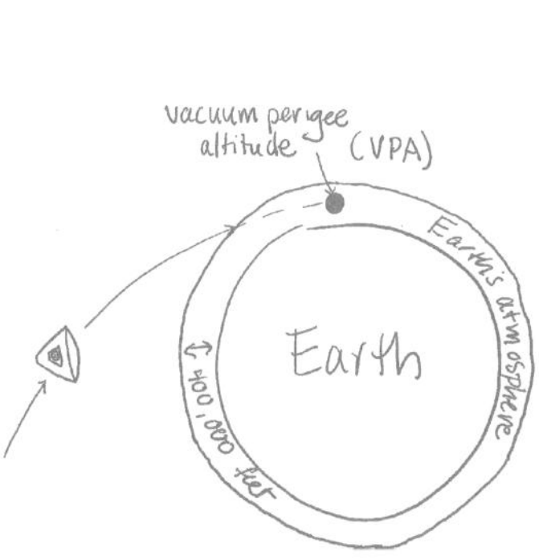

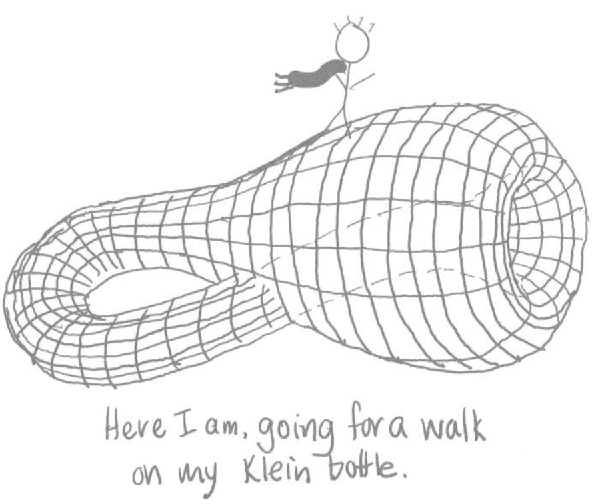

1부

몸을 위한 수학

1장

일상을 흐트러뜨리자

소수 주기

고난에 맞서려면 동물은 반드시 진화해야 한다. 화려한 색을 자랑하는 독화살 개구리는 뱀 같은 포식자를 피하려고 자기 몸을 아주 맛없게 만들었다. 나방은 배고픈 박쥐와 부엉이의 눈에 띄지 않으려고 나무 표면에 몸을 바짝 붙인다. 호저에게는 가시가 있고 치타에게는 빠른 발이 있고 스컹크에게는 역한 냄새가 나는 분비물이 있고 거북에게는 단단한 갑옷이 있다. 모두 포식자를 피하려고 개발한 방어 수단이다. 그렇다면 사람의 엄지손가락만 한 매미에게는 어떤 방어 수단이 있을까? 매미는 나는 것도 서툴고 걷는 것도 어설프다. 투박한 몸에 진한 빨간색 눈은 나무에 붙어 있건 땅에 붙어 있건 너무나도 쉽게 눈에 띈다. 매미에게는 독도 없고 가시도 없다. 빠르게 움직이지도 못하고 독성 물질을 뿜어내지도 못한다. 매미의 외골격은 너무 얇아서 새, 박쥐, 포유류, 심지어 물고기까지도 매미를 입에 넣고 씹으면 바삭한 껍데기 안에 든 말랑한 만두 같은 속살을 음미할 수 있다. 그런데도 매미는 멸종하지 않고 살아남았다. 어떻게? 진화 생물학자인 스티븐 제이 굴드Stephen Jay Gould는 매미에게 두 가지 훌륭한 방어 전략이 있다고 했다. '포식자 배불리기'와 '소수 생애 주기'가 그 전략이다.[1]

한 배에서 태어난 매미 유충은 13년이나 17년 주기로 아주 드물게 성체가 되기 때문에 한번 지상에 나타나면 수적으로 포식자를 압도하고, 그 결과 많은 개체가 살아남는다. 매미의 이 방어 전략을 전문 용어로 '포식자 배불리기'라고 한다. 엄청나게 많은 매미가 동시에 지상으로 올라오면 그중 다수가 포식자에게 먹히더라도 전부는 아니다. 결국 살아남아 번식하는 매미가 있기 마련이고, 이 매미들의 자손이 또다시 13년이나 17년 동안 땅속에서 숨어 지내기에 매미라는 생물 종이 지구에서 사라지지 않는다.

할 수만 있다면 매미의 포식자들도 매미의 개화기에 번식하도록 진화했을 것이다. 수많은 매미가 한꺼번에 나타나는 시기에 자손들이 풍부한 먹이를 잡아먹을 수 있도록 말이다. 하지만 13년 혹은 17년인 매미의 긴 생애 주기와 달리 매미 포식자들의 생애 주기는 2년에서 5년 정도로 훨씬 짧아 그럴 수가 없다. 매미의 개화기에 살아서 수많은 매미 덕분에 배를 불린 포식자라고 해도 다음 개화기까지는 살아 있을 수가 없는 것이다. 매미의 긴 생애 주기가 방어 전략이 되는 이유다.

그런데 어째서 매미의 수명은 6년이 아닐까? 6년을 사는 동물로 진화했어도 매미의 수명은 포식자의 수명보다 긴데 말이다. 사실 6년을 생애 주기로 택한 매미도 있었을 것이다. 문제는 많은 포식자가 2년 혹은 3년 동안 산다는 것이다. 2와 3은 모두 6의 약수이다. 따라서 수명이 6년인 매미는 개화기 때 늘 포식자를 만나게 된다. 수명이 3년인 포식자는 3년, 6년, 9년, 12년, 15년, 18년, 21년, 24년… 등 3의 배수가 되는 해에 활동한다. 수명이 6년인 매미는 6년, 12년, 18년, 24년… 등 6의 배수가 되는 해에 지상에 나온다. 결국 수명이 6년인 매미는 개화기 때마다 수명이 3년인 포식자를 피해야 살아남을 수 있다. 매미로서는 6년이라는 생애 주기가 전혀 바람직한 상황이 아니다.

매미의 이상적인 생애 주기는 5년보다는 길고 1과 자기 자신 외에는 약수로 갖지 않는 수다. 즉 5보다 큰 소수여야 하는 것이다. 예를 들어 수명이 3년인 포식자는 3, 6, 9, 12, 15, 18, 21, 24, 27, 30, 33, 36, 39, 42, 45, 48, 51…년에 한 번씩 매미를 먹을 준비를 하고, 수명이 17년인 매미는 17, 35, 51…년에 한 번씩 땅 위로 올라온다. 결국 포식자와 매미가 동시에 지상에 존재하는 시기는 3×17=51, 즉 51년 주기로 찾아오는 것이다. 그러니까 수명이 17년인 매미는 51년에 한 번씩만 수명이 3년인 포식자를 상대하면 된다. 수명이 6년인 매미에 비하면 훨씬 바람직한 세상에서 살다가 죽는다고 할 수 있다.

물론 매미를 먹는 포식자는 한 종이 아니다. 수명이 2년, 3년, 4년, 5년인 다양한 포식자가 매미를 먹으려 들 것이다. 하지만 생애 주기가 17년인 매미는, 17 미만의 소수가 아닌 생애 주기를 가진 매미보다 포식자의 수와 종류가 적다.

살아가려면 어쩔 수 없이 고난을 극복해야 한다는 사실을 알고 있는 매미는 자신의 일정을 포식자의 일정과 엇갈리게 하는 방법으로 고난을 극복한다. 생애 주기를 값이 큰 소수로 고정해서 포식자와 마주치는 경우를 줄이고, 기나긴 겨울잠에서 깨어날 때마다 다른 포식자를 만날 수 있게 한 것이다.

매미의 생애 주기는 우리에게 수학을 공부하는 방법을 알려주는지도 모른다. 정해진 일상에 예외를 만들어 수학을 공부해보면 어떨까. 불쑥 도서관에 가보기도 하고 자유로운 수학 토론 모임, 아니면 조금 엄격한 수학 공부 모임에 나가보는 것이다. 학교에서 공부하는 내용이 아니더라도 낯선 수학 강의를 들어보고 친구에게 카페에서 수학 토론을 하자고 제안해보자. 친구와 이야기를 나누다 보면 수학을 공부하면서 알게 된 내용을 들려줄 수 있고, 어려운 개념을 이해하는데 친구의 도움을 받을 수도 있다. 평소와 다른 시간에 평소와 다른 사람을 만나면 새로운 분위기를 느끼고 지금까지는 해보지 않았던 새로운 생각을 하게 된다.

정해진 시간에 공부하는 것도 도움이 되지만, 가끔은 일상을 흐트러뜨릴 때 탁월한 진화를 이룰 수 있다는 사실을 기억하자. 우리는 치타처럼 빨리 달릴 수 없고, 독화살개구리처럼 지독한 맛을 낼 수 없고, 나방처럼 자기 몸을 위장할 수 없고, 호저처럼 가시로 찌를 수 없고, 거북처럼 단단한 갑옷을 입을 수 없다. 하지만 소수를 생애 주기로 택한 매미처럼 정해지지 않은 시간에 불쑥 나타나 번성할 수 있다.

문제 1 1742년, 수학자 크리스티안 골드바흐Christian Goldbach는 수학자 레온하르트 오일러Leonhard Euler에게 편지를 썼다. 편지에서 골드바흐는 2보다 큰 모든 짝수(즉 4 이상의 짝수)는 두 소수의 합으로 나타낼 수 있다고 했다. 아래 식에서 볼 수 있듯, 2보다 큰 짝수 가운데 첫 10개는 모두 두 소수의 합으로 나타낼 수 있다.

$4=2+2$

$6=3+3$

$8=3+5$

$10=3+7$

$12=5+7$

$14=3+11$

$16=3+13$

$18=5+13$

$20=7+13$

$22=11+11$

그렇다면 24를 포함한 이후 짝수 10개도 두 소수의 합으로 나타낼 수 있을까? 짝수를 소수의 합으로 나타내는 특별한 규칙이 있을까? 골드바흐의 주장이 이해가 가는가? 이해가 가지 않는 부분이 있는가? 2보다 큰 짝수는 **모두** 두 소수의 합으로 나타낼 수 있다는 골드바흐의 주장은 사실일까? 대답해보자.

2장

뻗을 수 있는 쪽으로 자라나자

보로노이 다이어그램

사탕단풍나무, 바오바브나무, 은행나무, 자이언트 세쿼이아, 용혈목, 단풍나무, 참나무, 수양버들, 사과나무는 모두 저마다 독특하고 아름다운 잎을 무성히 낸다. 가지를 넓게 펼치면서 홀로 자라는 나무도, 다른 나무들보다 훌쩍 높게 자라는 나무도 있다. 숲속 바닥에 떨어진 씨앗이 싹 터서 자라는 나무도 있고, 과수원에서 자라는 나무도 있고, 인도 옆이나 치과 병원 대기실 화분에서 자라는 나무도 있다. 처음 자라기 시작할 때는 다른 나무나 구조물에 닿지 않기 때문에 나무들은 대부분 모든 방향으로 가지를 뻗는다. 하지만 조금 더 자라면 자신이 차지한 공간 안에서 자라는 상황에 만족해야 한다. 숲에서 자라는 나무는 다른 나무 때문에 가지를 뻗는 방향을 수정해야 한다. 도심에서 자라는 나무는 건물 벽이나 도로를 지나가는 트럭 때문에 자라지 못하는 방향이 생긴다. 떡갈잎 고무나무처럼 실내 화분에서 자라는 나무도 나무를 자라지 못하게 하는 장애물, 예컨대 거실 벽에 영향을 받는다.

만약 나무가 좌절한다면, 다른 나무의 가지 때문에, 건물 벽 때문에, 지나가는 트럭 때문에, 거실 벽 때문에 더는 자랄 수 없다는 사실을 깨닫는 순간 성장을 멈출지도 모른다. 하지만 나무는 좌절하지 않는다. 나무는 장애가 있어도 성장할 수 있다는 사실에만 기쁘게 집중한다. 가지를 뻗을 수 없는 방향으로 자라는 건 그만두고 자랄 수 있는 방향으로만 **계속** 가지를 뻗어나간다.

나무가 성장하면서 가지를 뻗는 방식은 보로노이 다이어그램Voronoi diagram을 이용하면 수학적으로 설명할 수 있다. 보로노이 다이어그램이란 2차원 평면을 '특정 지점'을 둘러싼 '다각형'으로 나눈 도형이다. 직선으로 이루어진 이 다각형은 내각이 모두 180도보다 작다. 이런 다각형을 볼록 다각형이라고 한다. 다각형의 특정 지점은 점으로 표시한다.

보로노이 다이어그램

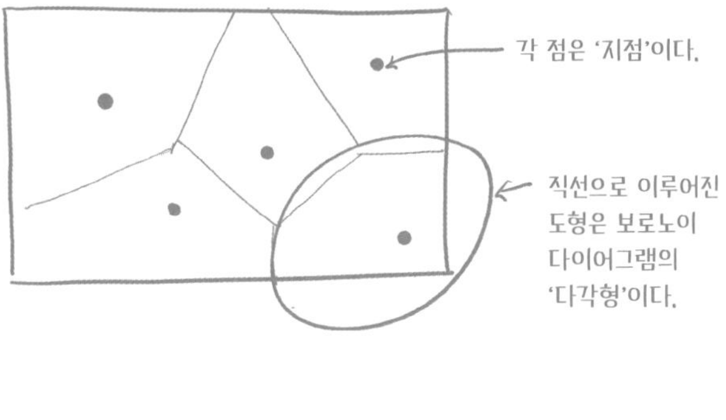

숲에서 일정한 비율로 자라는 나무를 하늘에서 내려다보면 보로노이 다이어그램을 볼 수 있다. 나무 몸통의 중심이 지점이고 한 나무에서 자라는 가지와 잎의 경계 부분이 다각형을 이룬다. 다음 그림은 첫 그림에서 발아한 씨를 기준으로 나무의 잎과 가지가 경계를 이루면서 만들어낸 보로노이 다이어그램을 보여주고 있다.

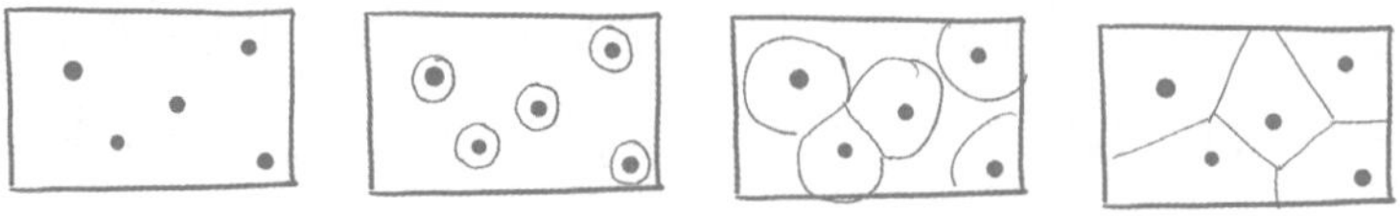

각 점은 씨앗을 나타낸다.

씨앗에서 자란 어린나무는 원 모양의 잎을 드리운다.

두 나무가 만난 경계선에서 가지는 성장을 멈추고 다른 방향으로 가지를 뻗는다.

나무들이 뻗을 수 있는 방향으로 가지를 뻗은 결과 보로노이 다이어그램이 만들어진다.

보로노이 다이어그램에서 한 다각형 안에 있는 모든 점은 다른 다각형의 지점보다는 점을 포함한 다각형의 지점에 더 가깝다. 두 다각형의 경계선 위에 있는 점은 두 다각형의 지점까지의 거리가 같다.

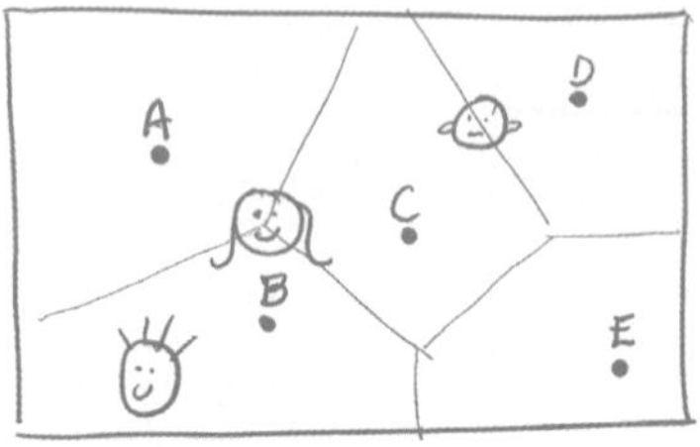

, , 은 모두 사람이고, A, B, C, D, E는 나무의 몸통이다.

는 나무 B의 다각형 안에 있으므로 나무 B에 가까이 앉아 있다.

는 나무 C와 나무 D의 다각형 경계선 위에 있으므로 C까지의 거리와 D까지의 거리가 같다.

는 나무 A와 나무 B와 나무 C가 만나는 꼭짓점 위에 있으므로 세 나무와의 거리가 모두 같다.

숲에서 자라는 나무에서만 보로노이 다이어그램을 볼 수 있는 건 아니다. 아주 평범해 보이는 풍경에도 보로노이 다이어그램이 숨어 자신을 발견해주기를 기다리고 있다. 양봉 농가의 벌통 안에 있는 질서정연한 육각형 벌집도 모든 지점이 규칙적으로 배열된 보로노이 다이어그램이다. 기린의 점박이 무늬도, 잠자리 날개 위에 펼쳐진 정교한 혈관도 모두 보로노이 다이어그램이다. 진흙이 굳으면서 갈라지는 형태는 어떨까? 맞다. 그것도 보로노이 다이어그램이다.

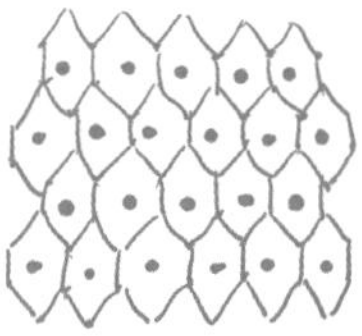

벌집은 보로노이
다이어그램이다.

기린의 무늬도……

잠자리 날개도 그렇다!

도시를 설계하는 사람들도 소방서나 학교 같은 공공건물의 위치를 정할 때 보로노이 다이어그램을 이용한다. 각각의 공공건물이 서 있는 위치가 '지점'이고, 각 공공건물까지 가는 시간이 최소인 구역은 지점을 둘러싼 다각형 안이다. 따라서 각 소방서나 학교가 있는 구역(다각형) 안에 거주하는 주민이나 학생은 다른 소방서나 학교가 있는 구역이 아닌 자기 소방서와 학교(즉, 자신이 포함된 다각형의 지점)에 더 가까운 곳에서 사는 게 좋다.

어떠한 방해도 받지 않고 어린나무로 자라는 씨앗처럼 우리도 처음에는 방해 없이 수학을 공부하고 삶의 목표를 추구한다. 하지만 시간이 흐르면 어린나무가 그렇듯이 우리도 성장을 방해하는 장애물을 여러 번 만나게 될 것이다. 그런 장애물을 만난다고 해서(당연히 누구나 그런 장애물을 만나게 된다) 성장을 멈추지 말자. 갈 수 있는 방향을 향해 계속 성장해야 한다. 완전한 원이 아니라 볼록 다각형의 형태로 자라더라도, 계속 성장한다면 우리가 누릴 지적 영역은 아주 넓어질 것이다.

문제 2 한 나라의 지도자가 이렇게 생각했다. '모든 시민의 주거지는 반드시 다른 도시의 중심지보다 자기 도시의 중심지에 더 가까워야 한다.' (그래야 위급 상황 시 중심지에 주로 모여 있는 관공서나 병원 같은 기반 시설에 더 일찍 도착할 수 있다.) 이제 당신이 사는 나라의 지도를 그려보자. 그리고 지도 위에 모든 도시의 중심점을 표시해보자. 도시의 경계선은 그리면 안 된다. 중심점을 표시했다면 각 도시의 중심점을 보로노이 다이어그램의 지점으로 정하고, 보로노이 다이어그램을 그려보자. 한 다각형 안에 있는 모든 점이 다른 다각형 안에 있는 지점보다 자기 다각형 안에 있는 지점에 더 가까워야 한다. 그 방법을 개발해보자.

3장

논리적으로 추론하자

종이를 접어 달에 닿기

종이 한 장을 계속 반으로 접으면 몇 번을 접었을 때 달에 닿을 수 있을까? 40번? 400번? 4000번? 4만 번? 40만 번? 400만 번? 머릿속으로 종이를 접어보자!

종이 한 장　　한 번 접고　　두 번 접고　　세 번 접는다.

공책만 한 크기의 종이를 한 장 접어보면 6번 이상 접는 게 힘들다. 접힌 가장자리가 두꺼워서 더는 접히지 않는다.

캘리포니아에 사는 평범한 고등학생 브리트니 갤리번Britney Gallivan은 학교 수학 선생님에게 종이를 열두 번 접어보라는 과제를 받았다.[2] 과제를 내주기는 했지만, 수학 선생님은 그때까지 그 과제를 성공한 사람이 아무도 없었기 때문에 이번에도 마찬가지일 거라고 생각했다. 하지만 브리트니는 선생님의 도전을 받아들였다. 논리적으로 추론하는 자신의 능력을 믿었기 때문이다. 종이를 여러 번 접을 때, 사람들은 대부분 여러 방향으로 돌려가면서 종이를 접는다. 한 번 접은 뒤에는 종이를 90도 돌려서 접는 것이다. 그렇게 되면 한 번 접은 뒤로는 이미 접혀 있는 가장자리를 다시 접어야 한다. 그런데 브리트니는 계속 같은 방향으로만 종이를 접었다. 다음번에 접는 방향이 처음에 접은 방향과 평행이 되게 접어간 것이다.

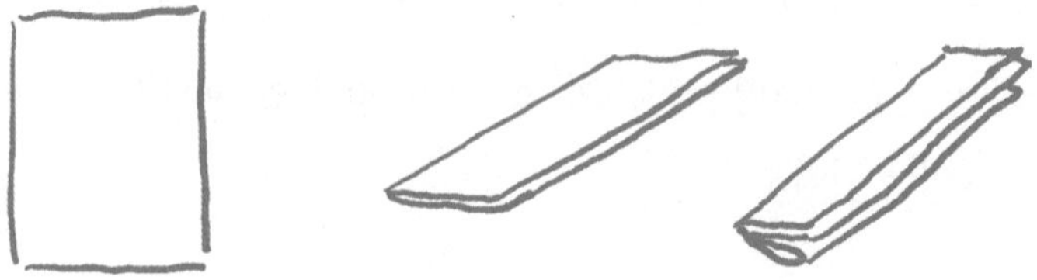

종이 한 장

첫 번째,
긴 쪽으로 접는다.

두 번째도
긴 쪽으로 접는다.

브리트니는 한 방향으로만 종이를 접었기 때문에 이미 접혀 있는 가장자리를 접을 필요가 없었다. 문제는 한 번 접을 때마다 종이의 폭이 너무 좁아진다는 것이었다. 브리트니는 아주 긴 종이를 접어야 한다는 사실을 깨달았다. 두루마리 휴지를 쓸 때 그 생각이 떠올랐다. 두루마리 휴지처럼 세로가 긴 직사각형 종이로 접으면 표면적을 충분히 확보한 상태에서 한 방향으로 열두 번 접을 수 있을 것 같았다.

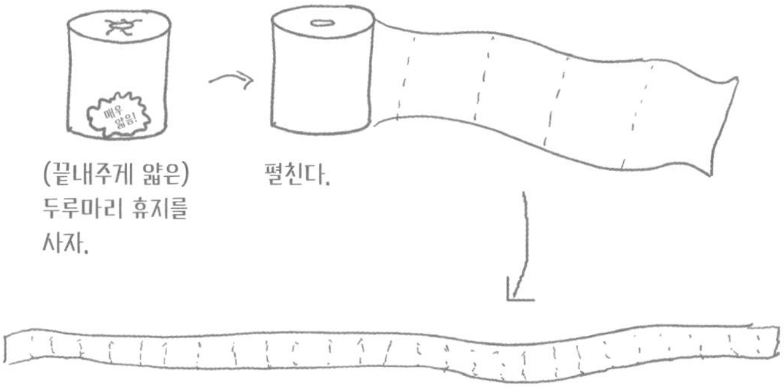

아주 긴 직사각형이 될 때까지 풀어낸다.
※대충 그렸으니 자를 대보지 말 것.

브리트니는 정교한 수학이 아니라 논리적으로 추론하는 능력에 의지해 생각을 이어갔다. 브리트니는 일단 두루마리 휴지처럼 긴 종이를 접어보았다. 공책보다는 길지만 두루마리 휴지 전체 길이보다는 짧은 종이를 접어본 것이다. 종이를 한 번 접을 때마다 종이가 겹치는 횟수는 2배로 늘어났다.

※이해하기 쉽도록 두루마리 휴지를 실제보다 두껍게 그렸다.

종이를 직접 접어본 브리트니는 두루마리 휴지처럼 얇고 아주 아주 긴 종이를 준비하면 종이를 12번 접을 수 있다는 걸 알았다. 정확하게 말하면 종이의 길이가 반으로 접을 수 있는 횟수를 결정한다는 사실을 알게 된 것이다.[3]

브리트니는 12번을 접으려면 길이가 1.2킬로미터인 종이가 필요하다는 계산 결과를 얻었다. 2002년 1월에 브리트니는 두 친구의 도움을 받아 종이를 접어나가기 시작했다. 8시간 뒤에 브리트니는 세계 최초로 종이 한 장을 8번, 9번, 10번, 11번, 12번을 접은 사람이 되었다.[4] 논리적 추론을 통해 브리트니는 수학 선생님이 내준 과제를 해냈을 뿐 아니라 세계 기록까지 세웠다.

종이를 12번 접는 것뿐인데 어째서 그토록 긴 종이와 긴 시간이 필요할까? 12번이라면 그렇게 많은 횟수도 아닌데 말이다. 이제부터 우리는 '달에 닿으려면 종이를 몇 번이나 접어야 하는가?'라는 문제를 풀어볼 것이다. 한 방향으로 접어도, 여러 방향으로 접어도 한 번 접을 때 늘어나는 종이의 층수는 똑같다. 아래 냅킨에는 늘어나는 종이의 층수를 적었다.

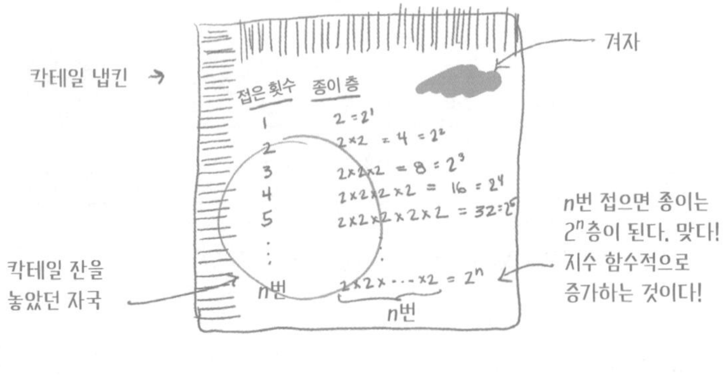

한 번 접을 때마다 종이의 층은 그 전의 2배가 된다. n이라는 변수는 지수이기 때문에 종이의 층수는 '지수 함수적으로 증가'하는 것이다. 즉 n번 접으면 종이는 2^n층이 된다.

종이 한 장의 두께가 0.008382센티미터라면 우리는 추론을 이용해 이 문제를 풀 수 있다. 이 종이를 n번 접으면 종이의 총 두께는 0.008382×2^n센티미터가 될 것이다. 이제는 논리력을 충분히 활용할 수 있으니까 추론한 내용을 차분하게 표로 만들어보자. 종이를 10번씩 접을 때마다 종이 두께(센티미터)는 어떻게 변할까?

접은 횟수	종이 두께(센티미터)
10	0.008382×2^{10} = 8.583168
20	0.008382×2^{20} = 8789.164032
30	0.008382×2^{30} = 9,000,103.96877
40	0.008382×2^{40} = 9,216,106,464.02
50	0.008382×2^{50} = 9,437,293,019,155

음, 8000센티미터나 900만 센티미터는 얼마나 높은 걸까? 센티미터 단위를 조금 더 적당한 길이 단위로 바꾸면 높이를 쉽게 짐작할 수 있다. 1킬로미터는 1000미터이고 1미터는 100센티미터이다. 따라서 센티미터 단위를 미터 단위로 바꾸려면 100으로 나누면 되고 센티미터 단위를 킬로미터 단위로 바꾸려면 100,000으로 나누면 된다. 이제 다시 냅킨을 한 장 더 준비하자. 물결무늬 등호(약등호)는 거의 비슷하다는 뜻이다.

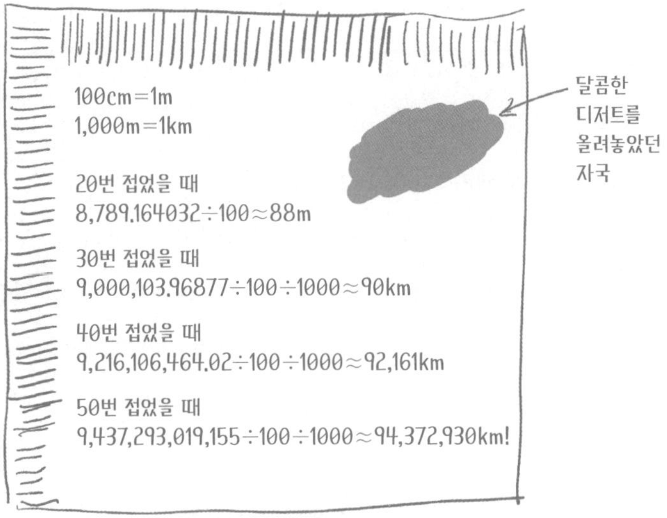

종이 두께는 엄청나게 빠른 속도로 두꺼워진다. 20번 접었을 때는 88미터이지만 50번을 접으면 9437만 2930킬로미터나 된다.

지구에서 달까지의 거리가 대략 38만 3340킬로미터다. 이 정도 두께가 되려면 종이를 접는 횟수가 40번보다는 많고 50번보다는 적어야 한다. 38만 3340킬로미터(달까지의 거리)는 9437만 2930킬로미터(종이를 50번 접은 두께)보다 9만 2161킬로미터(종이를 40번 접은 두께)에 더 가깝다. 그러니까 우리가 찾는 문제(종이를 몇 번 접어야 달에 닿을까?)의 답은 50번보다는 40번에 더 가까운 것이다. 종이를 42번 접으면 36만 8644킬로미터쯤 된다. 달까지의 거리보다 아주 조금 짧다. 43번을 접으면 73만 7288킬로미터쯤 된다. 달까지의 거리를 훌쩍 넘기는 두께가 되는 것이다.

따라서 종이를 43번 접으면 달에 닿을 수 있다. 이제부터 유명한

동시 「마더 구스Mother Goose」를 다음처럼 고쳐 부르면 좋을 것 같다.

헤이, 지잉지잉
고양이가 바이올린을 켜요
소가 43번 접은 종이 위로 폴짝 뛰어 올라가요
그 모습이 웃겨서
작은 개가 크게 웃었어요
접시는 수저와 함께 달아났고요

아이들 이마에 입을 맞추면서 잘 자라는 인사를 하기 전에 이 동시를 들려주자. 그러면 종이를 43번 접은 두께만큼이나 당신이 아이들을 사랑한다는 걸 알려줄 수 있을 뿐 아니라, 논리력을 활용한다면 수학을 공부하며 멋지게 인생을 살아갈 수 있다는 사실도 전할 수 있다.

문제 3 오전 8시. 당신은 아침 달리기를 하려고 집을 나섰고, 냉장고 뒤쪽의 얼마 남지 않은 크림치즈 통 안에는 곰팡이 포자가 혼자 앉아 있었다. 1분 뒤 당신이 밖에서 한창 달리고 있을 때 곰팡이 포자는 유전 물질을 2배로 늘려 2개의 포자로 나뉘어졌다. 다시 1분 뒤에는 두 포자가 각각 분열해서 크기가 같은 4개의 포자가 되었다. 당신이 밖에서 달리는 1시간 동안 냉장고 안에서는 1분마다 포자가 2배씩 증가했다. 집으로 돌아와 잔뜩 배가 고파진 당신은 토스트에 발라 먹으려고 냉장고에서 크림치즈 통을 꺼냈고, 통 안에 가득 찬 곰팡이를 보았다. 곰팡이가 통의 절반을 채운 시간은 몇 시였을까? 오전 8시 30분이었을까? 오전 8시 45분이었을까? 혹시 8시 59분이었을까?

4장

성공의 기준을 스스로 세우자

애로의 불가능성 정리

선거에 임하는 경쟁 후보들은, 선호도가 다양한 여러 유권자의 선택을 받아야만 승자가 될 수 있다. 그렇다면 투표할 때는 어떤 규칙을 따라야 할지, 그 규칙을 객관적으로 분석해서 공정하다고 판단할 수 있을지 살펴보자. 한 독서 모임에서 스티븐 호킹의 『짧고 쉽게 쓴 시간의 역사』(⏱로 표시)와 토니 모리슨의 『빌러비드』($\mathscr{B}$로 표시)를 놓고 다음에 읽을 책을 결정하는 투표를 했다. 투표 결과는 42쪽의 표와 같았다.

읽을 책은 최다 득표수로 뽑기로 했고, 회원들은 1지망 책과 2지망 책을 선택하기로 했다. 1지망 책에서 $\mathscr{B}$가 5표가 나오고 ⏱가 4표밖에 나오지 않았기 때문에 다음 모임에서 읽을 책은 『빌러비드』로 결정됐다. 선택지가 둘뿐일 때 최다 득표수를 뽑는 투표는 투표에 참여

이름	1지망 책	2지망 책
앤트완	𝓑	⏱
벤저민	𝓑	⏱
캘리오프	𝓑	⏱
대프니	𝓑	⏱
이디스	𝓑	⏱
프랭크	⏱	𝓑
기예르모	⏱	𝓑
헨리에타	⏱	𝓑
이네스	⏱	𝓑

한 다수가 만족할 수 있는 효과적인 투표 방법이다.

그런데 기예르모가 다음 번 책을 확정하기 전에 후보 책을 한 권 더 추가해서 다시 투표해보자고 했다. 세 번째 후보 책은 데이비드 포스터 월리스의 『무한한 재미』였다(책 표지에 구름이 있어 ☁ 기호로 표시했다). 회원들은 다시 투표해도 𝓑와 ⏱의 순위가 바뀌지 않으리라 생각했다. 회원들은 𝓑와 ⏱ 밖에 없던 표에 ☁을 집어넣고 다시 투표했다. 결과는 43쪽의 표와 같았다.

세 권 중 다음 모임에서 읽을 책을 투표한 독서 모임 회원들은 세 책이 각각 얻은 득표수를 점검했다. 𝓑를 1지망으로 뽑은 사람은 3명, ⏱를 1지망으로 뽑은 사람은 4명, ☁을 1지망으로 뽑은 사람은 2명이었다. ⏱가 다음에 읽을 책으로 뽑힌 것이다. 새 책을 추가

이름	1지망 책	2지망 책	3지망 책
앤트완	𝓑	⏱	☁
벤저민	☁	𝓑	⏱
캘리오프	𝓑	⏱	☁
대프니	𝓑	⏱	☁
이디스	☁	𝓑	⏱
프랭크	⏱	𝓑	☁
기예르모	⏱	𝓑	☁
헨리에타	⏱	𝓑	☁
이네스	⏱	𝓑	☁

했다고 해서 사람들이 𝓑와 ⏱를 선호하는 정도가 바뀌지는 않았다. 9명 가운데 5명이 ⏱보다는 𝓑를 좋아했다. 하지만 이런 방식으로 투표를 하면 ☁ 때문에 ⏱가 𝓑를 물리치고 이길 수 있다. 이런 경우 ☁을 '부적절한 대안'이라고 한다(『무한한 재미』를 사랑하는 사람들에게는 미안하다는 말을 전한다!). 다시 말해서 ☁이 얻는 표가 𝓑와 ⏱의 승부를 결정한다는 뜻이다. 후보가 둘 이상인 투표에서 최다 득표수로 승자를 정하는 방식은 '부적절한 대안' 후보 때문에 투표의 공정성을 해칠 수 있다.

후보가 둘 이상일 때는 투표한 사람들의 선택 순위를 모두 고려해서 승자를 뽑는 투표 방식(순위 투표제)을 택하는 게 옳지 않을까? 독서 모임 회원들은 투표한 회원 가운데 몇 명은 다음 모임에 참가할 수 없다는 걸 알게 됐다. 그래서 실제로 모임에 나올 사람들만 다시 투표해서 읽을 책을 정하기로 했다.

이름	1지망 책	2지망 책	3지망 책
앤트완	ℬ	☁	⏱
벤저민	ℬ	☁	⏱
캘리오프	⏱	ℬ	☁
대프니	ℬ	⏱	☁
이디스	☁	⏱	ℬ
프랭크	☁	⏱	ℬ
기예르모	⏱	☁	ℬ

이 표대로라면 1지망에서 가장 많은 표를 차지한 책은 7표 가운데 3표를 받은 ℬ다.

하지만 7명 가운데 4명이 ℬ보다는 ⏱를 더 선호했으니, 다음 모임에서는 ⏱를 읽어야 할 것 같다.

그런데 7명 가운데 4명이 ⏱보다는 ☁이 좋다고 했다. 그렇다면 ☁을 읽는 것이 옳지 않을까?

문제는 ☁보다 ℬ를 선호하는 사람도 7명 가운데 4명이나 된다는 것이다. 그렇다면 ℬ를 읽어야 할까?

이 투표에서 세 책의 득표수를 짝지어 비교하면 '순환'이라고 부르는 형태가 만들어진다. 순위 투표제를 채택하면 이 현상이 나타날 수 있다. 아래 그림과 같은 상황이다.

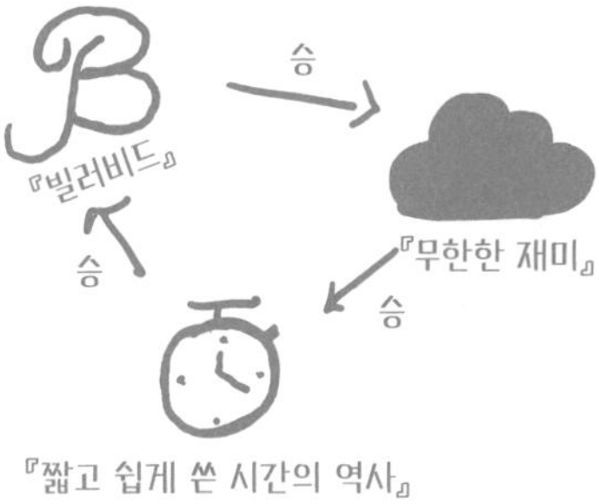

순위 투표제에서 순환이 나타났다는 건 우세한 승자가 없다는 뜻이다. 최다 득표 투표제에서 부적절한 대안이 있을 때와 마찬가지로, 순위 투표제에서 순환이 나오면 투표의 공정성을 신뢰할 수 없다.

순위 투표제와 최다 득표 투표제 외에도 다양한 투표 방법이 있다. 순위를 매기는 예도, 매기지 않는 예도 있다.

- **결선 투표제.** 유권자들이 모든 후보의 순위를 매긴다. 1지망에서 압도적인 표를 얻은 후보가 있다면 그 후보가 승자가 된다. 하지만 1지망에서 압도적으로 득표한 후보가 없다면 상위 순위인 두 후보만을 남기고 다른 후보들은 모두 배제한 뒤에 다시 유권자들의 선호도를 기반으로 두 후보 가운데 한 후보를 선택하는 투표를 한다. 만약 첫 번째 투표 결과만 가지고도 두 후보의 선호도 순위를 결정할 수 있다면 2차 투표를 할 필요가 없다.
- **순차 결선 투표제.** 유권자들이 모든 후보의 순위를 매긴다. 1지

망에서 압도적인 표를 얻은 후보가 있다면 그 후보가 승자가 된다. 하지만 1지망에서 압도적으로 득표한 후보가 없다면 1지망에서 가장 적은 수를 받은 후보를 제외하고 남은 후보들의 순위를 다시 매긴다. 이 과정을 한 후보가 압도적인 표를 받을 때까지 되풀이한다. 마지막에 남은 한 후보가 승자가 된다.

- **점수 투표제.** 유권자들이 모든 후보의 순위를 매긴다. 각 후보는 자신보다 순위가 낮은 후보의 수만큼을 점수로 획득한다. 각 후보자의 점수를 계산해 가장 점수가 높은 후보가 승자가 된다.
- **독재 투표제.** 독재 투표제에서는 한 사람이 1지망 후보를 고르고, 그 사람을 승자로 선언한다.

이 많은 투표 방법 중 어떤 것이 가장 공평할까?

수학자이자 경제학자인 케네스 애로Kenneth Arrow는 개별 유권자의 투표를 어떤 방식으로 집계해야 한 번의 투표로 적절한 승자를 뽑을 수 있는지 고민했다. 애로는 후보자가 3명 이상인 투표를 할 때는 다음 원칙을 모두 만족해야만 공정한 투표라고 했다.[5]

1. **완전성의 원칙.** 투표로 반드시 후보자의 순위를 정할 수 있어야 한다.
2. **만장일치의 원칙(파레토 원칙).** 모든 유권자가 Y 후보보다 X 후보를 선호한다면 최종 결과에서는 X 후보가 Y 후보보다 순위가 높아야 한다.
3. **부적절한 대안으로부터의 독립 원칙.** 최종 결과에서 X 후보와

Y 후보 사이의 순위는 Z 후보의 순위와 상관없어야 한다.

애로는 후보가 셋 이상인 선거에서는 독재 투표제만이 공정한 투표 방법임을 입증했다. 유권자 '집단'의 구성원이 승자를 선택할 수 있는 단 한 명의 유권자로 이루어져 있어야만 투표가 공정하다는 뜻이다. 후보가 셋 이상이면, 개인 유권자의 선호도를 집단 선호도로 전환할 때 애로의 '공정한 투표를 위한 세 가지 필수 조건'을 모두 만족할 수는 없다. 다시 말해 독재 투표제가 아닌 다른 투표제를 선택한다면 언제나 같은 문제가 발생한다. 이제는 유명해진 이 '애로의 불가능성 정리Arrow's Impossiblity Theorem'를 발견한 공로로 애로는 1972년에 노벨 경제학상을 받았다.

애로의 불가능성 정리로 독재 투표제보다 더 공정한 투표 방법은 없다는 사실이 분명하게 밝혀졌으니, 정치 문제로 투표를 해야 할 때는 걱정이 될 수밖에 없을 것이다. 하지만 애로의 불가능성 정리는 수학을 공부할 때, 인생을 살아나갈 때 우리가 '성공'을 어떻게 정의해야 하는지 조언해준다. 그러니까, 수학 혹은 인생에서 성공할 가능성이 있는 사람을 뽑는 투표에서 내가 승자가 될 수 없을 것 같다면, 투표 방식을 다시 평가해보자. 성공의 모습에는 여러 '후보'가 있다. 유권자 한 명(즉 당신)이 성공의 기준을 정하는 투표를 한다고 생각해보자. 애로의 불가능성 정리대로라면 그 투표는 공정할 것이다. 적어도 참가한 모든 사람(당신 자신)의 의견을 고려했으니까 말이다.

문제 4 A, B, C, D, E 가운데 한 명을 뽑는 선거를 해보자. 유권자들은 모든 후보의 순위를 매겨야 한다. 최종 투표 수 자료는 미국 수학학회 웹 사이트에서 가져왔다.[6]

후보자 순위 (1등부터 5등까지)	해당 순위를 선택한 투표자 수
(A, D, E, C, B)	18
(B, E, D, C, A)	12
(C, B, E, D, A)	10
(D, C, E, B, A)	9
(E, B, D, C, A)	4
(E, C, D, B, A)	2

이 결과를 가지고 최다 득표 투표제, 결선 투표제, 순차 결선 투표제, 점수 투표제의 승자를 각각 골라보자. 선거에서 승자는 유권자들의 실제 선호도에 따라 결정되는지, 투표 방법에 따라 결정되는지 대답해보자.

5장

별에 닿아보자

나사의 수학자 캐서린 존슨

"앞으로 10년 안에 우리는 달에 가는 것을 비롯한 여러 일을 하기로 했습니다. 쉬워서 시도하는 것이 아니라 어렵기에 시도하는 것입니다. 목표는 우리가 가진 에너지와 기술을 최고로 조직하고, 그것이 얼마만큼인지 측정하는 것입니다. 우리는 기꺼이 도전을 받아들일 것이며, 절대로 미루지 않을 것입니다." 1962년, 존 F. 케네디John F. Kennedy 미국 대통령은 텍사스에서 이렇게 연설했다.[7] 케네디 대통령은 미국항공우주국NASA 아폴로 우주 계획을 통해 미국 시민과 전 세계인을 하나로 단결하고자 했다. 나사의 목표는 10년 내로 몇 차례 우주를 비행하고 최종적으로 달 착륙에 성공하는 것이었다.

1962년, 아폴로 계획 이전 단계 미션이었던 머큐리 계획의 지구 궤도 비행 미션 비행사로 존 글렌John Glenn이 뽑혔다. 우주에서 겪을 수 있는 여러 문제를 대비하고 존 글렌이 무사히 지구로 돌아올 수 있도록 나사의 많은 기술자와 수학자가 준비에 참여했다. 지구로 접근할 때 우주선은 불에 탈 수도 있고, 높은 중력 등가물g-force(대기 진입 시 받는 가속도) 때문에 찌그러질 수도 있다. 그런 상황을 피하려고 나사는 우주선의 진입 목표 지점을 지표면이 아니라 대기권의 한 점인 진공 근지점 고도vacuum perigee altitude, VPA로 잡았다. 타원 궤도를 도는 우주선과 지구가 가장 가까워지는 지점인 VPA는 고정된 위치가 아니라 우주선이 지구 대기권 안으로 들어오는 각도에 따라 결정된다. 더 정확하게 말하면 VPA는 지구 대기권으로 들어온 우주선이 귀환하면서 그리는 궤도 위에서 지구와 가장 가까이 있는 점이라고 할 수 있다.

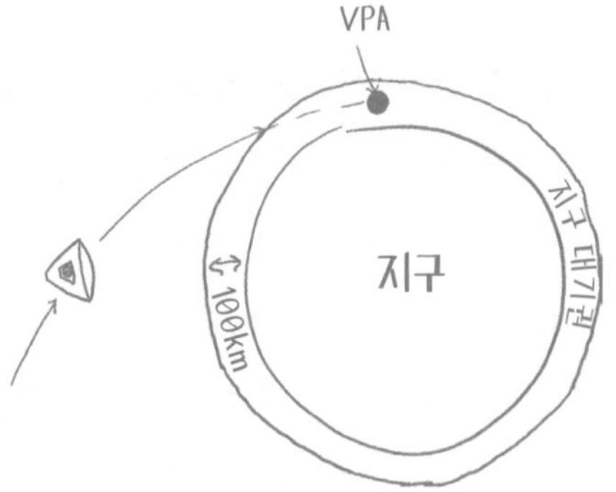

지구에 대기가 없다면 우주선은 산소와 연료가 떨어지기 전에 지구로 무사히 돌아올 수 있다는 희망을 품지 못하고, VPA를 지나 계속 날아갈 것이다.[8]

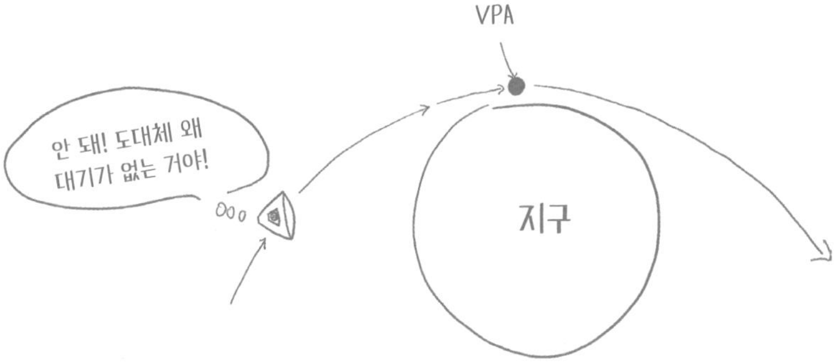

다행히도 지구에는 대기가 있다. 그래서 우주선은 정확한 각도로 지구 대기로 들어와 항력•(대기와 우주선 사이의 마찰력)을 경험하면서 VPA를 지나 지구로 돌아올 수 있다. 지구에 진입하는 절차만 정확하게 지킨다면, 글렌은 항력을 이용해 무사히 지구로 귀환할 것이다.

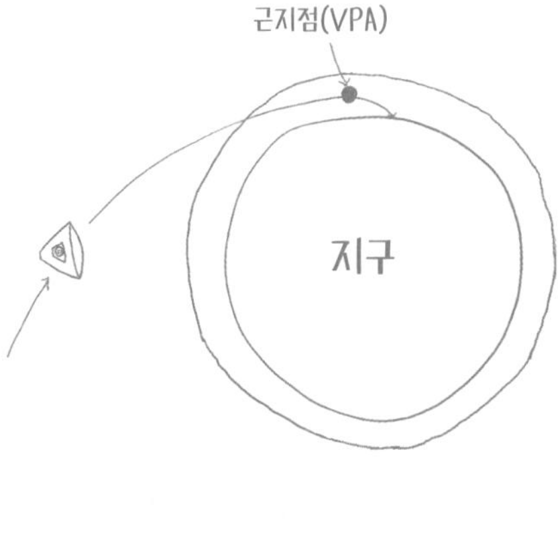

• 물체가 기체나 액체 안에서 움직일 때 받는 저항력.—옮긴이

하지만 글렌이 항력에만 의지해 우주선을 조종한다면, 움직일 수 있는 길이 너무 좁아서 무사히 돌아오지 못할 수도 있다.[8]

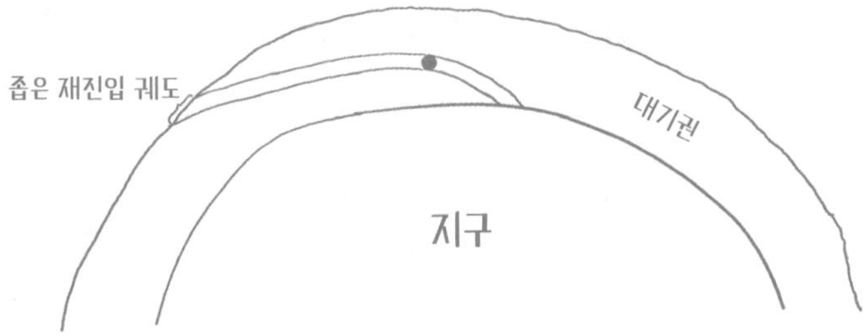

다시 말해서 항력에만 의지하면 진입해야 할 귀환 궤도에 들어가지 못하고, 우주선이 중력을 그대로 받으며 불에 타버릴 가능성이 커진다.

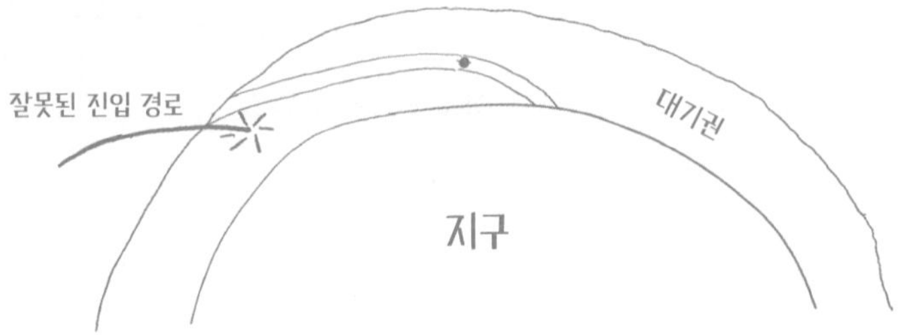

그와 달리 우주선이 진입해야 하는 귀환 궤도를 지나쳐버리면 VPA에 도달하지 못하고 우주로 날아가 다시는 지구로 돌아오지 못할 것이다.

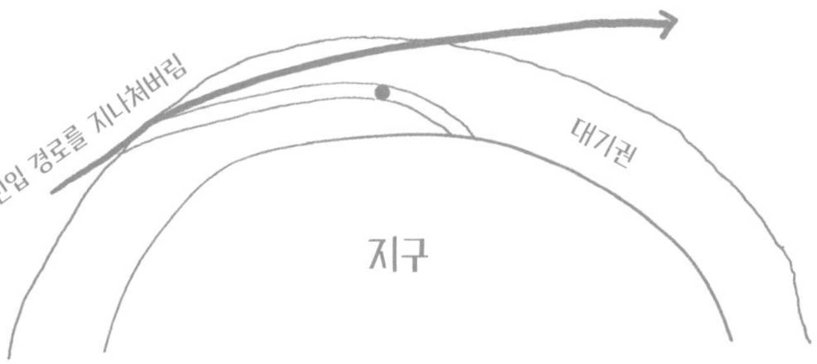

나사의 수학자와 기술자 들은 우주선이 충분히 넓은 재진입 경로를 거쳐 안전하게 대기권 안으로 들어올 수 있도록 적절한 양력•을 받을 수 있는 형태로 우주선을 설계했다.[8] 우리가 아는 우주선이 조금 우습게 생긴 원뿔형이 된 건 바로 그 때문이다. 우주선이 넓은 쪽으로 대기권에 들어온다면 엄청난 힘으로 지구 대기에 부딪힐 것이다. 뉴턴의 운동 제3법칙(작용과 반작용의 법칙, 한 물체가 다른 물체에 힘을 가하면 다른 물체도 그 물체에 힘을 가한다는 법칙)에 따르면 우주선이 지구 대기에 부딪히는 순간 지구 대기도 우주선에 힘을 가한다. 공기가 우주선의 넓은 면과 정면으로 부딪히면 우주선에 작용하는 항력이 우주선의 속도를 늦추기는 하겠지만, 우주선은 궤도를 따라 계속 움직일 것이다.

• 기체나 액체 속에서 물체가 수직으로 받는 힘.—옮긴이

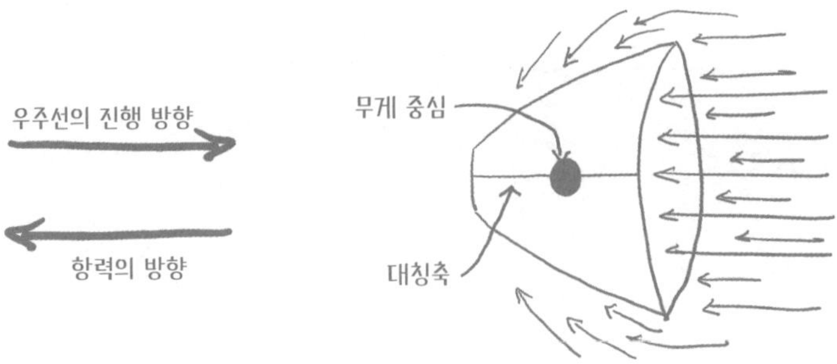

하지만 우주선의 무게 중심이 중심축에서 벗어나 있으면 우주선의 넓은 면에 부딪히는 공기가 균일하게 퍼지지 않고 한쪽으로 쏠린다. 무게 중심이 대칭축보다 위에 있으면 공기는 아래쪽으로 더 많이 퍼져나가고 결국 위로 작용하는 양력 때문에 우주선은 위쪽으로 들린다.[8]

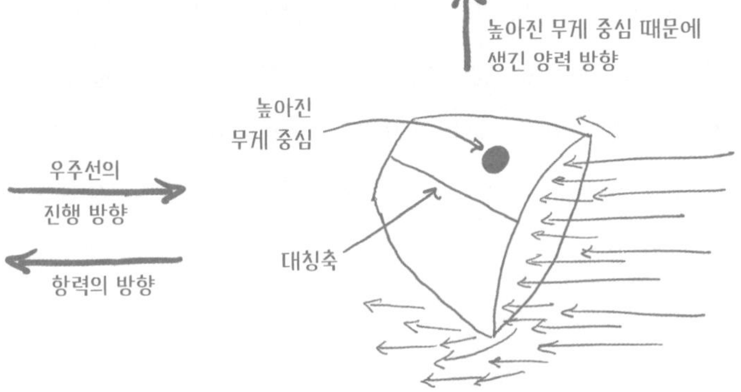

그와 반대로 무게 중심이 대칭축보다 아래에 있으면 공기가 위쪽으로 쏠리기 때문에 우주선은 아래쪽으로 기울어진다.[8]

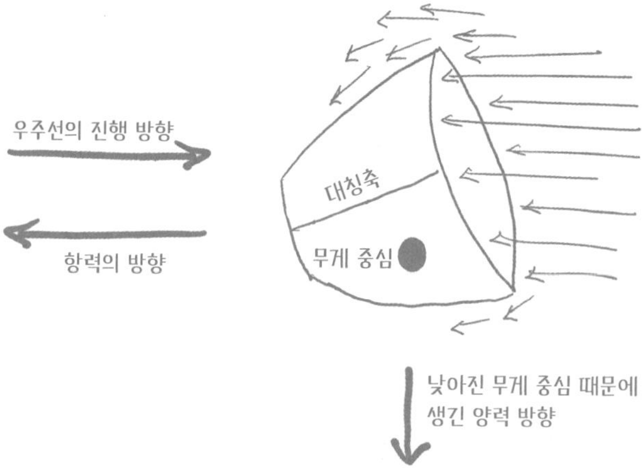

양력 방향을 바꾸려면, 우주 비행사가 우주선을 회전시켜 무게 중심을 중심축보다 높거나 낮게 만들면 된다.[8]

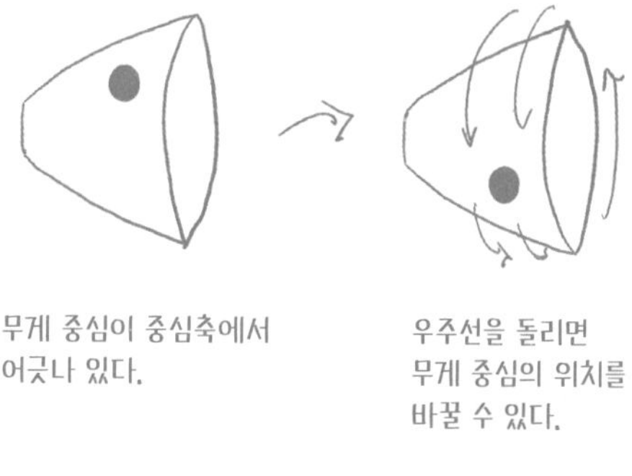

이런 식으로 우주선을 설계하면 우주 비행사는 대기권에 진입하자마자 우주선의 움직임을 통제할 수 있고, 재진입 경로의 오차 범위가 훨씬 넉넉해진 덕에 한결 편하게 들어갈 수 있다.

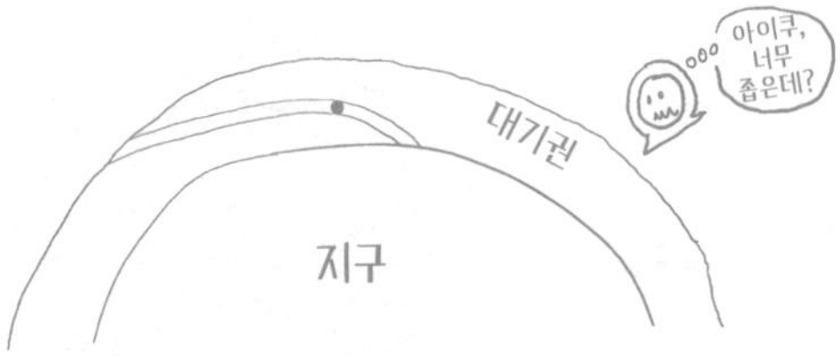

항력에만 의지하면 기존의 좁은 진입로만 있다.

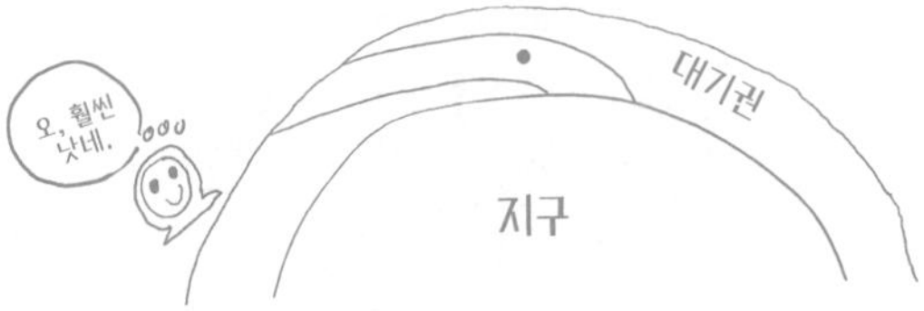

항력과 양력에 의지하면 넓은 진입로가 새로 생긴다.

글렌이 우주로 떠나기 직전에 나사는 인간 컴퓨터(계산원)• 대신에 IBM 7090 컴퓨터를 이용해 우주선의 궤도를 계산하기 시작했다.[9] 비행을 앞두고 글렌은 미국 언론과 대중에게 자신감 있는 모습을 보여주었지만, 사람이 아닌 존재에게 자신의 생명을 맡겨야 한다는 사실이 조금은 불안했다. 지구로 돌아오면서 대기권에 재진입할 때는 잠시 지상과 통신이 끊어질 테니까 더더욱 그럴 수밖에 없었다.

"그 사람에게 계산 결과를 점검해달라고 해요. 그 사람이 옳다고 하면 떠날 테니까." IBM 7090 컴퓨터가 진입 궤도를 계산한 결과를 내놓자 글렌은 나사 기술자에게 그렇게 말했다.[9] 글렌이 말한 그 사

• 기계 컴퓨터가 상용화되기 전, 나사에서 수기로 로켓의 속도, 궤적 등을 계산한 여성 수학자들.—옮긴이

람은 버지니아 햄프턴에 있는 나사 랭글리연구소 비행연구부에서 근무하는 인간 컴퓨터이자 수학자 캐서린 존슨Katherine Johnson이었다.

아프리카계 미국 여성인 캐서린은 1918년에 웨스트버지니아 화이트설퍼스프링스에서 태어났다. 캐서린의 부모님에게는 캐서린을 비롯한 세 아이의 교육이 가장 중요했다. 화이트설퍼스프링스에는 아프리카계 미국인 아이들이 갈 수 있는 고등학교가 없었기 때문에 캐서린의 어머니는 아이들을 데리고 웨스트버지니아 인스티튜트로 옮겼고, 아버지는 아이들이 고등학교, 대학교에 갈 수 있도록 고향에 남아서 일했다. 캐서린은 열 살에 고등학교에 들어갔고 열네 살에 대학교에 갔다. 아프리카계 미국인이 다닐 수 있었던 유서 깊은 웨스트버지니아 주립대학교에서 수학과 프랑스어를 배웠고, 열여덟 살에 졸업했다. 교사로 일하다 결혼했고, 나사의 전신인 국립항공자문위원회에 들어가 인간 컴퓨터이자 수학자로 근무했다. 처음에는 구성원이 모두 아프리카계 미국인인 서부 지역 계산팀에서 일했지만, 구성원이 모두 백인인 비행연구부로 옮겨 임시로 일하다가 정식 연구원이 되었다.

캐서린은 다른 사람들이 기다리는 동안 IBM 7090 컴퓨터의 계산을 점검했다. 그로부터 수십 년 뒤인 2015년에 버락 오바마Barack Obama 대통령이 캐서린에게 미국 최고 시민상인 대통령자유훈장을 수여하면서 말한 것처럼, 그때 캐서린은 "제대로 해내지 못하면 한 사람을 태양계에서 둥둥 떠다니게 만들 일"을 해냈다.[10] 캐서린은 며칠 동안 계산을 되짚었고, 마침내 계산 결과가 옳다고 판단했다. 글렌은 우주로 출발했고 무사히 돌아왔다. 미국이 냉전 시대 우주 전쟁에서 '득점'을 올린 것이다. 캐서린 존슨의 수학 능력이 이 득점을 올리는 데 크게 공헌했다.

캐서린은 침례교 목사이자 인권 운동가인 마틴 루서 킹 주니어 Martin Luther King Jr.가 링컨기념관 계단에서 전 세계 사람들에게 자신의 꿈을 말했을 때보다 몇 년 앞서 나사의 우주 계획에 참여했다(인종차별이 더 심했을 때 그런 일을 해낸 것이다). 그때도, 그리고 지금도 인종차별과 성차별이 사라지려면 많은 변화가 필요하다. 하지만 캐서린 존슨은 사랑하는 수학을 하기 위해서 아프리카계 미국인이라는 인종과 여성에 관한 모든 사회적 차별에 도전했다.

"모든 걸 셌어요. 도로까지 나갈 때 지나가는 계단도, 교회 앞 계단도, 설거지해야 하는 그릇과 접시도……. 셀 수 있는 건 뭐든지 셌어요."[11] 캐서린은 수에 매혹되었던 어린 시절을 이렇게 회상했다. 수에 대한 사랑 덕분에 캐서린은 실제로도, 은유적으로도 별에 도달할 수 있었다. 수학을 공부할 때도, 인생을 살아갈 때도 우리는 캐서린처럼 목표를 추구해야 한다.

문제 5 우주선이 지구 대기권에 재진입할 때 뉴턴의 운동 제3법칙(작용과 반작용의 법칙)이 작용하는 것처럼, 배를 타고 노를 저을 때도 뉴턴의 운동 제3법칙이 작용한다. 어떤 식으로 작용하는지 설명해보자.

6장

알맞은 짝을 찾자

컴퓨터와 이진수

우리가 10을 기본으로 하는 십진법 체계를 사용하게 된 건 사람의 손가락이 10개이기 때문인지도 모른다. 십진법 체계를 구성하는 열 가지 수는 각각 독특한 기호로 표시한다. 0, 1, 2, 3, 4, 5, 6, 7, 8, 9가 바로 그 기호이다. 9보다 큰 수는 기본 열 가지 수를 다시 이용하는데, 자릿수를 이용해서 수의 크기를 나타낸다. 다시 말해서 십진법에서는 각 자리에 있는 수가 각기 10의 다른 거듭제곱을 나타낸다. 예를 들어 572라는 수는 100이 5개, 10이 7개, 1이 2개 있다는 뜻이다. 그러니까 572라는 수는 다음과 같이 쓸 수 있다.

$$\begin{aligned}572 &= (500) + (70) + (2)\\ &= (5 \times 100) + (7 \times 10) + (2 \times 1)\end{aligned}$$

$$= (5 \times 10^2) + (7 \times 10^1) + (2 \times 10^0)$$

십진법 체계에서는 수가 놓인 자리에 따라 수의 의미가 달라지기 때문에 572와 527은 서로 크기가 다르다. 수가 놓인 위치로 수의 크기를 나타내는 수 표기법을 이용하면 아주 큰 수도 쉽게 쓸 수 있다.

그런데 수 체계를 사용해야 하는 주체가 손가락이 10개인 사람이 아니라 컴퓨터라면 어떻게 할까? 컴퓨터는 대부분 전기 신호를 전달하거나 전달하지 않는 트랜지스터를 기반으로 작동한다. 따라서 트랜지스터들은 두 상태(꺼진 상태와 켜진 상태) 중 하나이고, 각각 0과 1로 나타낸다. 컴퓨터에는 십진법이 아니라 두 수로 이루어진 이진법 체계가 더 잘 맞다. 이진법 체계는 무엇일까?

이진법은 1과 0으로만 이루어져 있다. 이진수도 십진수와 비슷한 형태로 표기하지만 각 자릿수가 10의 거듭제곱이 아니라 2의 거듭제곱을 나타낸다는 점이 십진법과 다르다. 각 자리에 숫자가 있건 없건 간에 이진수의 자리는 모두 2의 거듭제곱을 나타낸다. 그러니까 이진수를 아래처럼 신중하게 배열한 2의 거듭제곱 전구로 나타낸다고 생각해보자.

계속 이어지는 ← · · ·
전구

이진수를 이루는 '1'과 '0'은 모두 각 자릿수의 전구를 켜둘 것인지

끌 것인지를 결정한다. 예를 들어서 이진수 10011의 경우 (오른쪽에서 왼쪽으로) 첫 번째, 두 번째, 다섯 번째 전구는 자릿수 값이 1이기 때문에 켜져 있다.

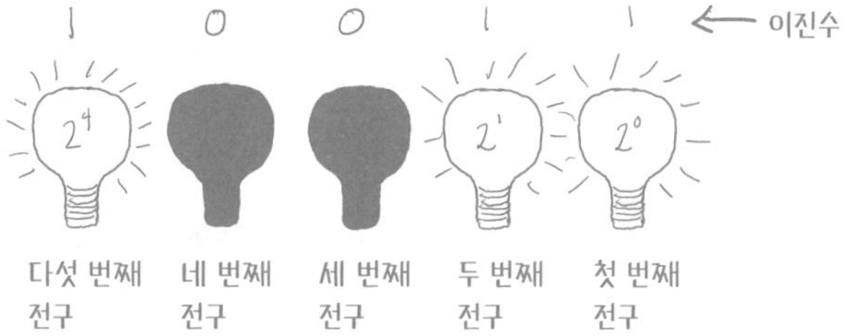

전구에 표시한 2의 거듭제곱을 십진수로 바꿀 수도 있다.

아! 이진수 10011은 십진수 16+2+1=19이다.

십진수를 이진수로 바꿀 때도 순서대로 배열한 전구를 이용해야 한다. 다음 그림은 십진수로 이진법 전구를 나열한 모습이다.

십진수 43을 이진수로 바꾸려면 먼저 43을 넘지 않는 가장 큰 이진법 전구를 찾아야 한다.

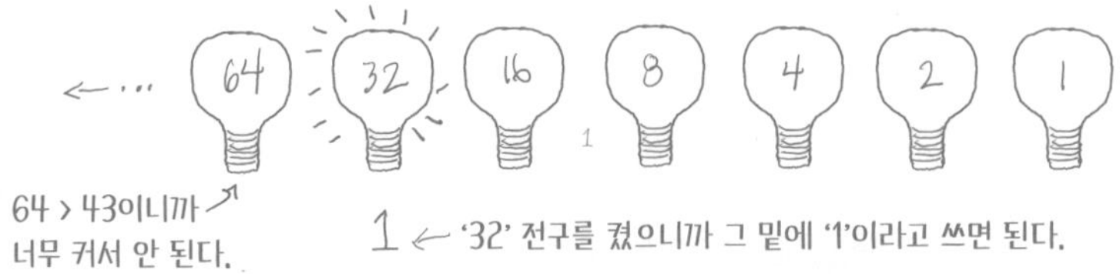

'32'라고 적힌 전구를 켰으니까 43에서 32를 뺀 나머지 11만큼을 찾으면 된다.

이제 남은 전구를 가지고 십진수 11을 이진수로 바꿔보자. 그다음 전구에는 16이라고 적혀 있다. 16은 11보다 크기 때문에 이 전구는 꺼야 한다. 불을 끈 '16' 전구 밑에는 0이라고 쓰자.

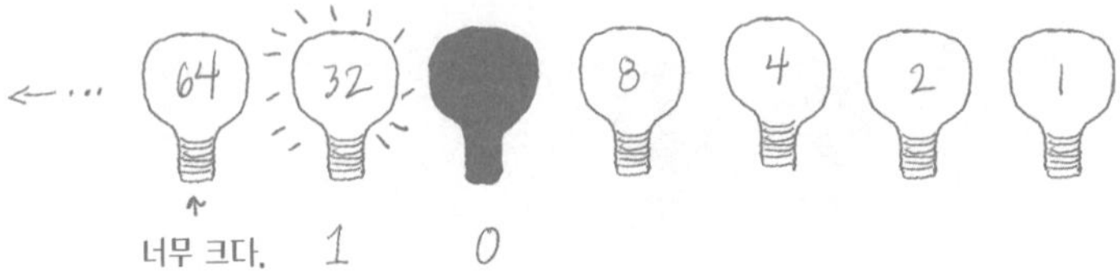

전구 '16' 다음에는 전구 '8'이 있다. 8은 11보다 작은 수니까 전구를 켜자. 이제 43에서 32+8을 찾았으니까 남은 수는 3이다.

그다음은 전구 '4'다. 4는 3보다 큰 수이기 때문에 이 전구는 끄고 밑에 0이라고 적어야 한다.

남은 3을 표현하려면 남아 있는 두 전구가 모두 필요하다. 2와 1이라고 적혀 있는 전구의 불을 켜고 그 밑에 모두 1이라고 적어 넣자.

이제 이진수를 완성했다. 십진수 43은 이진수 101011로 표기할 수 있다. 이진수는 손가락이 10개인 사람에게는 길고 복잡해 보이지만 컴퓨터나 인터넷 통신에는 상당히 유용하다.

수학계에서 흔히 하는 오래된 농담이 있다. 바로 이 세상에는 10종류의 사람이 있다는 농담이다. 이진수를 이해하는 사람과 이해하지 못하는 사람이 바로 그 10종류의 사람들이다. 이 농담은 정말로 이진법을 아는 사람만이 웃을 수 있다. 10을 십진수인 10이 아니라 이진수인 '1-0'으로 이해하면 이 농담의 의미를 알 수 있기 때문이다. 앞에서 우리는 전구법을 살펴보았다. 그 전구법을 이용해 이진법으로 쓰인 10을 십진법으로 고치면 2가 된다.

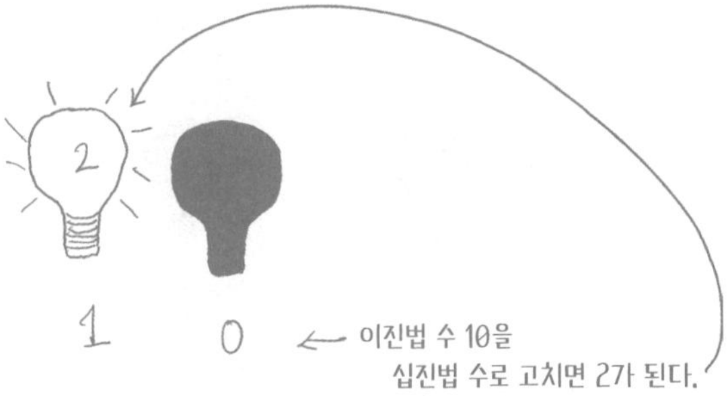

그러니까 이 농담을 십진수로 고치면 '이 세상에는 2종류의 사람이 있다. 이진법을 이해하는 사람과 이진법을 이해하지 못하는 사람이다'가 된다. 농담인데 전혀 농담 같지 않게 되는 것이다.

십진수와 이진수를 서로 바꾸는 방법은 스페인어와 프랑스어를 서로 번역하는 방법을 배우는 것보다 훨씬 쉽게 익힐 수 있다. 진법을 고칠 때는 단어를 외울 필요도 없고 불규칙 동사 때문에 애를 먹을 필요도 없다. 진법을 전환할 때 전구법을 선호하는 사람도 있고 수학 공식을 선호하는 사람도 있지만, 두 방법 모두 서로 다른 수 언어로 수의 크기를 '말하는 방법'을 익히는 작업이다. 진법을 바꾸는 방법을 알면 이 세상 사람들을 나누는 방법에 관한 농담도 이해할 수 있고, 수학을 공부하고 인생을 살아가는 적절한 방법도 배우게 된다.

문제 6 (1) 십진수 141을 이진수로 고쳐보자.

(2) 이진수 111100111을 십진수로 고쳐보자.

7장

자연스럽게 행동하자

벤포드의 법칙

수학자들은 특정한 검증법을 통해 인간 활동을 설명하는 수치 자료가 조작되었는지 아닌지를 알아낼 수 있다. 정부 관료들은 이 방법을 이용해 세금을 제대로 내지 않은 시민을 찾아내고, 기업체 변호사들은 회계 장부를 조작한 직원을 찾아낸다. 수능 시험의 감독관도 이 방법을 이용해 부정행위를 한 학생이나 학생의 답을 조작한 선생님을 찾아낼 수 있고, 선거 감독관도 부정 선거를 적발할 수 있다. 이 검증법은 바로 벤포드의 법칙Benford's law이다.

살아가는 동안 사람들은 여러 숫자를 남기고 이는 데이터 세트•에 저장된다. 건강 기록, 인구, 소득 신고서, 주식 가격, 국가 부채, 선거

• 컴퓨터가 처리하거나 분석할 수 있는 형태로 존재하는, 관련이 있는 정보 집합체. —옮긴이

자료, 사망률, 《뉴욕타임스*New York Times*》 기사의 수, 스포츠 통계, 거리 주소, 공공시설 사용량, 청구서 등이 데이터 세트를 이루는 수들이다. 그런데 이런 수들의 첫 번째 숫자(가장 큰 자리의 숫자)는 자연 상태에서 같은 빈도로 나오지 않는다. 사람들이 남기는 숫자는 8이나 9 같은 수보다 1이나 2 같은 수로 시작하는 경우가 훨씬 많다는 뜻이다. 얼마나 많냐고? 벤포드의 법칙에 따르면 각 수가 차지하는 비율은 다음과 같다.

같은 기간에 수집한 데이터 세트에서,

- 1이 첫 번째 숫자인 비율: 30.1%
- 2가 첫 번째 숫자인 비율: 17.6%
- 3이 첫 번째 숫자인 비율: 12.5%
- 4가 첫 번째 숫자인 비율: 9.7%
- 5가 첫 번째 숫자인 비율: 7.9%
- 6이 첫 번째 숫자인 비율: 6.7%
- 7이 첫 번째 숫자인 비율: 5.8%
- 8이 첫 번째 숫자인 비율: 5.1%
- 9가 첫 번째 숫자인 비율: 4.6%

자료의 첫 번째 숫자가 1인 비율이 월등하게 높다. 첫 번째 자리에 오는 숫자의 크기가 커질수록 그 비율은 점점 낮아진다.

당신은 무작위로 뽑은 데이터 세트라면 첫 번째 숫자로 등장하는 빈도가 1부터 9까지 숫자마다 비슷할 것이라고 생각할 것이다. 송장

번호나 우편번호, 전화번호처럼 차례대로 숫자가 부여된 자료라면 그럴 수도 있다. 하지만 인간 행동의 결과로 남는 대규모 데이터 세트에서는 벤포드의 법칙이 성립할 때가 많다. 벤포드의 법칙이 성립하려면 자료 규모가 커야 한다. 여객선을 한 번 운행할 때 탑승하는 승객은 20명에서 500명쯤 된다. 그 정도 규모는 너무 작아서 벤포드의 법칙이 성립하지 않을 수도 있다. 하지만 규모가 크고 순서가 정해지지 않은 인간 활동에 관한 자료라면 미국 법정에서 증거로 채택할 만큼 높은 신뢰도로 벤포드의 법칙이 성립한다. 적절하게 사용한다면 벤포드의 법칙은 인간의 불규칙적인 활동을 파악하는 도구가 된다.

인간 활동이 생성하는 데이터 세트에서는 어째서 벤포드의 법칙이 성립할까? 인간이 큰 숫자보다 작은 숫자에 더 오래 머물기 때문이라고 주장하는 학자도 있다. 예컨대 한 도시의 인구가 100만 명에서 200만 명으로 증가하려면 오랜 시간이 필요하다. 인구가 100퍼센트 증가해야 하기 때문이다. 하지만 도시의 인구가 800만 명에서 900만 명으로 늘어나는 데는 오랜 시간이 걸리지 않는다. 인구 증가율이 12.5퍼센트밖에 되지 않기 때문이다. 100퍼센트 증가일 때보다 12.5퍼센트 증가일 때 100만 명은 훨씬 짧은 시간 안에 늘어날 것이다.

벤포드의 법칙을 아는 범죄자는 많지 않기에, 자동 생성된 데이터 세트를 조작하는 사람들은 첫 번째 숫자에 1부터 9까지 숫자가 등장하는 빈도를 (거의) 고루 맞춘다. 인간 활동 때문에 생긴 자연스러운 자료인지를 검토할 때 가장 큰 자릿수에 아홉 개의 숫자가 고루 출현

한다면 그 자료는 통계학적으로 조사해볼 가치가 충분하다. 이런 변칙성이 있다고 해서 반드시 범죄를 저질렀다고 볼 수는 없지만, 7처럼 큰 수가 맨 앞자리 수인 비율이 예상보다 높다면 충분히 의심해볼 여지가 있다. 이런 자료들을 정밀하게 조사해 실제로 조작되었음을 밝힌 경우도 많다. 그리스에서 경제 위기가 발생하기 직전인 2000년대 초반에 유럽연합의 거시 경제를 검토한 경제학자들은 그리스의 자료가 다른 유럽연합 국가들의 자료보다 벤포드의 법칙에서 많이 어긋나 있음을 발견했다.[12] 물론 아주 영리한 범죄자도 있다. 폰지 사기•로 악명 높은 금융 사기꾼 버나드 매도프Bernard Madoff의 회사 매도프투자증권사는 벤포드의 법칙이 완벽하게 성립하는, 완벽해도 너무나 완벽한 자료를 갖추고 있었다.[13]

이 법칙의 놀라운 점은 또 있다. 산의 높이, 강의 표면적, 진앙의 깊이, 온실 기체 방출 같은 물리량 관련 자료에서도 성립한다는 것이다.

벤포드의 법칙이 성립하지 않는 가짜 자료처럼, 수학을 공부하거나 인생을 살아갈 때 자기 자신이 아닌 다른 사람인 척하면 당신도 조작된 자료처럼 보일 수 있다. 자연스럽게 행동한다는 말은 이 세상을 솔직하게 대한다는 뜻이다. 이해하지 못했을 때는 질문을 하자. 능력이 된다면 도움을 요청하는 사람을 도와주자. 자연스럽게 행동한다는 것이 어떤 의미인지 판단하려 들지 말자. 그저 자연스럽게 행동하면 된다. 설사 그 행동이 불완전하더라도 말이다.

• 신규 투자자의 돈으로 기존 투자자에게 이자나 배당금을 지급하는 방식의 다단계 금융 사기. —옮긴이

문제 7 트위터 사용자 7만 8304명의 팔로워 수를 맨 앞자리 수에 따라 분류하자 다음과 같은 결과가 나왔다.•

- 팔로워 수가 1로 시작하는 트위터 사용자의 수: 2만 5892명
- 팔로워 수가 2로 시작하는 트위터 사용자의 수: 1만 3689명
- 팔로워 수가 3으로 시작하는 트위터 사용자의 수: 9778명
- 팔로워 수가 4로 시작하는 트위터 사용자의 수: 7431명
- 팔로워 수가 5로 시작하는 트위터 사용자의 수: 5899명
- 팔로워 수가 6으로 시작하는 트위터 사용자의 수: 5085명
- 팔로워 수가 7로 시작하는 트위터 사용자의 수: 3911명
- 팔로워 수가 8로 시작하는 트위터 사용자의 수: 3520명
- 팔로워 수가 9로 시작하는 트위터 사용자의 수: 3129명

이 자료는 벤포드의 법칙이 성립할까?

• 이 문제는 컴퓨터과학자 제니퍼 골벡Jennifer Golbeck 박사가 2015년 8월 26일자 《플로스원 *PLoS One*》에 실은 논문 「온라인 소셜 네트워크에 적용한 벤포드의 법칙Benford's Law Applies to Online Social Networks」에서 영감을 얻었다.[14] 골벡 박사는 트위터 사용자 7만 8225명을 비롯해 페이스북, 구글플러스, 핀터레스트, 라이브저널 같은 SNS 플랫폼 사용자들의 팔로워 수를 조사했다. 그리고 한 SNS 플랫폼만 빼고 거의 모든 플랫폼에서 나타나는 팔로워 수가 벤포드의 법칙을 따른다는 사실을 알아냈다. 벤포드의 법칙을 따르지 않은 SNS 플랫폼은 사람이 남긴 활동 기록을 조작하고 있었다. 자료를 이루는 수들이 논문에 구체적으로 명시되지는 않았기 때문에 문제 7에서 제시하는 숫자들은 박사가 기사에 실은 막대그래프를 참고해 대략 지정했다.

8장

비교를 거부하자

카오스 이론

1961년에 매사추세츠 공과대학교MIT의 기상학자 에드워드 로렌즈Edward Lorenz가 장기 일기 예보를 연구하던 때, 대부분의 과학자들은 세상이 아이작 뉴턴Issac Newton이 말한 대로 작동하고 있다고 믿었다. 뉴턴은 충분히 많은 자료를 모으면 수학자와 과학자가 세상을 시계 보듯 정확하게 예측할 수 있다고 믿었다. 로렌즈 역시 장기 일기 예보를 가능케 할 수학 모형을 만들려고 부지런히 기온과 기압, 바람의 속도 같은 날씨 관련 변수들을 모았다. 그는 몇 달간의 미래 날씨를 예측하려고 그 자료를 컴퓨터에 입력했고, 자료를 받은 컴퓨터는 과거의 날씨를 근거로 미래의 날씨를 예측했다. 컴퓨터 화면에는 시간에 따른 날씨 변화가 계속해서 나타났다. 시간이 조금 지난 뒤에 로렌즈는 컴퓨터에 다시 비슷한 조건을 입력하고 프로그램을 새로 가동

했다. 프로그램이 돌아가는 동안 로렌즈는 잠시 나가 커피를 마시고 왔고, 다시 연구실로 돌아왔을 때는 과학 혁명이 일어나고 있었다.

두 번째로 돌린 프로그램 결과는 첫 번째 프로그램 결과와 확연히 달랐다. 처음에 로렌즈는 다른 결과가 나온 이유를 이해할 수 없었다. 그도 그럴 것이 초기 조건을 똑같이 입력했기 때문에 계산 결과가 달라질 이유가 전혀 없었다. 하지만 곧 컴퓨터 입력값은 소수점 여섯 자리까지였지만 컴퓨터 출력값은 소수점 세 자리까지라는 사실을 깨달았다. 그러니까 두 번째로 프로그램을 돌릴 때는 컴퓨터가 출력한 숫자를 입력했던 것이다. 처음 입력한 수는 0.056127이었고 나중에 입력한 수는 0.056000이었다. 두 수의 차이는 무시해도 좋을 만큼 아주 작았다. 하지만 초깃값의 그 작은 차이가 결과에서는 엄청난 차이를 만들어냈다. 반올림 때문에 생긴 0.1퍼센트 미만의 초깃값 차이는 관측 데이터에서의 측정 오류와 동등한 수준이었다. 로렌즈는 믿을 만한 장기 일기 예보를 하려면 완벽한 초깃값을 기록하고 입력해야 한다는 사실을 깨달았다. 그리고 그런 정보를 입력할 수 있는 기상학자는 없을 거라는 사실도 함께 깨달았다. 그때 로렌즈는 현재 카오스 이론chaos theory이라고 부르는 것을 발견했다. 그리고 그 이론은 뉴턴이 구축한 우주의 모습을 무너뜨려버렸다.

1972년에 미국과학진흥협회AAAS 회의에 참석한 로렌즈는 「예측 가능성: 브라질 나비의 날갯짓이 텍사스에 토네이도를 일으킬까?Predictability: Does the Flap of a Butterfly's Wings in Brazil Set Off a Tornado in Texas?」라는 논문을 발표했다. 그때 로렌즈는 초기 조건에 아주 민감한 역학계를 설명하면서 레이 브래드버리Ray Bradbury의 SF 단편소설 「천둥소리A Sound of Thunder」에 나오는 용어 '나비 효과'를 사용했다. 「천둥소리」에서처럼 사람들이 공룡 시대로 가서 나비를 밟으면 역사가 바뀔까? 그 답은 알 수 없지만 어쨌거나 '나비 효과'는 과학계를 벗어나 여러 분야에서 즐겨 사용하는 인기 용어가 되었다. 1993년에 나온 할리우드 블록버스터 영화 〈쥬라기 공원Jurassic Park〉에서 이언 맬컴 박사는 엘리 새틀러 박사에게 강한 인상을 심어주려고 나비 효과를 설명한다. 새틀러 박사도 과학자라 이미 카오스 이론을 알 텐데 말이다. 오랫동안 방영한 텔레비전 애니메이션 시리즈 〈심슨 가족Simpson Family〉에서도 나비 효과를 이야기하는 장면이 나온다.

그렇다고 이 세상 모든 계가 카오스 이론을 따르는 것은 아니다. 진자(추)나 아이가 타고 있는 그네의 경로는 충분히 정확하게 예측할 수 있다. 어디에서 시작하건 진자나 그네는 같은 경로를 따라 앞뒤로 흔들리기 때문이다.

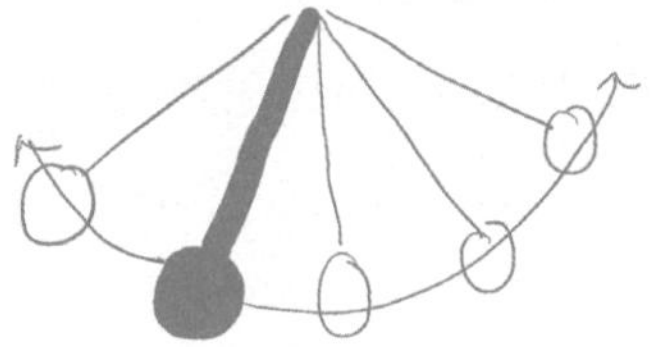

움직이는 진자

아이가 탄 그네

하지만 한 진자 밑에 다른 진자를 매달아 만든 '이중 진자'에서는 카오스 이론이 성립한다. 다음 페이지의 그림을 보자. 두 그림의 이중 진자는 서로 같다. 왼쪽 이중 진자와 오른쪽 이중 진자를 각각 잡고,

서로 미세하게 다른 위치까지 끌어올렸다가 놓으면 어떻게 될까?

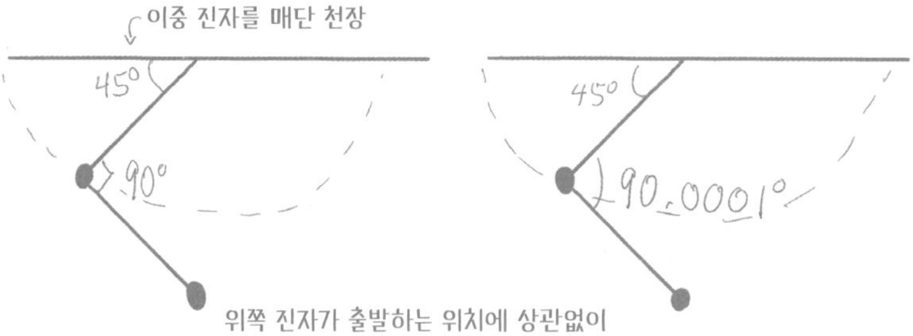

위쪽 진자가 출발하는 위치에 상관없이
이중 진자는 미리 정해진 경로를 따라 앞뒤로 움직인다.

이중 진자에서 위에 있는 진자는 단일 진자처럼 예측 가능한 행동을 한다. 아이가 탄 그네처럼 앞뒤로 흔들리는 것이다. 하지만 아래 진자는 다음 그림처럼 독특한 경로를 그리며 움직인다. 눈송이마다 형태가 다른 것처럼 아래 진자의 움직임도 시작점에 따라 달라진다.

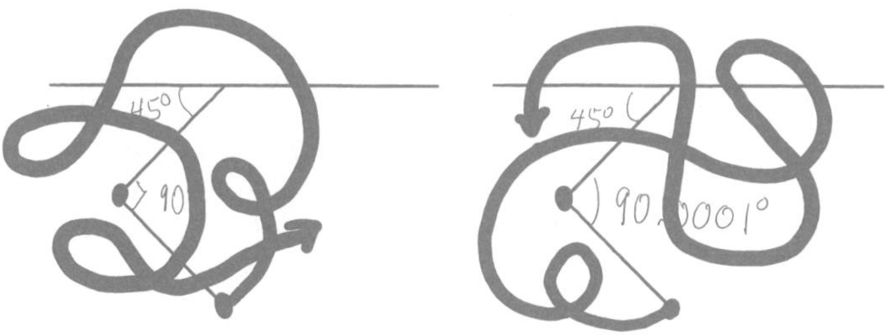

초기 조건을 조금만 다르게 해도 아래 진자의 움직임은 엄청나게 달라진다.

이중 진자를 흔들면 카오스가 나타난다.

수학을 공부하고 인생을 살아가는 경로는 진자가 흔들리는 경로나 아이가 타는 그네의 경로보다 훨씬 복잡하다. 이중 진자가 흔들리는 경로처럼 우리가 살아가는 경로도 사람마다 모두 독특하고 초기 조건에 따라 크게 달라진다. 처음 수학을 공부할 때는 당신과 당신 친구의 수학 실력이 비슷했을 수도 있다. 수학 수업을 처음 시작했을 때나 수학 책의 첫 부분을 공부할 때는 특히 그럴 것이다. 바로 그것이 초기 조건이다. 하지만 살아온 인생 경험과 수학이 상호작용하는 동안, 같거나 다른 목표를 향해 가는 사람들의 경로는 바뀌게 된다. 수학 친구라면 당신이 수학을 이해할 때까지 함께 있어줄 것이다. 친구와 함께 공부할 때는 두 사람의 수학 경로를 비교하지 말자. 그저 카오스 이론이 작동하게 하자.

문제 8 매년 2배씩 개체 수가 늘어나는 생쥐 무리가 둘 있다. 첫해(0년)에 두 생쥐 무리는 개체 수가 완전히 같지는 않아도 상당히 비슷했다. 첫해에 A 무리는 20마리였고 B 무리는 22마리였다. 두 무리 모두 1년에 2배씩 증가했다. 두 무리 생쥐의 기대 수명은 2년이다. 매년 생쥐가 태어나고 태어난 쥐가 모두 기대 수명만큼 산다고 가정하면, 10년 뒤 두 무리의 개체 수는 얼마나 차이가 날까?

9장

일상 속에서 수학을 찾아보자

고대의 수학자 아르키메데스

기원전 3세기에 시라쿠사의 왕 히에로 2세는 왕관을 만드는 금세공업자가 황금을 빼돌리고 은을 섞어 왕관을 만들었을지도 모른다고 의심했다. 왕은 수학자인 아르키메데스에게 도움을 요청했다. 아르키메데스는 은의 밀도가 금의 밀도보다 낮다는 사실을 알고 있었다. 따라서 왕관의 부피를 계산하고, 왕관과 부피가 같은 금의 무게를 재어 왕관의 무게와 비교하면 금세공업자가 금을 빼돌렸는지를 알 수 있다고 생각했다. 부피가 같은 금의 무게보다 왕관의 무게가 적게 나간다면 금세공업자는 금 대신에 은을 섞은 것이다. 부피가 같은 금과 왕관의 무게가 같다면 금세공업자는 정직하게 왕관을 만든 것이다. 문제는 어떻게 해야 왕관처럼 모양이 불규칙한 물체의 부피를 재는가였다. 아르키메데스는 일상생활을 하면서도 이 문제에 골몰했다.

공중목욕탕에 갔을 때도 마찬가지였다. 목욕탕에서 아르키메데스는 물이 담긴 욕조에 들어갔고, 자신이 들어가자 수면이 높아진다는 사실을 알아챘다. 자기 몸의 부피만큼 물의 부피가 위로 밀려난 것이다. 전설에 따르면 너무 기쁜 나머지 아르키메데스는 욕조에서 벌떡 일어나 옷도 입지 않은 채 집으로 뛰어가면서 '알았다(유레카)!'라고 외쳤다고 한다.

수학은 아르키메데스의 상상력에 불을 붙였다. U자형 곡선인 포물선의 특성을 곰곰이 생각하던 아르키메데스는 세계 최초의 살인 광선이라고 부를 만한 무기를 떠올렸다. 병사들이 커다란 거울을 들고 포물선 형태로 늘어서면, 태양이 수평선 위에 뜰 때 태양 광선이 곧바로 거울을 비추고, 거울은 태양 광선을 반사해 불에 잘 붙는 도료를 바른 적군의 배를 태운다. 아르키메데스는 포물선에서 반사되는 태양 광선이 모두 '초점'이라고 하는 한 점에 모인다는 사실을 알았다. 적군의 배를 초점으로 삼고 배의 한 점에 충분히 많은 태양 에너지를 모으면 배에 불을 붙일 수 있다.

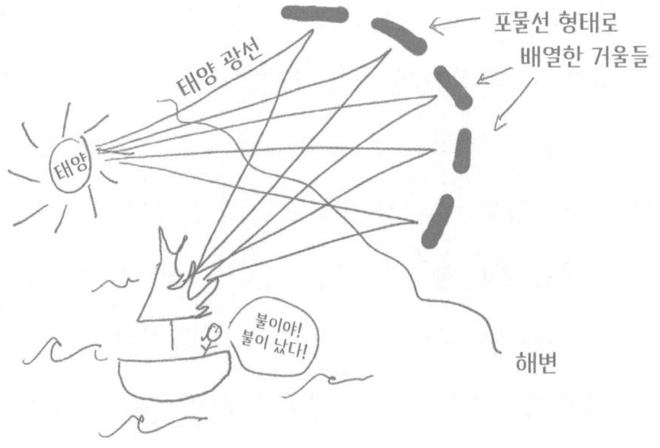

어쩌면 아르키메데스는 시소를 타는 아이들을 보면서 지레의 특성을 고민하게 되었는지도 모른다. 몸무게가 같은 두 아이가 큰 힘을 들이지 않고도 시소를 타려면 시소의 중심점(받침대)에서 서로 같은 거리만큼 떨어져 앉으면 된다. 하지만 평범한 아이가 코끼리와 함께 시소를 타려면 중심점과 코끼리까지의 거리보다 훨씬 멀리 뒤로 가서 앉아야 코끼리를 들어올릴 수 있다(받침대는 아이가 아주 멀리 갈 수 있을 정도로 충분히 길다고 가정하자). 아르키메데스는 지레의 특성을 설명해주는 수학 공식을 발견했다. 하지만 그 공식을 공책에 적지도 않았고 먼지 쌓인 선반에 꽂아둘 수학 교과서에 싣지도 않았다. 그저 히에로 왕에게 보낸 편지에 이런 낭만적인 제안을 했을 뿐이다. "제가 서 있을 자리만 마련해주신다면 지구를 들어올려 보이겠습니다." 그 편지를 쓸 때 아르키메데스는 (아주 단단하고 조밀한) 소행성에 서서 지레로 지구를 들어 올리는 상상을 했을지도 모르겠다.

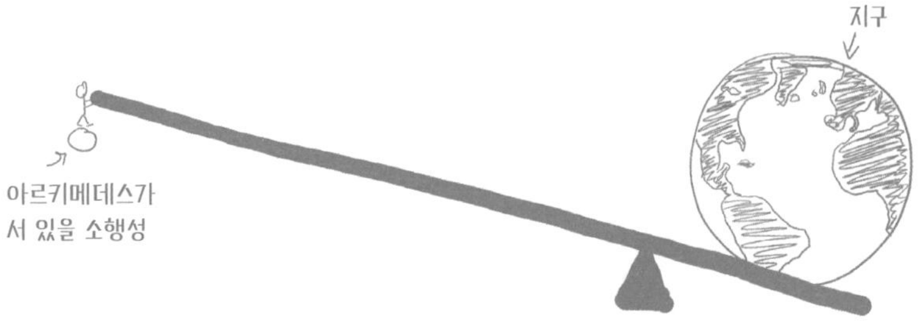

실제 거리는 생각하지 말자!

아르키메데스에게 수학은 일이면서 여가를 즐기는 방법이기도 했다. 이 세상 누구보다도 먼저 아르키메데스는 '무한'이 그저 '아주 큰 수'가 아님을 이해했다. 자기 생각을 입증하려고 아르키메데스는 모래 알갱이 한 알의 크기를 추정하고 우주에 있는 전체 모래 알갱이의 수를 계산해봤다. 당시 사람들은 별들이 우주의 경계를 이룬다고 생각했다. 그때는 억을 가장 큰 단위라고 생각했기 때문에 아르키메데스가 이 문제에 답을 하려면 먼저 큰 수를 표기하는 방법부터 생각해야 했다. 계산을 마친 아르키메데스는, 이 우주에는 아주 많은 모래가 있지만 전체 모래 알갱이의 수를 나타내는 어마어마하게 큰 수(아르키메데스의 계산에 따르면 이 우주에는 10^{63}개의 모래알이 존재했다)는 무한이 아니라 유한한 수라고 선언했다.[15] "'무한'은 '아주 큰 수'와 같지 않다"라는 미묘하지만 중요한 개념을 설명하려고 아르키메데스는 그전까지 이름 지어진 그 어떤 수보다도 더 큰 수의 이름을 생각해낸 것이다.

살아 있는 동안 아르키메데스는 장소를 불문하고 언제나 수학을 고민하면서 시간을 보냈다. 아르키메데스에게 수학은 숨 쉬는 것만큼이나 중요한 일상생활이었다. 삶이 너무 바빠서 수학을 공부할 시간도, 다른 목표를 추구할 시간도 없다는 걱정이 들 때면 아르키메데스를 떠올려보자. 아르키메데스는 욕조 안에서도, 별이 빛나는 하늘 밑에서도, 해변에서도 수학을 했다. 어느 날 아르키메데스는 해변에 앉아서 원에 관한 수학 문제를 고민하고 있었다. 제2차 포에니 전쟁이 한참이었을 때라서 주변이 아주 시끄러웠지만 아르키메데스는 그저 막대기로 모래 위에 원을 그리면서 생각에 잠겨 있었다. 그때 한 로마 병사가 다가와 아르키메데스를 방해했다. 로마 병사가 모래 위에 그린 원을 밟을지도 모른다고 걱정한 아르키메데스는 소리쳤다.

"놀리 투르바레 키르쿨로스 메오스!Noli turbare circulos meos!(내 원을 밟지 마시오!)" 그것이 아르키메데스의 마지막 말이었다고 한다. 로마 병사가 자신에게 소리치는 아르키메데스를 죽였기 때문이다. 아르키메데스는 자신이 가장 사랑하는 일을 하다가 세상을 떠났다.

문제 9 산책을 하자. 할 일이 있다면 그 일을 하자. 청소, 빨래, 강아지 밥 주기 같은 일상적인 일이면 더 좋다. 해야 할 일을 하면서 주변에 존재하는 수학을 고민해보자. 주변을 둘러보면서 보이는 것들과 물체의 무게와 부피, 변위, 각도, 평행선, 반사각, 포물선, 지평선, 곡률, 지레의 원리, 받침점, 큰 수와 작은 수, 무한 같은 개념을 연결해 생각해보자. 주위를 둘러보면서 놀이처럼 수학을 생각하는 것이다. 수학을 할 때 정해진 고민 방법은 없다. 그저 깊이 생각하는 정도의 차이만 있을 뿐이다.

10장

천천히 걸으면서 생각해보자

쾨니히스베르크의 다리

1700년대에 프로이센의 쾨니히스베르크(지금은 러시아의 칼리닌그라드가 되었다) 사람들은 사랑스러운 자기네 도시를 즐겨 거닐었다. 쾨니히스베르크 도심에는 프레겔강이 있었다(지금은 프레골랴강이라 한다). 프레겔강에는 크나이프호프섬과 롬제섬이 있었는데, 두 섬은 다리 7개로 도심과 연결되어 있었다(81쪽 위 그림).

쾨니히스베르크 사람들은 도시의 한 지점에서 걷기 시작해 두 섬에 놓인 모든 다리를 정확히 한 번만 건너서 출발했던 지점으로 돌아오는 방법을 찾고 싶었다. 그래서 이런저런 시도를 했다(81쪽 아래 그림).

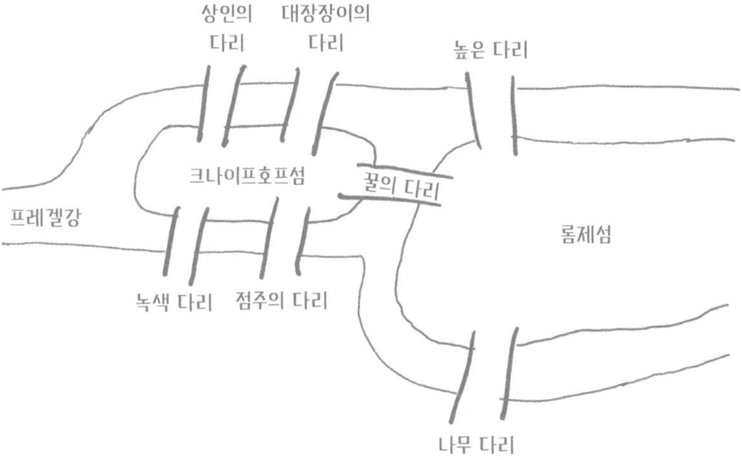
상인의
다리
대장장이의
다리
높은 다리
크나이프호프섬
꿀의 다리
프레겔강
롬제섬
녹색 다리
점주의 다리
나무 다리

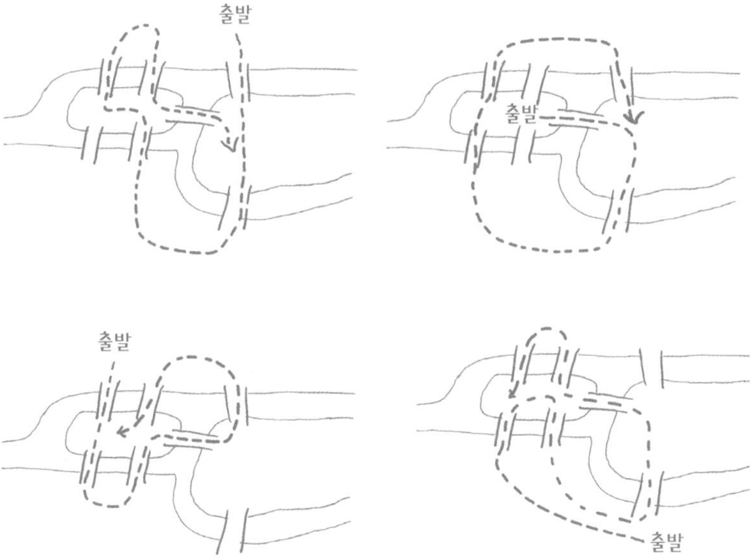
출발
출발
출발
출발

하지만 그 누구도 7개 다리를 한 번에 건널 방법을 찾지 못했고, 사람들은 방법이 없다고 생각하게 됐다. 쾨니히스베르크 시장은 수학자 오일러에게 자문을 구했고, 오일러는 동료이자 친구인 수학자 조반니 마리노니Giovanni Marinoni에게 편지를 썼다.

> 평범해 보이는 문제지만 기하학적으로 아주 중요한 듯합니다. 대수학이나 산술로는 풀 수 없어서, 혹시 이 문제가 라이프니츠가 그토록 찾고자 했던 위치에 관한 기하학이 아닐까 합니다. 깊이 생각해보다가 간단하지만 완벽하게 체계적인 규칙을 하나 발견했습니다. 제가 발견한 규칙만 살펴보면 다리가 어떤 식으로 놓여 있건, 몇 개가 놓여 있건 간에 겹치는 경로 없이 출발점으로 돌아올 수 있는지를 밝힐 수 있습니다.[16]

오일러가 '위치에 관한 기하학'이라고 했던 수학은 현재 '그래프 이론graph theory'이 되었다. 오일러가 살던 시대에는 없던 수학이다. 쾨니히스베르크의 7개 다리 덕분에 오일러와 도시 시민들은 한 가지 문제를 깊이 생각해보았고, 새로운 수학 분야를 찾으려 했던 라이프니츠의 아이디어까지 거슬러 올라갔다. 위치 기하학에서 거리나 크기, 각도는 신경 쓰지 않는다. 중요한 것은 배열이다. 다시 말해서 강에 있는 섬이 큰지 작은지, 섬을 연결한 다리들이 긴지 짧은지는 중요하지 않다. 섬과 강둑의 수, 섬을 연결하는 다리들의 존재만이 중요하다.

현대의 그래프 이론가라면 쾨니히스베르크 다리 문제를 '그래프'

라는 도구로 모형화할 것이다. 그래프는 '꼭짓점'과 꼭짓점을 연결하는 '변'으로 이루어져 있다. 변은 경로, 연결, 관계 정보는 전달하지만 연결이나 관계의 강도, 거리에 관한 정보는 전달하지 않는다. 쾨니히스베르크의 지형을 점으로 표시하고 7개 다리를 선으로 나타내면 다음과 같은 그래프를 그릴 수 있다.

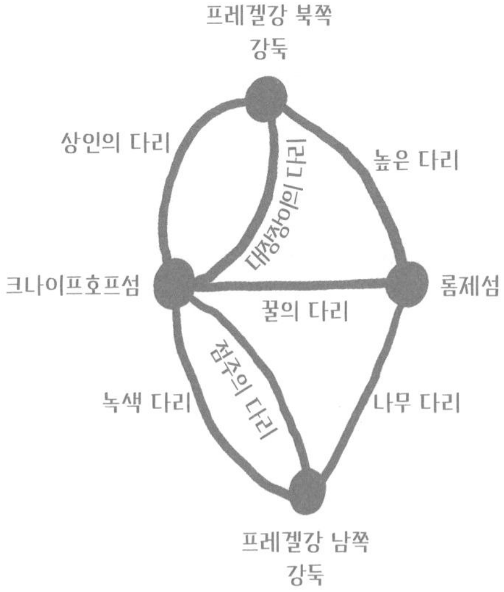

이론가에 따라서는 쾨니히스베르크 다리 문제를 다음과 같은 그래프로 만들기도 한다. 이 그래프가 전하는 정보도 앞의 그래프에 나오는 정보와 같다.

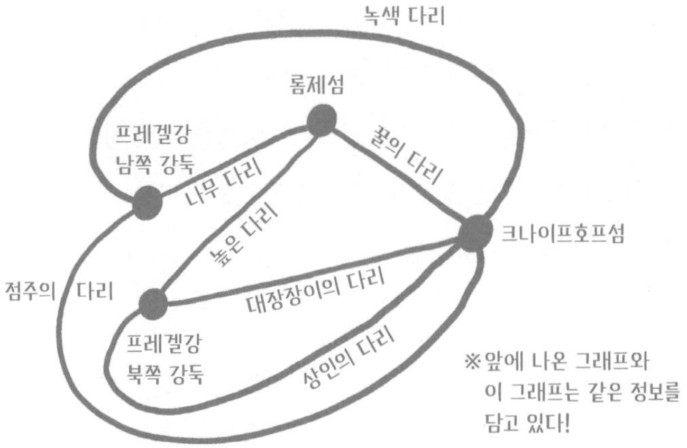

물론 수학자들은 긴 이름보다는 기호를 사용해 깔끔하게 표기하는 걸 선호한다. 그러니까 프레겔강 북쪽 강둑은 A로, 크나이프호프섬은 B로, 롬제섬은 C로, 프레겔강 남쪽 강둑은 D로 적는 게 좋겠다. 다음 그래프처럼 말이다.

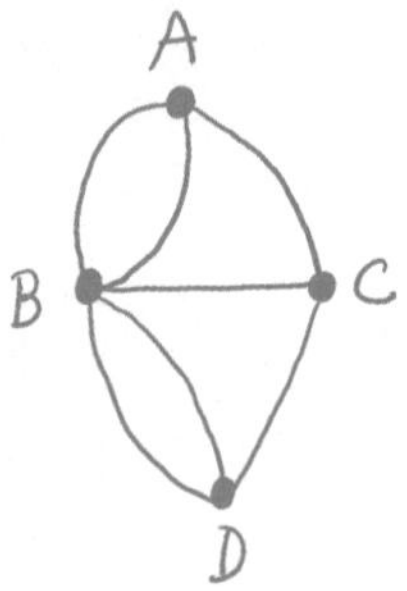

이 그래프를 보면 다리가 지형을 어떤 식으로 연결하고 있는지 알 수 있지만 지형의 크기나 다리의 길이에 관해서는 어떤 정보도 알 수

없다. 방향 정보를 전하지 않는다는 점도 지도와 구별된다. 따라서 그래프만으로는 크나이프호프섬이 롬제섬의 서쪽에 있다는 결론을 내릴 수 없다.

쾨니히스베르크 시민들이 궁금했던 문제를 그래프 이론의 언어로 바꿔보면 "쾨니히스베르크의 지형과 다리로 그린 그래프는 '오일러 회로Euler circuit'를 담고 있는가"라고 표현할 수 있다. 오일러 회로란 한 꼭짓점(그래프의 한 점)에서 시작해서 모든 변을 단 한 번만 지나 다시 시작점으로 돌아오는 그래프 경로다. 꼭짓점은 두 번 이상 지나가도 상관없다.

어렸을 때는 나는 친구와 함께 그래프 놀이를 즐겨 했다. 물론 그때는 우리가 하는 놀이가 그래프 경로 찾기라는 것도 몰랐다. 유명한 문제 중 하나로, X자가 들어간 집 모양 도형의 변을 연필을 떼지 않고 한 번에 쭉 긋는 것이 있었다.

어렸을 때 나는 연필을 떼지 않고 모든 변을 단 한 번만 지나서 이 '집' 그래프를 그리는 법을 알아냈다. 하지만 시작점에서 끝을 내지는

못했다. 그래프 이론의 언어로 말해보자면 이 그래프는 오일러 경로 Euler path이기는 하지만 오일러 회로는 아니다.

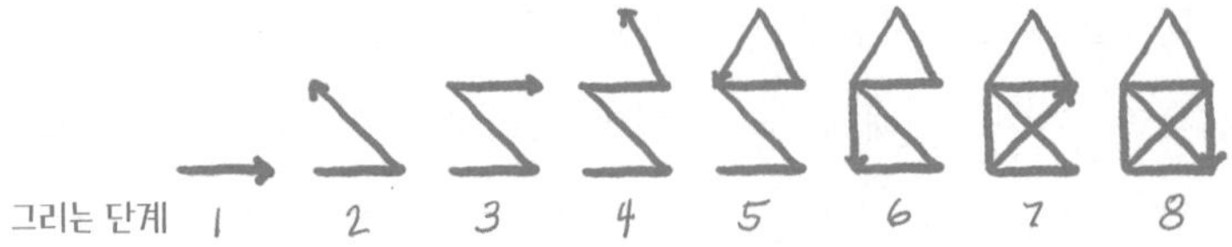

오일러는 '평범한' 쾨니히스베르크 다리 문제가 기존 수학과는 전혀 다른 새로운 수학적 사고를 열어젖힌다는 사실을 직감적으로 알아챘다. 이 문제를 푸는 동안 오일러는 오일러 회로가 갖추어야 할 특징들을 알아냈다. 무엇보다도 그래프는 연결되어 있어야 한다. 그래프가 연결되어 있지 않다는 건 그래프의 일부가 나머지 부분과 변으로 이어지지 않았다는 뜻이다. 그런 그래프는 연필을 떼지 않고 한 번에 모든 선을 그릴 수 없다.

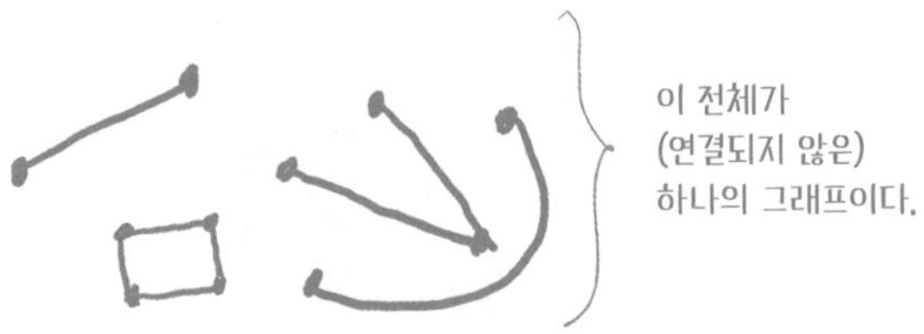

앞에 나온 '집' 그래프처럼 연결된 그래프라고 해도 오일러 회로가 아닐 수 있다. 오일러는 그래프의 경로가 꼭짓점을 지날 때마다 2개의 변을 이용한다는 사실도 알아냈다.

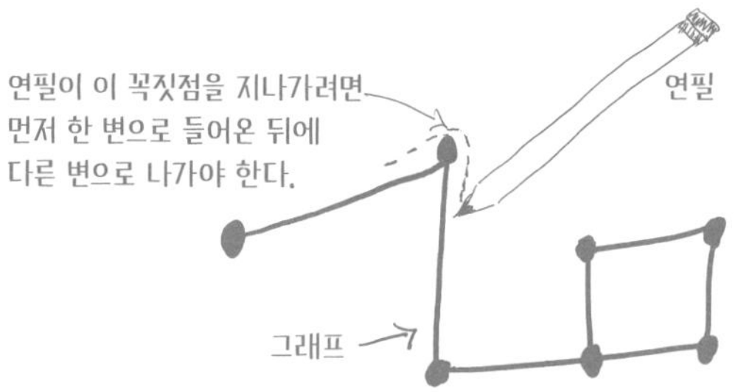

이 두 가지 사실을 깨달은 오일러는 그래프의 모든 꼭짓점이 짝수 개의 변을 가져야지만 오일러 회로를 그릴 수 있다는 결론을 내렸다. 내가 어렸을 때 그렸던 '집' 그래프는 변이 2개인 꼭짓점이 하나, 변이 3개인 꼭짓점이 2개, 변이 4개인 꼭짓점이 2개 있었다.

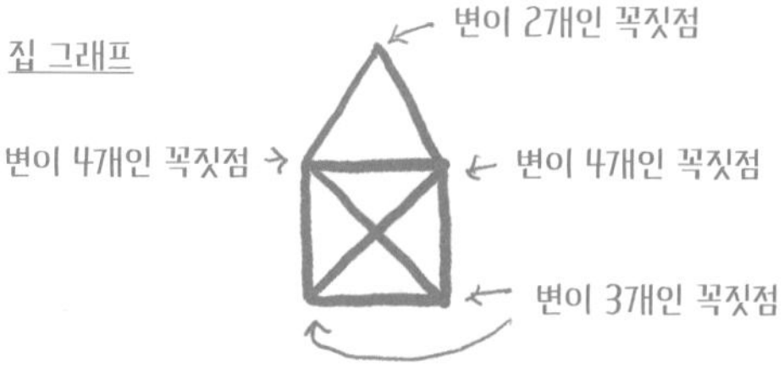

모든 꼭짓점의 변 개수가 짝수가 아니므로 집 그래프는 오일러 회로가 될 수 없다.

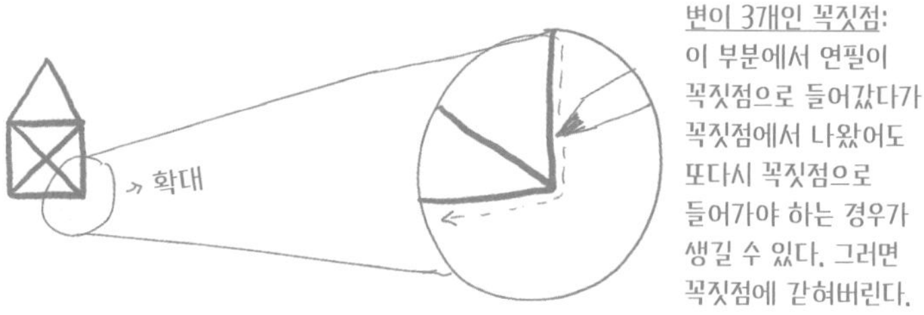

쾨니히스베르크 다리 문제를 표현하는 그래프는 서로 연결되어 있기 때문에 오일러 회로일 수도 있다는 희망이 생긴다. 하지만 이 그래프에는 변이 5개인 꼭짓점 1개와 변이 3개인 꼭짓점이 3개 있다. 변의 개수가 홀수인 꼭짓점이 1개 이상 있으므로, 쾨니히스베르크 다리를 나타내는 그래프는 오일러 회로가 아니다.

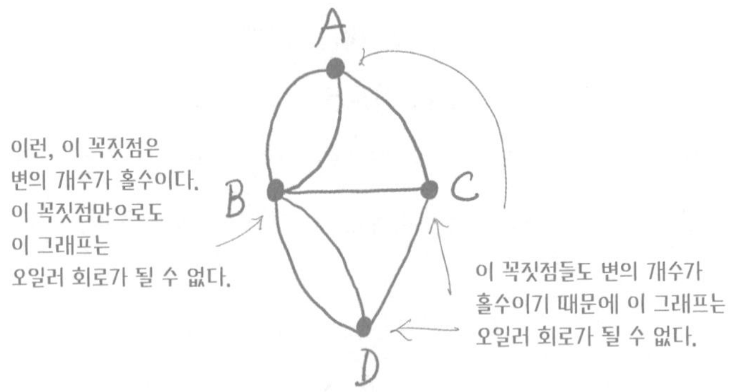

그러니까 쾨니히스베르크의 7개 다리에는 한 지점에서 출발해 모든 다리를 건넌 뒤에 다시 제자리로 돌아올 수 있는 경로가 없다.

오일러는 두 가지 조건만 성립하면 어떤 형태의 그래프든지 모두 오일러 회로가 될 수 있음을 입증했다. 한 그래프의 꼭짓점이 모두 연결되어 있고 모든 꼭짓점에 연결된 변의 개수가 짝수라면 그 그래프는 오일러 회로이다.

현재 컴퓨터 과학자들은 전체 인터넷상에서 웹 사이트들이 연결된 방식을 밝히려고 그래프 이론을 활용하고 있다. 신경 과학자들도 뇌의 구조를 이해하려고 그래프 이론을 이용한다. 사람들이 만들어가고 있는 소셜 미디어 관계망도 그래프를 활용해 파악할 수 있다.

그래프 이론은 전자 의료 기록과 유전체 염기 서열을 파악할 때도 활용하는 수학이다. 그래프 이론을 이용해 도시 설계자들은 대중교통이 움직일 길을 만들고, 생물학자들은 질병이 퍼져나가는 경로를 파악하고, 사회학자들은 소문이 퍼져나가는 방식을 연구한다. 쾨니히스베르크 시민들이 말 그대로 다리 위를 걸으면서 수학 문제를 풀려고 한 덕분에 인류는 좋은 도구를 얻었다. 수학을 공부하거나 인생을 살아가는 동안 힘든 일이 생기면 천천히 걸으면서 생각해보자. 진지한 노력이 어떤 결과를 가져다줄지는 아무도 알 수 없다.

문제 10 자치 정부가 있는 맨섬은 아일랜드와 영국 사이에 놓인 작은 섬이다. 맨섬의 한 택배 회사는 아래 지도에 나와 있는 램지, 필, 온챈, 더글러스, 캐슬타운을 잇는 도로를 한 번씩만 지나 모든 지역을 한 바퀴 돈 뒤에 처음 출발했던 지역으로 돌아오는 경로를 찾고 싶다. 가능할까?

11장

꼬인 문제를 풀자

매듭 이론

수학자들은 매듭이 될 수 있는 조건에 아주 높은 기준을 세웠다. 묶은 신발 끈 같은 형태의 끈은 매듭이라고 하지 않는다. 신발 끈은 아무리 꼬여 있어도 (적어도 이론상으로는) 양쪽 끝이 풀어져 있는 긴 끈이기 때문이다.

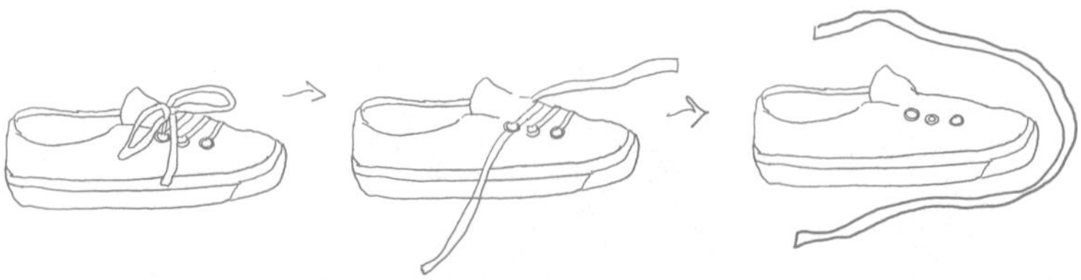

신발 끈은 매듭처럼 보인다. 하지만 신발 끈을 잡아당기면 매듭이 사라진다.

수학에서는 엉킨 상태에 상관없이 고리 형태의 끈만을 매듭이라고 정의한다. 따라서 매듭에는 풀린 끝부분이 없어야 한다. 그러니까 수학의 매듭은 끝을 연결한 밧줄이라고 생각해도 된다. 가장 간단한 매듭은 원의 형태로, 풀린 매듭trivial knot• 이라고 한다. 고무 밴드가 그 예다. 고무 밴드가 꼬여 있는지 엉켜 있는지는 중요하지 않다. 꼬여 있거나 엉켜 있는 부분을 풀었을 때 원이나 고무 밴드가 나온다면 그 매듭은 풀린 매듭이다. 다음 매듭들은 모두 풀린 매듭이다. 즉 모두 같은 매듭이다.

매듭을 풀 때는 매듭을 늘려도 되고 비틀어도 되고 눌러도 되지만 절대로 자를 수는 없다. 허용된 방법으로 이리저리 매듭을 늘리고 비틀고 줄여서 다른 매듭을 만들 수 있다면, 두 매듭은 같은 매듭이다. 매듭 중에는 풀리지 않는 매듭도 있는데, 그 가운데 가장 간단한 매듭은 '세잎 매듭trefoil knot'이다. 세잎 매듭을 풀어서 풀린 매듭처럼 보이게 할 방법은 전혀 없다.

• 풀린 매듭은 '원형 매듭'이라고도 한다.

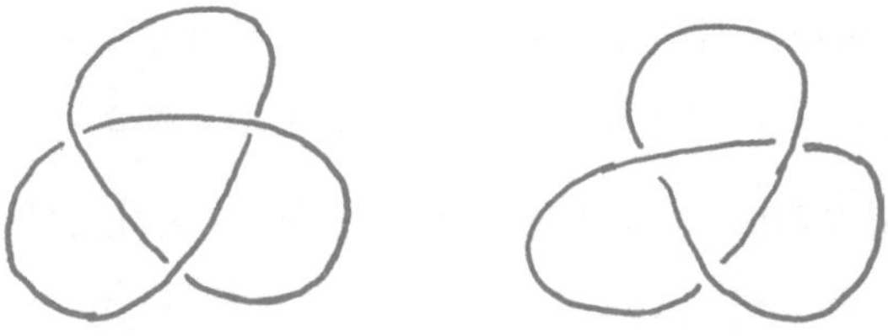

왼세잎 매듭 오른세잎 매듭

왼세잎 매듭과 오른세잎 매듭은 늘리거나 비틀거나 줄였을 때 한 매듭을 다른 매듭으로 바꿀 수 없으므로 정확히 말하면 같은 매듭이 아니다. 하지만 서로 거울상이기 때문에 매듭 이론knot theory을 연구하는 수학자들은 두 매듭을 다른 매듭이라고 보지 않는다.

매듭을 가지고 놀다 보면 다른 매듭도 자연스레 알게 된다. 일단 길이가 1~1.5미터쯤 되는 전기 연장선으로 매듭을 만들어보자. 원하는 매듭을 만들면 전기 연장선의 코드를 플러그에 꽂아 고리를 만들자. 그러면 고리는 풀린 부분이 없이 완전히 닫힌다.

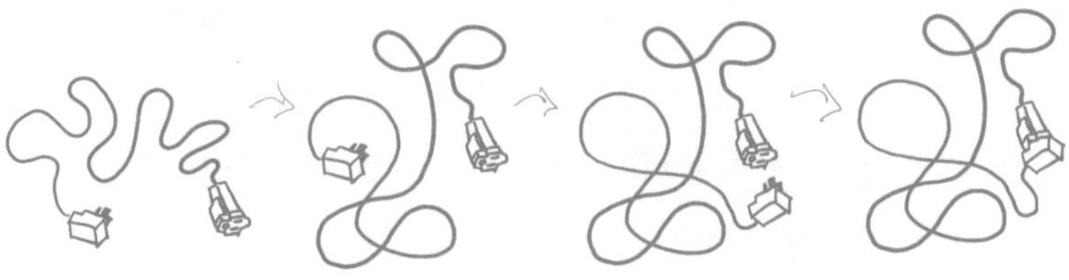

전기 연장선을 가지고 매듭을 만들 준비를 하자. 플러그와 코드를 꼭 끼워야 한다!

세잎 매듭 외에도 풀리지 않는 매듭이 있다. 예컨대 8자 매듭이다.

8자 매듭

오른세잎 매듭과 왼세잎 매듭과 달리 8자 매듭은 자기 자신이 거울상인 매듭이다. 8자 매듭을 자세히 관찰하면 여러 가지 방법으로 늘릴 수 있음을 알게 된다. 아래 매듭은 전부 8자 매듭이다.

모두 8자 매듭이다!

정말인지 확인하고 싶다면, 털실이나 전기 연장선으로 매듭을 만들어서 이리저리 당겨보고 비틀어 모양을 변형해보자.

거의 모든 수학 분야에서 수학자들은 문제를 분류하고 목록을 작성한다.• 매듭의 경우 교차점의 개수로 목록을 분류한다. 풀린 매듭

• 수학 문제는 거시적으로도 미시적으로도 분류할 수 있다. 대수학, 기하학, 미분 방정식, 수론 등으로 분류하는 것은 거시적 분류 방법이다. 미분 방정식을 '상미분 방정식'과 '편미분 방정식'으로 나누는 것은 미시적 분류 방법이다. 물론 미분 방정식은 더 작은 단위로 분류할 수도 있다. 1차 미분 방정식, 2차 미분 방정식, 무한차 미분 방정식, 이런 식으로 말이다. 이론 수학은 추상적인 개념을 목록으로 분류하는 작업을 하기도 한다.

은 교차점 없이 만들 수 있는 매듭이기 때문에 교차점이 0이다. 풀린 매듭으로 하나 이상의 교차점을 만들 수 있다고 해도 풀 수 있고, 매듭 교차점의 개수는 매듭으로 만들 수 있는 최소한의 교차점 수로 결정하기 때문이다. 예를 들어 세잎 매듭은 교차점이 3개 있다.

물론 세잎 매듭도 교차점이 더 많아지도록 꼴 수 있다. 하지만 절대로 교차점을 3개 이하로 줄일 수는 없다.

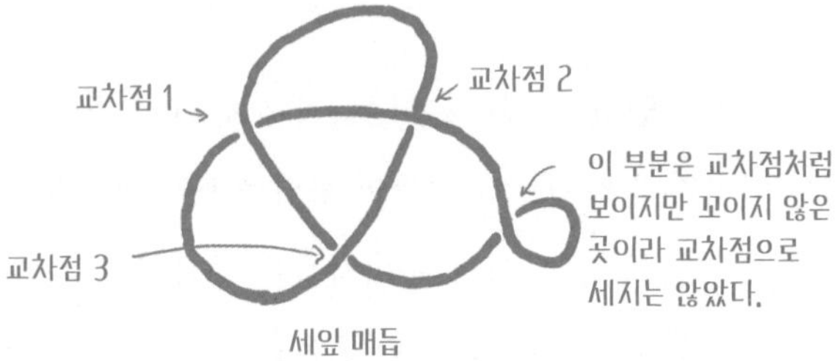

교차점의 수가 서로 다른 두 매듭은 어떤 방법으로도 형태가 같은 매듭으로 바꿀 수 없다. 그렇다면 교차점의 수가 같은 두 매듭은 언제나 같은 형태로 만들 수 있을까? 그 대답은 '매듭에 따라 다르다'이다. 교차점이 없는 매듭은 모두 풀린 매듭이다. 교차점이 1개나 2개인 매듭도 없다. 그런 매듭들은 교차점을 풀어 풀린 매듭으로 만들 수 있다.

이 부분은 교차점인 것처럼 보인다. 그렇다면 교차점의 개수에 포함할 수 있을까?

하지만 이 매듭은 이런 식으로 풀 수 있다. 그렇게 되면 교차점이 없어진다. 왼쪽 매듭과 오른쪽 매듭은 (서로 동일한 매듭이고) 모두 교차점의 개수가 0이다.

그와 마찬가지로 교차점 수가 3개인 매듭은 모두 세잎 매듭이다.[•] 교차점이 4개인 매듭은 모두 8자 매듭이다.

교차점의 수	매듭의 종류
0	 풀린 매듭
1	없음
2	없음
3	
4	

• 왼세잎 매듭과 오른세잎 매듭은 엄밀하게 말해서 같은 매듭이 아니지만, 앞서 말했듯 수학자들은 거울상인 두 매듭을 다른 매듭이라고 분류하지 않는다.

매듭의 교차점이 4개 이상이면 다양성이 증가한다. 교차점이 5개인 매듭은 두 종류가 있고 교차점이 6개인 매듭은 세 종류가 있고 교차점이 7개인 매듭은 일곱 종류가 있다. 매듭 이론가들이 정리한 교차점 갯수별 매듭 종류는 콜린 애덤스Colin Adams의 『매듭 책: 매듭 이론 수학 개론서*The Knot Book: An Elementary Introduction to the Mathematical Theory of Knots*』에 표로 자세하게 나와 있다.[17]

교차점의 수	매듭의 종류
5	
6	
7	

교차점이 8개 이상인 매듭의 수는 빠른 속도로 증가한다. 교차점이 8개인 매듭은 21종류가 있다. 교차점이 9개인 매듭은 49종류가 있고 교차점이 10개인 매듭은 종류가 165개나 된다. 교차점이 16개가 되면 매듭의 종류는 100만 종이 넘어간다.[17]

매듭은 자연에서 볼 수 있는 현상이기 때문에 매듭 이론을 그저 이론 수학자들이 추구하는 기묘한 학문이라고 생각하면 안 된다. 우리 세포 안에 들어 있는 DNA만 해도 단일 가닥이 매듭을 지어 고리 형태가 된다. 매듭의 종류를 이해하면 세포 안에서 DNA 분자가 하는 일도 알아낼 수 있다.[18]

수학을 공부할 때나 인생을 살아갈 때도 매듭 이론을 적용할 수 있다. 복잡하게 얽힌 문제를 만나면 잠시 멈추고 그 문제를 이전에도 만난 적이 있는지 생각해보자. 다음 그림의 매듭처럼 복잡하게 꼬인 문제를 풀어야 할 때면 머리가 빙글빙글 돌고 어지러울 수도 있다.

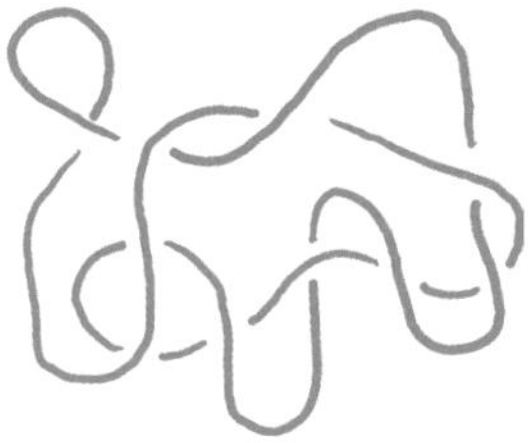

하지만 잠시 시간을 내어 이 매듭을 풀어보면 복잡해 보였던 매듭이 사실은 풀린 매듭임을 알 수 있을 것이다. 풀린 매듭 문제는 이미 앞에서 살펴 봤다.

문제 11 끈을 가지고 다음 매듭을 만들어보자. 각 매듭의 교차점이 몇 개인지 세어보고 11장에 나오는 매듭의 종류를 참고해서 어떤 매듭인지 맞혀보자.

(1)

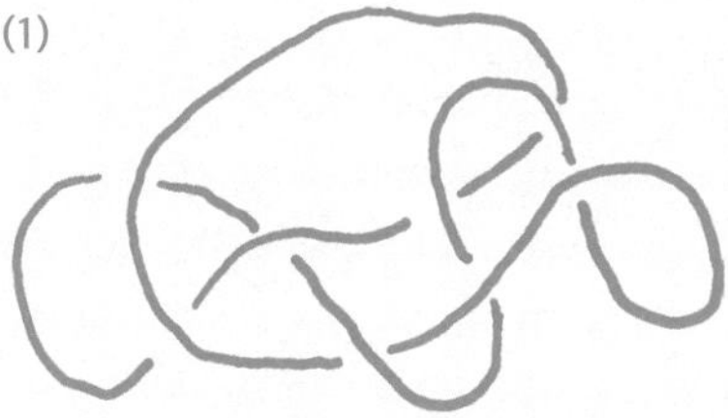

(2)

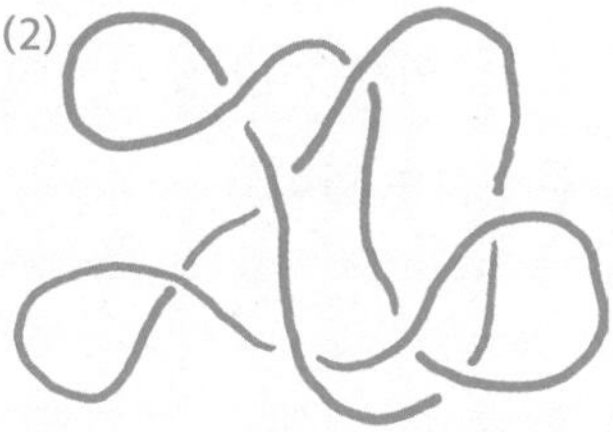

12장

모든 사항을 고려하자

두 점을 잇는 가장 짧은 길

매사추세츠주 보스턴에서 영국 옥스퍼드까지 가는 가장 짧은 길은 무엇일까? 여객기 승객들이야 이 문제를 여객기 기장에게 맡겨버리면 되겠지만 여객기 기장은 짧은 길을 파악해 연료도 절약하고 비행시간도 줄여야 한다. 일단 지구를 완벽한 구라고 가정해보자.* 그러면 문제를 조금은 단순하게 만들어서 쉽게 생각할 수 있다. 둥근 지구에서는 다음 그림처럼 지구를 직접 뚫고 가는 것이 보스턴에서 옥스퍼드로 가는 가장 짧은 길일 것이다. 물론 지구를 그런 식으로 뚫을 수 있다면 말이다.

* 지구의 실제 모습은 19장에서 자세하게 다룬다.

지구는 둥그니까 여객기 기장은 둥근 지표면 위로 날아가야 한다. 항공사에서 발행하는 잡지 뒷면에 다음과 같은 지도가 실리는 건 그 때문이다.

물론 잡지 뒷면에 실린 지도는 3차원 세계를 2차원 지도로 바꿨기 때문에 왜곡된 부분이 있을 수밖에 없다. 게다가 실제로 지구 위에는 비행기가 선택할 수 있는 곡선 경로가 아주 많다. 그런 경로 가운데 가장 짧은 길은 어디일까?

보스턴과 옥스퍼드를 연결한 곡선은 두 도시를 포함하고 지구 전체를 두르고 있는 큰 원의 일부분이다. 적도처럼 지구의 넓은 부분을 두른 큰 원(반드시 적도에 있을 필요는 없다)을 '대원great circle'이라고 부른다.•

다시 말해서 보스턴과 옥스퍼드를 잇는 가장 짧은 길은 보스턴과 옥스퍼드를 포함하는 대원의 호라고 할 수 있다.

• 적도도 대원 가운데 하나지만, 적도가 아닌 대원도 많다.

보스턴과 옥스퍼드를 포함하는 대원에서 보스턴과 옥스퍼드를 잇는 원호가 두 도시를 잇는 가장 짧은 길임을 어떻게 알 수 있을까? 이 의문에 답하려면 먼저 보스턴과 옥스퍼드를 잇는 몇 가지 곡선 경로를 살펴봐야 한다.

이 곡선들을 연장하면 모두 원이 될 것이다. 보스턴과 옥스퍼드를 연결하는 곡선의 형태가 보스턴과 옥스퍼드를 포함한 원의 크기를 결정한다.

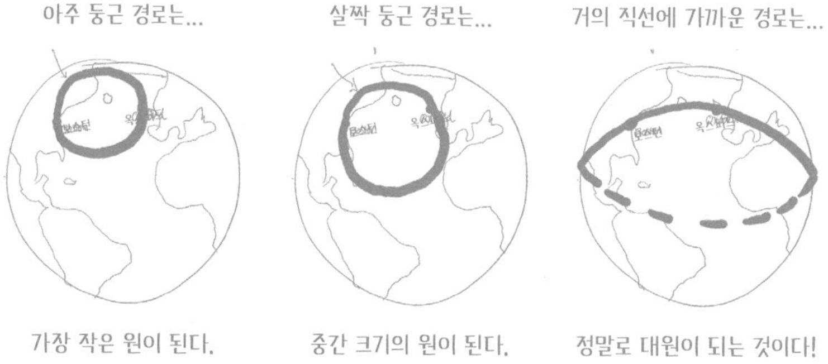

그렇다면 보스턴과 옥스퍼드를 잇는 가장 짧은 경로는 어떻게 찾을 수 있을까? 가장 직선에 가까운 경로를 찾으면 된다. 그렇다면 가장 직선에 가까운 경로는 어떻게 찾을 수 있을까? 보스턴과 옥스퍼드를 포함하는 가장 큰 원(대원)의 호를 찾으면 된다. 두 도시를 잇는 '직선에 가장 가까운 경로'는 직선으로 두 도시를 연결하는 지하 터널과 가장 가까운 형태일 것이다.

지구 위에 있는 두 도시를 잇는 가장 짧은 길을 찾아야 할 때처럼, 수학을 공부하거나 인생을 살아가는 동안에 만나는 문제를 이해하는 경로는 직선이 아닐 수도 있다. 보스턴과 옥스퍼드를 잇는 직선 지하 터널이 없다고 해도, 모든 선택 사항을 고려하면 분명히 해결 방법을 찾아낼 수 있을 것이다.

문제 12 다음 문제들을 풀려면 지구본과 지구본을 모두 두를 수 있는 긴 끈이 필요하다. 모든 질문에 답을 찾을 때는 끈을 활용해 두 도시를 지나는 대원을 만들고 두 도시를 잇는 곡선 경로를 찾아보자. 그리고 다음 질문에 답해보자.

(1) 뉴욕과 홍콩을 잇는 가장 짧은 경로는 북극권 위를 지나가는가?
(2) 멕시코 멕시코시티에서 인도 뉴델리까지 가려면 어느 방향으로 출발하는 것이 좋을까?
(3) 보츠와나 가보로네에서는 우루과이 몬테비데오와 파키스탄 라호르 가운데 어느 쪽이 더 가까울까?

13장

아름다움을 찾아보자

피보나치수열

피보나치수열Fibonacci numbers은 1 두 개로 시작한다.

1 1

피보나치수열의 세 번째 수는 앞에 나온 두 수를 더한 수이다. 1 + 1 = 2니까, 세 번째 수는 2이다.

1 1 2

네 번째 수는 두 번째 수와 세 번째 수를 더한 수가 될 것이다. 1 + 2 = 3이니까 네 번째 수는 3이다. 이런 식으로 계속 수가 이어진다.

1 1 2 3

이 수열에서는 첫 번째와 두 번째 수를 제외한 모든 수가 앞에 있는 두 수의 합이다. 피보나치수열은 무한히 계속되지만 처음 시작은 다음과 같다.

1 1 2 3 5 8 13 21 34 55 89…

피보나치수열은 덧셈이라는 간단한 수학 알고리듬으로 만든다. 자체로는 그다지 흥미롭지 않을지도 모르지만, 피보나치수열은 수학과는 전혀 관계가 없을 것 같은 예상치 못한 아름다움을 간직하고 있다. 아래의 해바라기 홑꽃은 시계 방향으로 회전하는 13개의 나선과 반시계 방향으로 회전하는 21개의 나선으로 이루어져 있다. 13과 21은 피보나치수열에서 나란히 놓이는 두 수이다.

19

다음의 다른 해바라기의 경우에도 시계 방향 나선과 반시계 방향 나선의 수가 각각 34와 55이며, 나란히 놓이는 피보나치 수이다.

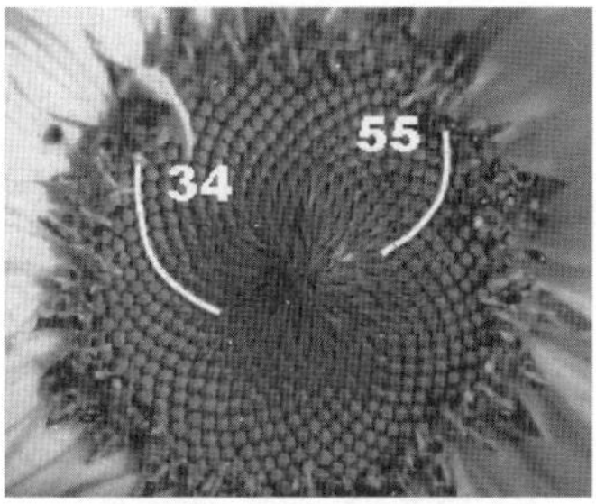

20

선인장에서도 피보나치수열의 나란한 두 수를 찾아볼 수 있다. 시계 방향 나선은 8개이고 반시계 방향 나선은 13개이다.

21

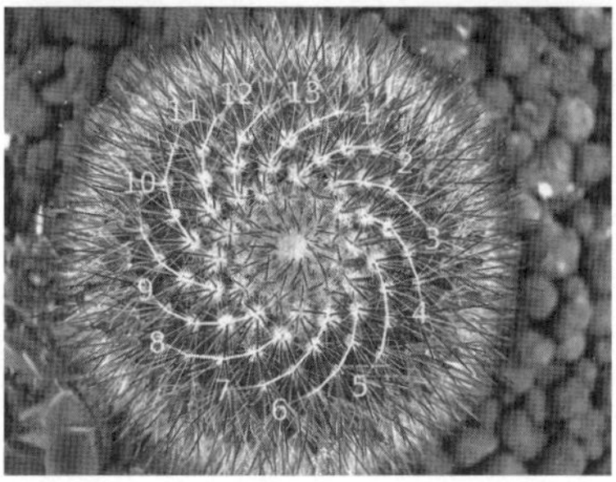

22

선인장과 마찬가지로 솔방울도 시계 방향 나선이 8개, 반시계 방향 나선이 13개이다.

23

조개껍데기, 식물, 사람, 동물 등 자연계에서 무수한 피보나치수열을 찾아볼 수 있다. 수학 공부를 하는 동안 매일 주변에 가득한 아름다움을 찾고 발견하는 기술을 익혀보자.

문제 13 이제 직접 수학의 아름다움을 찾아보자. 아래 데이지에는 시계 방향 나선과 반시계 방향 나선이 몇 개씩 있을까? 두 수는 연이은 피보나치 수인가?

24

보너스 문제 마트에 가서 파인애플을 하나 사 오자. 파인애플에도 인접한 두 피보나치 수가 있는지 확인해보자.

14장

분할하고 정복하자

미적분의 리만 합

초등학교 때는 '가로×세로＝넓이'라는 공식을 이용해 직사각형의 넓이를 구했다. 예를 들어 어느 밭의 가로가 1,000미터, 세로가 250미터라면, 가로와 세로 길이를 직사각형의 넓이 구하는 공식에 대입해 그 면적이 250,000제곱미터임을 알 수 있다. 땅의 넓이를 알아야지만 사야 할 씨앗의 양이나 비료의 양을 파악할 수 있고, 추수를 도와주러 온 사람들에게도 밭의 면적을 기준으로 작업비를 줄 수 있다. 넓이 구하는 공식은 강아지 전용 공원에서 동시에 입장할 수 있는 최대 강아지 수를 결정할 때도 활용할 수 있다.

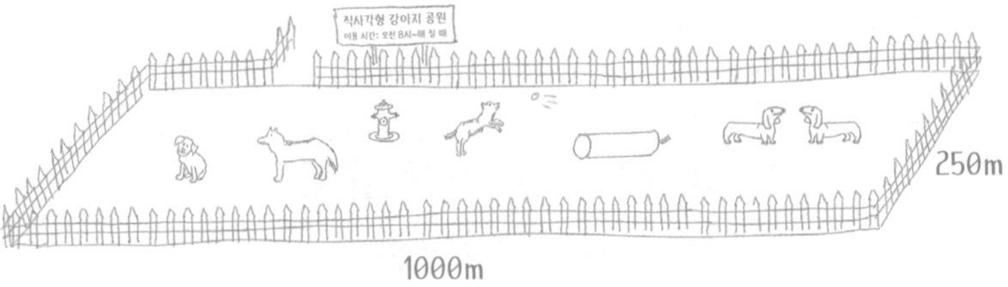

그런데 풀밭이 완벽한 직사각형이 아니라면 어떻게 해야 할까? 넓이를 구하는 공식이 존재하는 원이나 삼각형 같은 형태도 아니라면? 예컨대 다음 그림처럼 세 변은 직선이지만 나머지 한 변이 곡선인 도형의 면적은 어떻게 구해야 할까?

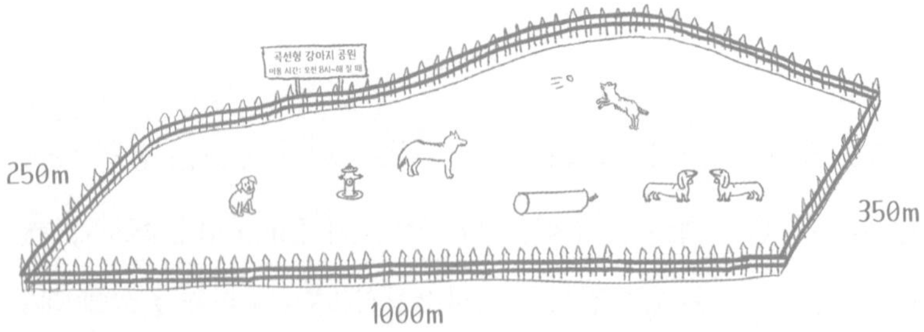

이런 문제를 풀 때는 이 도형과 가장 넓이가 비슷한 직사각형을 이용하면 된다.

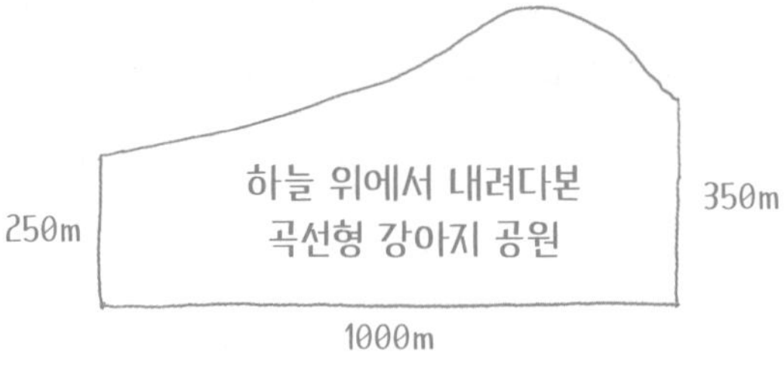

예를 들어 근사치를 추정할 수 있도록 이 도형의 내부에 들어가는 가장 큰 직사각형의 면적을 구할 수도 있다.

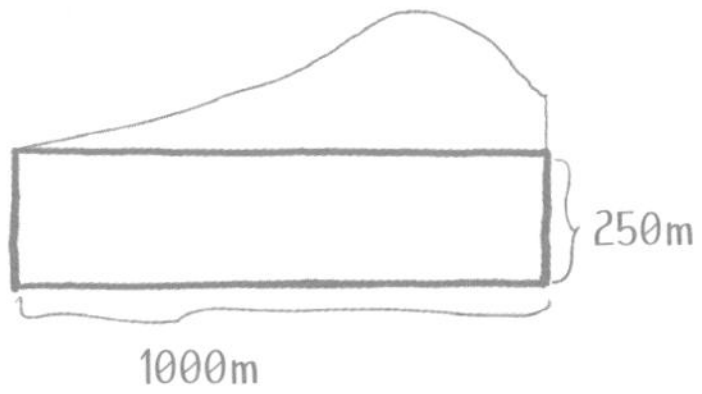

도형의 내부에 들어가는 가장 큰 직사각형을 통해 곡선 도형이 $250m \times 1{,}000m = 250{,}000m^2$보다는 넓다는 사실을 알 수 있다.

이 곡선 도형을 감싸는 가장 작은 직사각형을 이용해서 대략적인 근삿값을 구할 수도 있다.

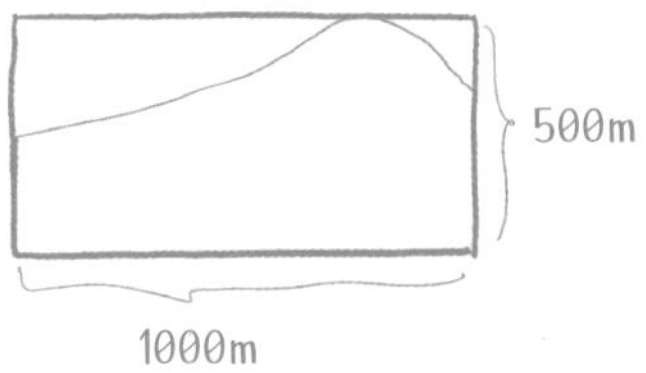

도형을 감싸는 가장 작은 직사각형을 통해 곡선 도형이 $500m \times 1{,}000m = 500{,}000m^2$보다는 작다는 사실을 알 수 있다.

두 직사각형을 통해 강아지 공원 넓이의 최댓값과 최솟값을 알 수 있다. 이 곡선형 강아지 공원의 넓이는 최소한 25만 제곱미터는 넘고 50만 제곱미터는 되지 않는다. 더 정확한 넓이를 알고 싶다면 어떻게 해야 할까? 곡선 도형의 내부에 직사각형 2개를 넣어 면적을 구하면 된다.

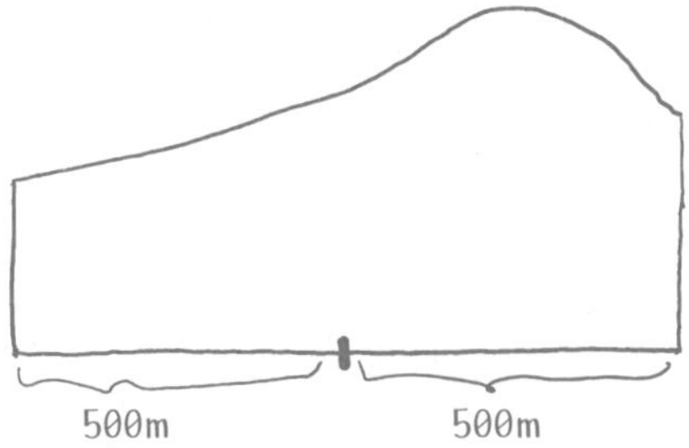

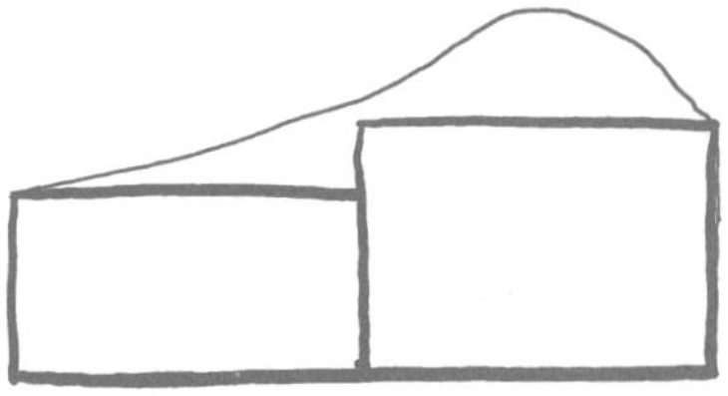

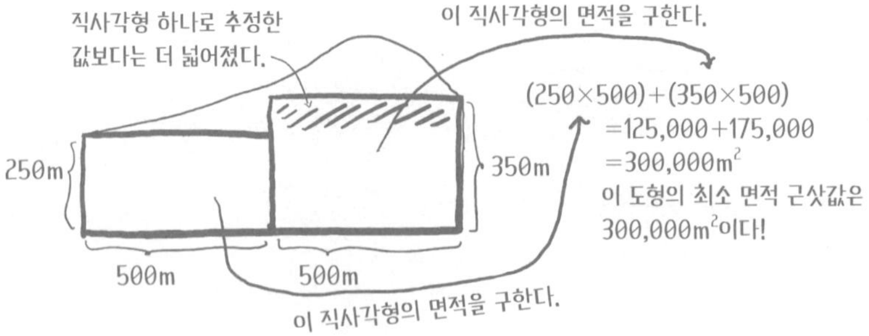

넓이의 최소 근삿값을 구하는 것과 마찬가지 방식으로 넓이의 최대 근삿값도 구할 수 있다.

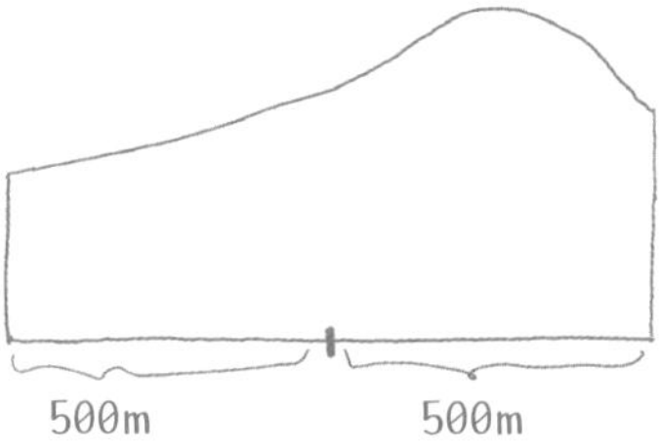

먼저 밑변을 둘로 나누자.

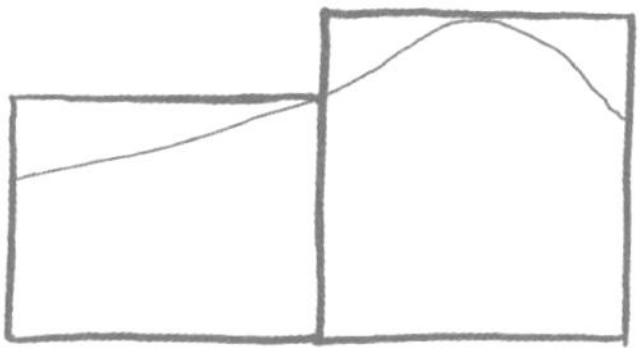

둘로 나눈 변을 각각 밑변으로 하고 곡선 도형을 완전히 감싸는 가장 작은 직사각형을 2개 그리자.

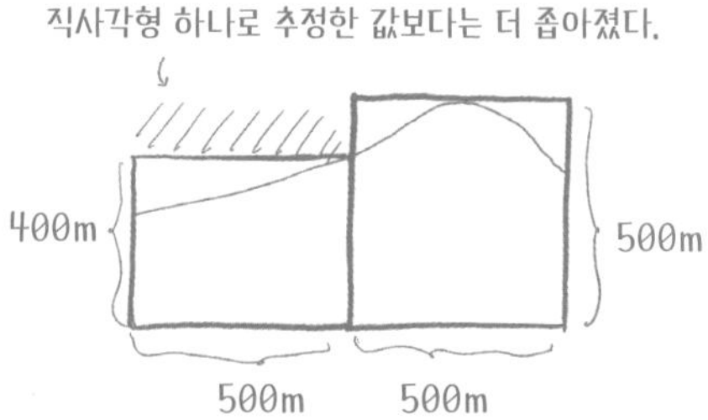

두 직사각형의 면적을 구해 더하면, 직사각형을 하나만 이용했을 때보다 훨씬 실제 값에 가까운 근삿값을 얻을 수 있다.

$(400 \times 500) + (500 \times 500)$
$= 200{,}000 + 250{,}000$
$= 450{,}000m^2$

이 도형의 최대 면적 근삿값은 $450{,}000m^2$이다!

직사각형을 2개 사용하자 조금 더 정확한 근삿값을 얻을 수 있었다. 곡선형 강아지 공원의 넓이는 30만 제곱미터보다는 넓고 45만 제곱미터보다는 좁다.

그런데 직사각형을 꼭 2개만 사용할 필요가 있을까? 직사각형 10개를 사용해 최댓값과 최솟값을 구하면 훨씬 정확하게 넓이를 알 수 있지 않을까? 직사각형의 개수가 늘어나면 계산을 더 많이 해야 하지만, 각 직사각형의 가로와 세로만 곱해 더하면 되니까 계산 과정은 어렵지 않다.

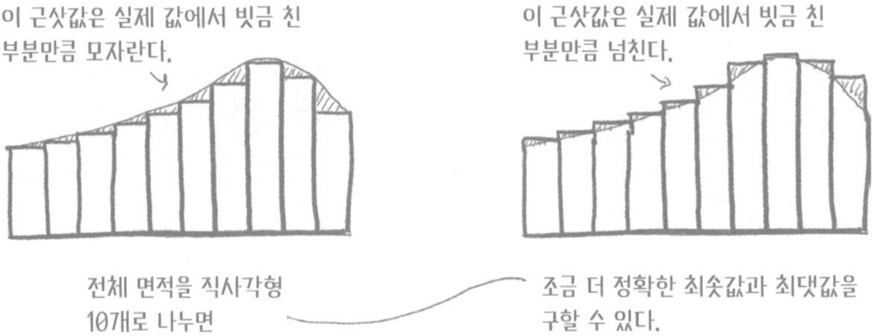

당연히 직사각형의 수는 10개보다 많아도 된다. 훨씬 정확한 면적 근삿값을 구하려면 직사각형을 100개, 1000개도 쓸 수 있다. 모양이 불규칙한 이런 비정형 도형의 넓이를 작은 직사각형으로 쪼개어 전체 직사각형의 합으로 구하는 방법을 리만 합Riemann sum이라고 한다. 리만 합을 이용하면, 이렇게 세 변은 직선이고 한 변은 곡선인 도형의 넓이뿐 아니라 올록볼록한 물방울의 넓이도 구할 수 있다.

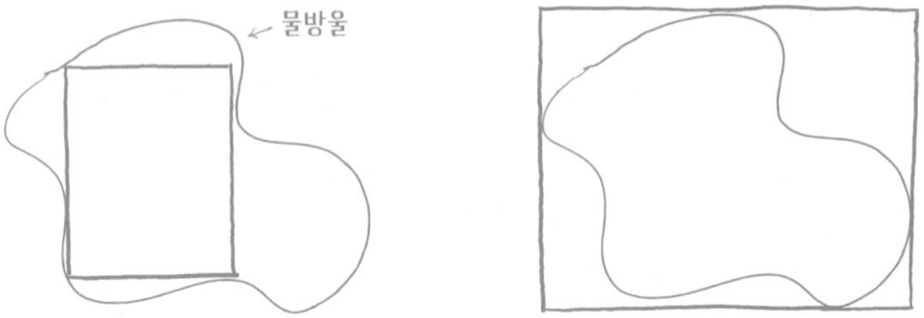

직사각형 하나로 이 물방울 넓이의 최소 근삿값을 구할 수 있다.

직사각형 하나로 이 물방울 넓이의 최대 근삿값을 구할 수 있다.

앞의 곡선형 강아지 공원처럼, 더 작은 직사각형으로 나눌수록 실제 값에 가까운 근삿값을 얻을 수 있다.

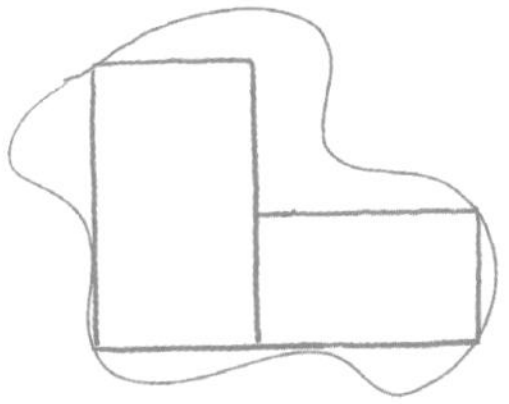

직사각형 2개로 더 정확한
최소 근삿값을 구할 수 있고

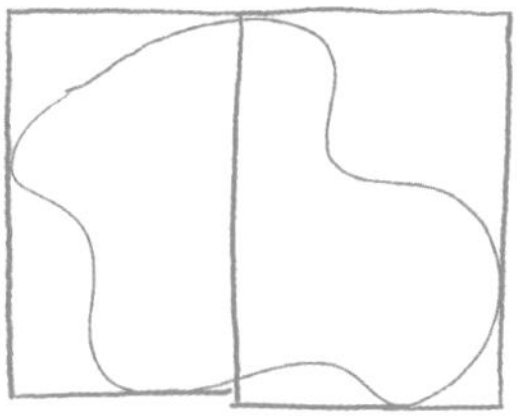

더 정확한 최대 근삿값도
구할 수 있다.

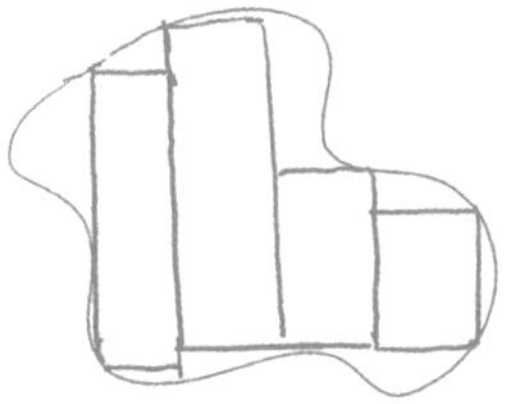

직사각형 4개로 이전보다 더 정확한
최소 근삿값을 구할 수 있고

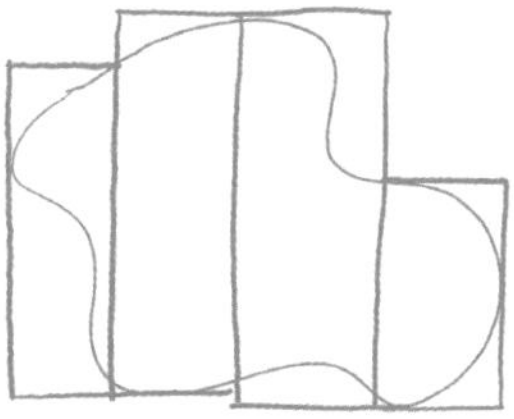

이전보다 더 정확한 최대
근삿값도 구할 수 있다.

물방울 내부에 있는 직사각형들의 면적의 합은 최소 근삿값을, 외부에 있는 직사각형들의 면적의 합은 최대 근삿값을 알려준다. 이 물방울의 실제 면적은 최소 근삿값과 최대 근삿값 사이에 있을 것이다. 직사각형의 크기를 작게 하면 그 범위를 더 좁힐 수 있다.

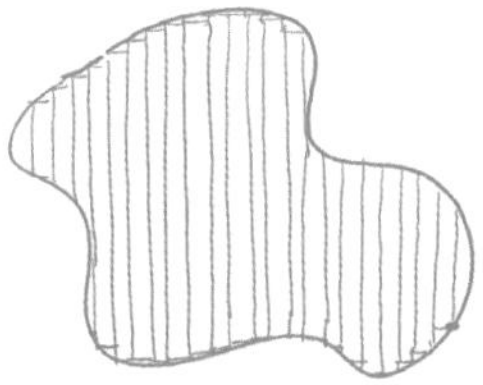

물방울에 들어가는 직사각형
여럿으로 최소 근삿값이 실제
면적에 더욱 가까워진다.

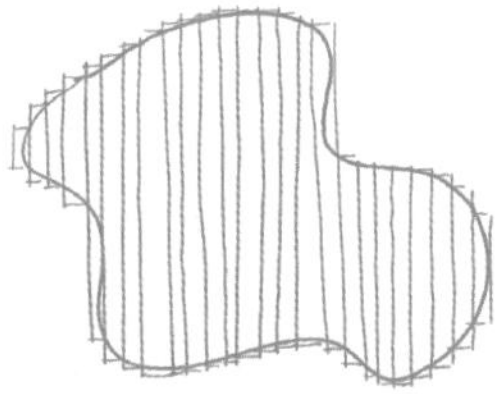

물방울을 감싸는 직사각형
여럿으로 최대 근삿값이 실제
면적에 더욱 가까워진다.

리만 합은 분할 정복 기술이라고 한다. 물방울의 넓이를 구하는 문제처럼, 공식이 없는 어려운 문제를 풀 때는 분할 정복 기술을 이용하는 것이 좋다. 있지도 않은 공식 때문에 망연자실해 있지 말고 면적을 구할 수 있는 형태로 물방울을 작게 쪼개 근삿값이라도 구하는 것이다. 리만 합을 이용해 면적의 최소 근삿값과 최대 근삿값을 구한다면 오차 범위를 어느 정도로 할지 결정할 수 있다. 아주 대략적인 근삿값만을 구할 생각이라면 직사각형을 잘게 쪼갤 이유가 없다. 하지만 상당히 정확한 근삿값을 구할 생각이라면 직사각형을 잘게 쪼개야 한다.

리만 합을 이용하면 물방울처럼 모양이 불규칙한 도형의 면적도 꽤 정확한 근삿값을 구할 수 있다. 수학을 공부할 때나 살아가면서 왠지 풀 수 없을 것만 같은 문제를 만났을 때, 문제를 분할해서 해결할 수 있는지를 반드시 고려해보자. 복잡한 고급 기술을 알지 못하니까 문제를 풀 수 없을 거라고 지레짐작하면 안 된다. 리만이 했던 것처럼 어려운 문제는 좀 더 쉽게 감당할 수 있는 작은 부분들로 나누고 이미 알고 있는 정보를 이용해서 해답을 찾으려고 노력해야 한다.

문제 14 다음 그림은 푸에르토리코의 지도이다. 이 지도와 리만 합을 이용해서 푸에르토리코 면적의 근삿값을 구해보자. 단, 오차가 300제곱마일 이하이도록 한다.

푸에르토리코 본토

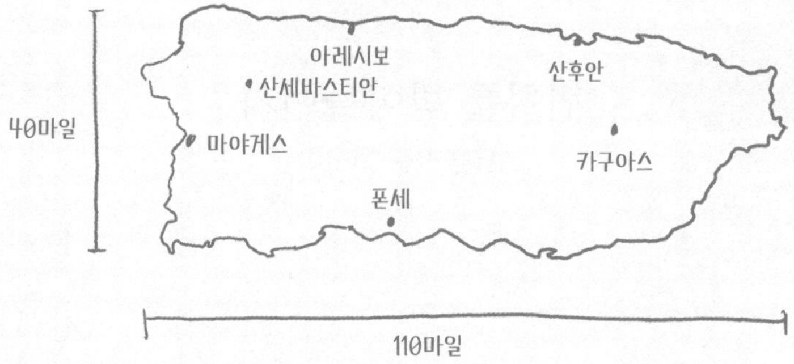

15장

변화를 받아들이자

비유클리드 기하학

어린아이들은 누가 가르쳐주지 않아도 블록의 기하학적 특성을 직관적으로 파악한다. 블록을 옮기거나 쌓거나 뒤집어도 공간에서의 위치만 바뀔 뿐 블록 자체는 바뀌지 않는다는 사실을 아는 것이다. 삼각형 블록은 어떤 면으로도 세울 수 있지만 원기둥은 반드시 양쪽 끝에 있는 원을 바닥에 대야만 똑바로 선다는 것도 안다.

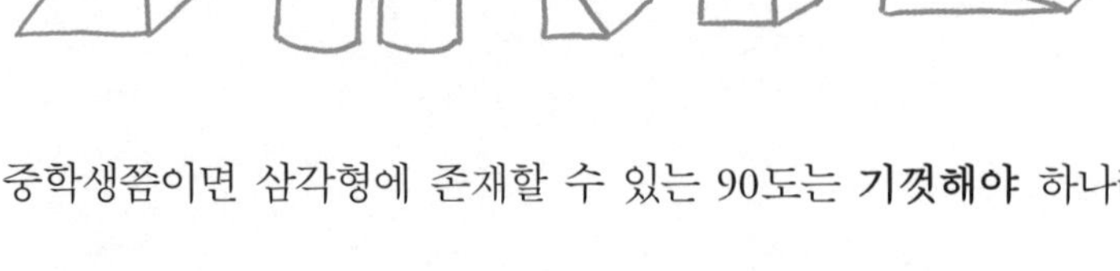

중학생쯤이면 삼각형에 존재할 수 있는 90도는 **기껏해야** 하나라

는 사실을 배운다. 사각형 종이의 모서리 각도인 90도는 다른 말로는 '직각'이라고 부른다. 아래 그림의 세 삼각형 중에는 가운데 삼각형에만 90도가 있다.

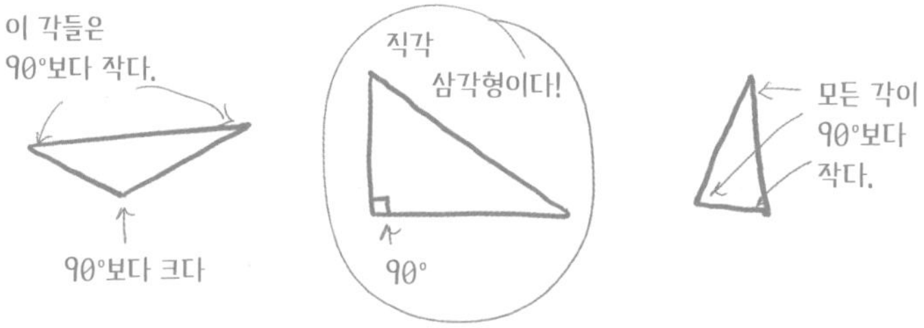

고등학생이 되면 삼각형의 내각의 합이 언제나 180도라는 사실을 알고 있을 것이다. 180도는 직선처럼 보이는 각도이다.

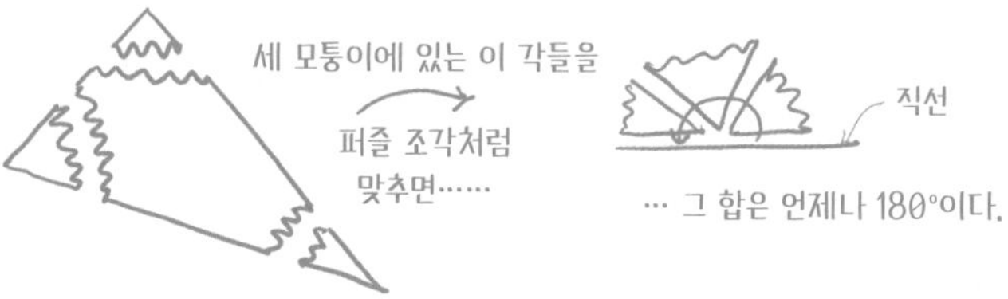

고등학교 수학 시간에 배우는 기하학은 대부분 유클리드 기하학이다. 직선과 직각을 이용해 집을 만드는 등의 일을 할 때는 유클리드 기하학이 유용하다. 하지만 항공기의 대륙 횡단 노선이나 산호초, 주름 많은 케일, 휘어진 우리 우주에 이르기까지, 곡형을 다룰 때는 비유클리드 기하학을 이용하는 게 좋다.

비행기 항로는 비유클리드
기하학을 적용해야 한다.

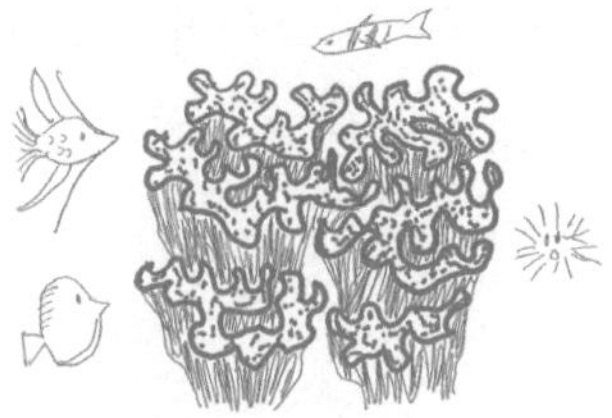

산호초 표면에도 비유클리드
기하학을 적용한다.

초록색 케일 잎도 비유클리드
기하학으로 고민해야 한다.

전통적인 유클리드 기하학에서는 당연히 옳았던 규칙이 비유클리드 기하학에서는 옳지 않을 때가 많다. 예를 들어 공 위에 그린 삼각형의 내각의 합은 180도보다 클 수 있다.

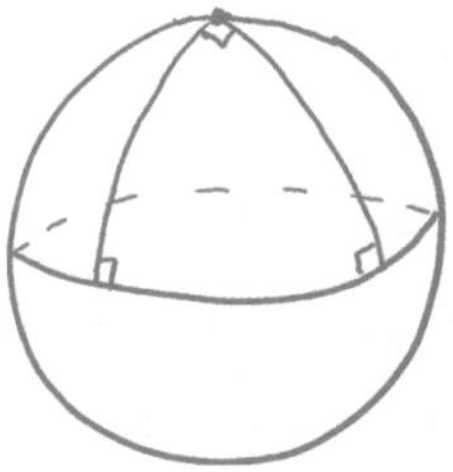

이 삼각형의 내각은 모두 90도이므로 내각의 합은 놀랍게도 270도이다. 그런데 다음 그림에 나오는 안장 위에 그린 삼각형처럼, 내각의 합이 180도보다 작을 수도 있다.

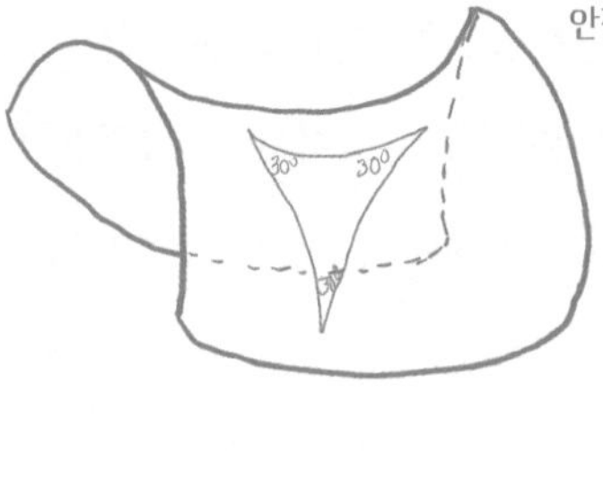

공이나 안장에 그린 삼각형에는 익숙하고도 오래된 유클리드 기하학의 규칙을 적용할 수가 없다.

처음에는 삼각형의 내각의 합이 180도가 아니라 불안할 수 있다. 하지만 수학을 공부하거나 인생을 살아가면서 생기는 변화를 받아들인다면 어떨까? 일단 변화에 적응하면 지루함은 사라지고, 자신의 장점을 알게 되고, 새로운 생각을 가져다줄 재미난 기회를 발견하게 될지도 모른다.

더구나 대륙 간 항해술, 산호초, 비유클리드 기하학적 채소가 없는 세상에서 살고 싶은 사람은 없을 것이다. 우주가 비유클리드 기하학의 신비를 간직하고 있다는 것을 기억하자.

문제 15 공 위에 그린 사각형, 오각형, 육각형의 내각의 합을 구해보자. 다음 표를 완성하고 그렇게 생각한 이유를 설명해보자.

도형	변의 개수	유클리드 기하학에서 내각의 합	공(구) 위에 그렸을 때 내각의 합
삼각형	3	180°	180°보다 크다
사각형	4	360°	
오각형	5	540°	
육각형	6	720°	

16장

쉽게 접근하자

비둘기 집의 원리

머리카락이 있는 런던 사람 가운데 머리카락의 개수가 서로 같은 사람이 존재할까? 이런 의문을 해결하려면 왠지 런던에 사는 모든 사람의 머리카락 수를 세어봐야만 한다는 생각이 든다. 이런 식으로 말이다.

런던 사람	**머리카락 수**
밥 애벗	108,245가닥
제인 에이브러햄스	97,326가닥
마리아 애커먼	135,730가닥
앨버트 애덤스	59,322가닥
⋮	⋮

이런 식으로 목록을 작성하는 일은 지루하기도 하고 너무 오래 걸린다. 다행히 이런 문제를 쉽게 해결할 방법이 있다.

실제로 런던 사람들의 머리카락 수를 모두 셌고 모든 런던 사람이 자신의 머리카락 수를 알고 있는 이상적인 상황이라면 다음과 같은 방법으로 문제를 해결할 수 있다. 런던 인구가 대략 820만 명이라는 사실은 쉽게 알 수 있다. 사람의 머리카락 수가 평균 10만 가닥에서 15만 가닥이라고 한다면 머리카락이 100만 가닥 이상 있는 런던 사람은 한 명도 없을 것이다. 그럼 이제 잠시 멈추고 이 수들을 생각해보자. 런던 인구는 820만 명이고 머리카락 수가 100만 가닥 이상인 사람은 아무도 없다. 이제 문이 쭉 이어진 긴 복도를 상상해보자. 각 문 앞에는 1부터 100만까지 차례대로 적혀 있는데, 머리카락 수를 뜻한다.

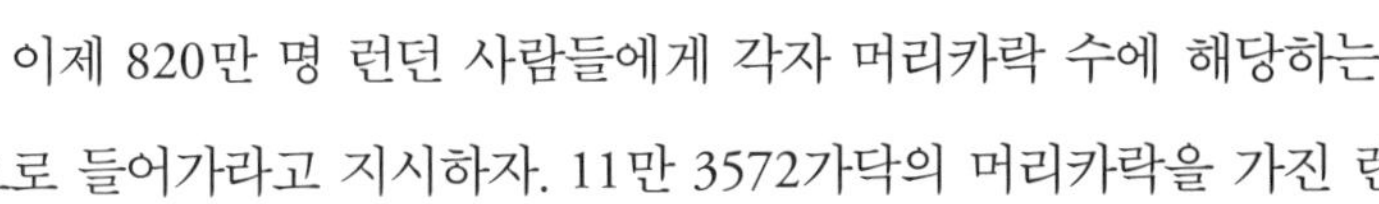

※줄임표 안에는 6부터 99만 9999까지를 적은 문이 늘어서 있다.

이제 820만 명 런던 사람들에게 각자 머리카락 수에 해당하는 방으로 들어가라고 지시하자. 11만 3572가닥의 머리카락을 가진 런던 사람은 11만 3572번 방으로 들어가고 머리카락이 세 가닥인 사람은 3번 방으로 들어가야 한다. 처음에는 방들이 느린 속도로 채워질 것이다. 그러다가 어느 순간 두 사람이 같은 방으로 들어가는 모습을 볼 수 있다면, 두 사람의 머리카락 수가 같다는 결론을 내릴 수 있다.

이런 상황에서는 분명히 같은 방으로 들어가는 사람들이 있지 않을까?

이제부터는 문의 수와 사람의 수를 비교해보자. 머리카락 수를 표시한 문의 수보다 런던 인구가 훨씬 많다. 아무리 한 방에 두 사람이 들어가는 상황을 막는다고 해도, 어느 순간이 지나면 모든 방이 다 찬 뒤에도 여전히 방으로 들어가야 할 사람들이 남을 것이다.

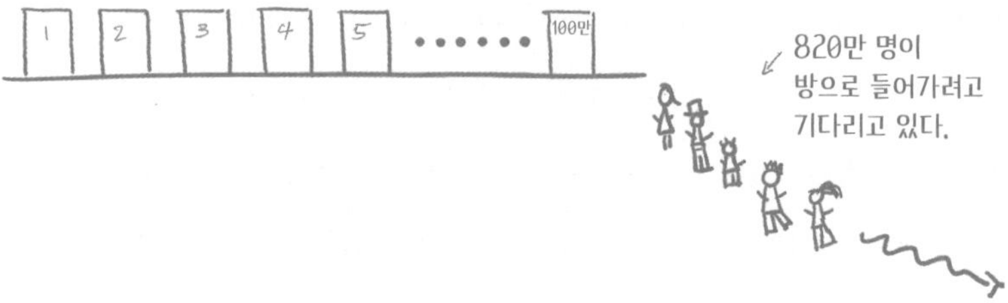

런던 사람은 820만 명이고 문은 100만 개밖에 없으니, 런던 사람이 2명씩 들어가는 방이 적어도 하나 있어야 한다. 따라서 런던 사람들의 머리카락을 세어볼 필요도 없이 머리카락이 있는 런던 사람 가운데 머리카락 수가 같은 사람이 적어도 2명은 존재하리라는 결론을 내릴 수 있다.

이 문제 풀이의 핵심에는 '비둘기 집의 원리Pigeonhole Principle'라는 수학 원리가 자리 잡고 있다. 비둘기 집의 원리는 구체적으로 다음과 같이 표현할 수 있다. 'n개의 사물을 m개의 공간 안에 집어넣을 때 n이 m보다 크면 하나 이상의 사물이 함께 들어가는 공간이 적어도 한 곳은 나온다.' 이제부터 비둘기 5마리를 비둘기 집 4개에 넣는 방법을 살펴보자.

비둘기 집 4개에 비둘기 5마리를 모두 넣으려면 한 집에는 비둘기를 2마리 넣을 수밖에 없다.

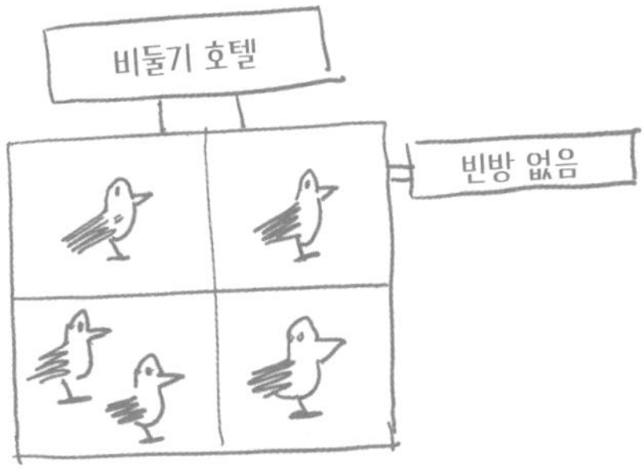

비둘기 집의 원리를 이용하면 직접 세어봐야 할 것 같은 문제도 세지 않고 풀 수 있다. 경기장에 엄청난 수의 관중이 들어가려고 기다리고 있을 때 모든 사람이 경기장에 들어갈 수 있는지를 알아본다며 사람들과 관중석의 수를 일일이 셀 필요는 없다. 그렇게 많은 의자와 사람을 세는 건 오랜 시간이 걸리는 어려운 일이다. 그럴 때 비둘기 집의 원리를 이용하면 쉽게 풀 수 있다. 사람들에게 경기장으로 들어가서 의자에 앉아달라고 요청하고 관찰하면 되는 것이다. 더는 앉을 의자가 없는데도 앉을 사람이 남아 있다면 사람의 수가 의자의 수보다 더 많은 것이고, 앉을 의자도 없고 더 앉아야 할 사람도 없다면 의자와 사람 수가 같은 것이다. 사람들이 모두 앉았는데 아직 의자가 남아 있다면 사람보다 의자가 더 많은 것이다.

어떤 이들은 수학 문제를 풀거나 인생이 제시하는 문제를 풀 때 엄격한 규칙을 지켜야 한다고 생각한다. 하지만 문제를 쉽게 풀려면 전통적인 방법이 아닌 흥미로운 방법을 적용해봐야 할 때도 있는 법이다.

문제 16 이 세상 모든 국가 지도자 가운데 나이가 같은 사람이 반드시 존재한다는 사실을 입증해보자.

17장

구체적으로 추측하자

케플러의 구 쌓기 추측

한정된 공간에 오렌지를 가장 많이 넣으려고 할 때 시도해볼 수 있는 방법은 무한할 것이다. 되는대로 마구 쌓으면서 많이 들어가기를 바랄 수도 있고, 한 오렌지를 다른 오렌지 위에 겹쳐지게 쌓을 수도 있다. 전 세계 오렌지 판매상들의 방법을 따라 할 수도 있다. 바닥에 한 층을 깔고, 바닥에 깐 오렌지 때문에 생긴 빈 곳에 오렌지를 올려 두 번째 층을 쌓고, 또 두 번째 층의 오렌지들이 만든 빈 곳에 오렌지를 올려 세 번째 층을 만드는 식으로 쌓는 것이다.

1611년에 독일 수학자이자 천문학자인 요하네스 케플러Johannes Kepler는 시장에서 과일을 파는 농부들을 관찰하면서 농부들은 많은 오렌지를 한번에 쌓는 아주 좋은 방법을 알고 있을 뿐 아니라 오렌지를 쌓을 수 있는 모든 방법 가운데 **절대적으로 가장 많은** 오렌지를

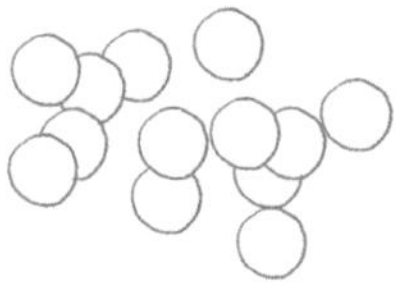

마구잡이로 쌓은 오렌지.

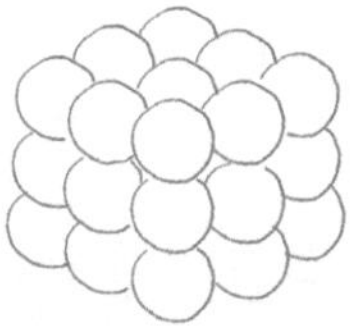

한 오렌지 위에 또 다른 오렌지를 겹쳐지게 올렸다.

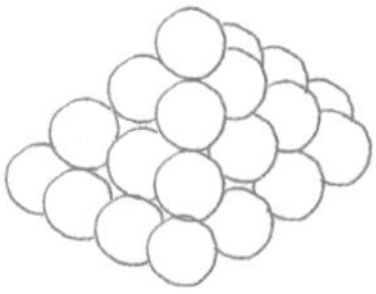

한 층으로 깐 오렌지 사이의 움푹 파인 곳에 또 다른 오렌지를 올려서 층층이 쌓았다.

쌓는 방법도 알고 있다고 추론했다. 케플러는 그 생각을 다른 사람들에게 전했고, 이 추론은 '케플러의 구 쌓기 추측Sphere-packing Conjecture'이라는 이름으로 알려졌다.

케플러는 말했다. "진리는 시간의 딸이고, 나는 시간의 산파가 되는 일이 조금도 부끄럽지 않다." 케플러는 구 쌓기 추측의 옳고 그름이 밝혀지기 전에 세상을 떠났다. 하지만 케플러의 이야기는 추측의 놀라운 힘을 보여준다. 많은 수학자는 케플러가 죽은 뒤에도 그의 추측이 옳은지를 알아보려고 노력했다. 마침내 케플러가 구 쌓기 추측을 제안하고 나서 거의 400년이 지난 1998년, 미국 수학자 토머스 헤일스Thomas Hales가 250쪽이 넘는 논문을 발표해 케플러의 구 쌓기 추측이 실제로 옳다는 사실을 입증했다.

구를 조밀하게(조밀하면 조밀할수록 더 좋다) 쌓는 방법은 인터넷 메시지 전송, 위성 방송, 원거리 우주 통신의 오류 수정 코드에 활용된다. 케플러가 자기 추측을 소리 내어 말하지 않았다면 세상은 지금과는 사뭇 달라졌을 텐데, 그 세상이 지금보다 반드시 더 좋을 것 같지는 않다.

수학을 공부할 때도 인생을 살아갈 때도, 추측은 우리가 나아갈 방향을 제시한다는 사실을 기억하자. 추측을 통해 게으름을 피우지 않고 진지하게 생각할 수 있다. 일단 구체적으로 추측하면 그 뒤로는 그 추측이 옳은지 그른지를 제대로 확인하고 싶다는 소망이 생긴다. 추측의 옳고 그름을 확인하는 동안 첫 번째 추측도, 두 번째 추측도, 세 번째 추측도 틀렸음을 알게 될지도 모른다. 그럴 때는 새로운 추측을 이어나가면 된다. 호기심 덕분에 문제를 풀 때도 많지만, 제대로 된 추측을 한다면 호기심은 더 정확한 힘을 발휘할 것이다.

문제 17 크기가 같은 동전 9개, 자, 연필, 종이를 준비하자. 이제 사각형 안에 3개, 4개, 5개, 6개, 7개, 8개, 9개, 10개 동전을 최적의 방법으로 채워보자. 최적의 방법이란 동전끼리 하나도 겹치지 않는 상태로 한 사각형 안에 모두 들어가게 한다는 뜻이다. 예를 들어 동전 1개를 사각형 안에 최적으로 채운다는 건 한 변의 길이가 동전의 지름과 똑같은 사각형 안에 넣는다는 뜻이다.

사각형 안에 동전 1개를
최적으로 채우는 방법.

동전 2개를 한 사각형 안에 최적으로 채우는 방법은, 두 동전의 중심이 사각형의 대각선에 놓이도록 하는 것이다. 동전의 중심이 사각형의 한 변과 나란하도록 놓으면 더 큰 사각형이 필요하므로 최적의 방법이 아니다.

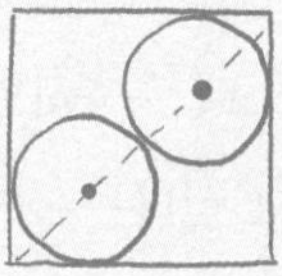

사각형 안에 동전 2개를
최적으로 채움.

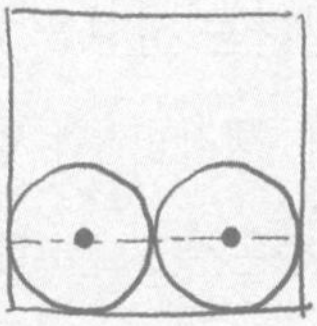

사각형 안에 동전 2개를
최적으로 채우는 방법이 아님.

동전들을 탁자 위에 올려놓고 이리저리 굴리면서 가장 조밀하게 채우는 방법을 찾아보자. 채운 동전을 감싸는 사각형을 그리고, 사각형이 가장 작은 경우를 찾으면 된다.

18장

나만의 속도를 찾자

종단 속도

중력은 매초 초속 9.8미터의 가속도로 물체를 지구로 끌어당긴다. 그 말은 진공에서 떨어지는 물체는 질량에 상관없이 1초에 초속 9.8미터씩 속력이 **빨라진다**는 의미이다. 이에 따르면 진공에서는 볼링공과 깃털이 같은 가속도로 떨어진다. 하지만 진공이 아닌 지구의 대기에서 낙하하는 물체는 공기의 저항을 받는다. 떨어지는 물체의 속도는 증가하지만, 공기 입자에 부딪혀 물체마다 가속 정도가 다르다. 볼링공이 깃털보다 훨씬 빨리 떨어지는 이유이다.

낙하하는 물체는 모두 공기의 저항력과 물체를 끌어당기는 중력이 같아지는 순간이 있다. 그 순간까지 물체의 속도는 점차 증가하다가, 이 순간부터 더는 증가하지 않는다. 물체가 일정한 속도를 유지하며 낙하하는 속도를 '종단 속도terminal velocity'라고 한다. 종단 속도는 물

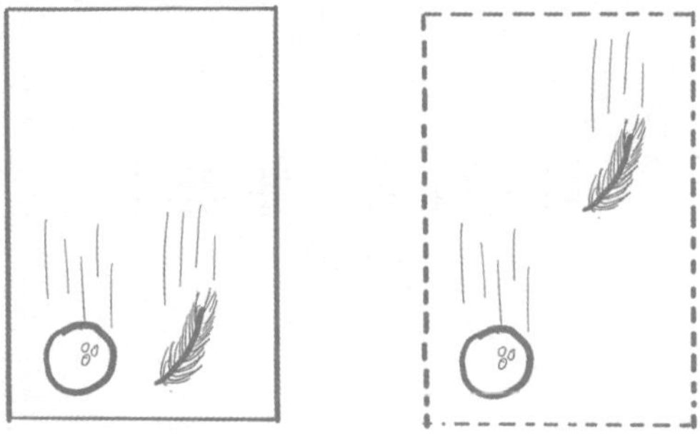

진공에서 떨어지는
볼링공과 깃털

(진공이 아닌) 지구의 대기에서
떨어지는 볼링공과 깃털

체마다 다르다. 물체가 낙하하면서 주변 공기에 가하는 힘은 물체의 질량에 따라 달라진다. 물체의 저항력을 결정하는 건 물체의 표면적이다. 물체의 표면적이 클수록 물체의 저항력이 커진다. 낙하하는 사람이 낙하산을 펴면 저항력이 커져서 종단 속도가 줄어든다.

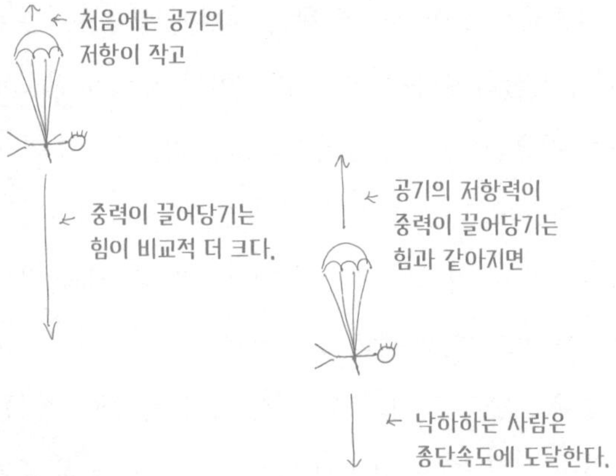

수학을 공부할 때나 인생을 살아갈 때 어떤 속도로 걸어야 할지 모

르겠다면 낙하하는 물체를 생각해보자. 당신은 친구들과는 다른 속도로 앞으로 나아가면서 '저항'을 받을 것이다. 그러니까 자기 속도대로 나가야 한다. 앞으로 나가는 힘과 저항하는 힘이 균형을 이루는 자신만의 종단 속도를 찾자.

문제 18 영화 제임스 본드 시리즈 〈007 문레이커Moonraker〉(1979)는 제임스 본드(007 요원)가 한 악당을 비행기 밖으로 밀어내는 장면으로 시작한다. 5초 뒤에는 또 다른 악당이 제임스 본드를 비행기 밖으로 밀어낸다. 간신히 먼저 떨어진 악당을 붙잡은 제임스 본드는 악당의 낙하산을 뺏어 입는다. 하지만 곧 또 다른 악당이 제임스 본드를 붙잡고, 두 사람은 싸우기 시작한다. 악당은 제임스 본드의 발을 물려고 입을 크게 벌리지만 제임스 본드는 간신히 악당을 떼어내고 낙하산을 펼쳐 위로 솟구쳐 오른다. 제임스 본드는 무사히 악당에게서 벗어났다.

공기가 낙하하는 물체에 미치는 영향을 생각하면서 다음 질문에 답해보자.

(1) 제임스 본드는 악당1이 떨어지고 5초 뒤에 비행기에서 떨어졌다. 악당1과 제임스 본드가 체형도 같고 몸무게도 같다면 제임스 본드는 어떻게 해야 악당1을 따라잡을 수 있을까?
(2) 발을 물려는 악당2를 피하려고 제임스 본드는 공중에서 낙하산을 펼쳤다. 낙하산을 펼치면 정말로 공중에서 위쪽으로 올라가게 될까?

19장

세부 사항에 주목하자

회전 타원체 지구

지구는 자체 중력 때문에 구의 형태를 띠는, 어마어마하게 큰 질량의 천체이다. 한번 생각해보자. 지구 표면 위로 솟은 산맥을 모두 누르고 계곡을 모두 메우면 지구는 완벽한 원이 될까? 1673년에 프랑스 천문학자 장 리셰Jean Richer는 프랑스령 기아나의 카이엔(북위 5도)보다 프랑스 파리(북위 49도)에서 추(진자)가 조금 더 빠르게 진동한다는 사실을 알아냈다. 훗날 아이작 뉴턴은 카이엔보다 파리에서 추가 더 빨리 움직이는 이유는 위도가 높은 북위도에서의 중력이 위도가 낮은 적도에서의 중력보다 더 세기 때문이라는 결론을 내렸다. 그리고 지구는 북극과 남극을 잇는 보이지 않는 축을 중심으로 회전하고 있으니 적도 쪽이 조금 더 볼록해야 한다는 결론도 함께 내렸다. 실제로 지구는 극 지름과 적도 지름이 조금 다르다(약 42킬로미터 정도 차이가 난다). 따라서 지구는 구가 아니라 회전 타원체spheroid(편구)이다.

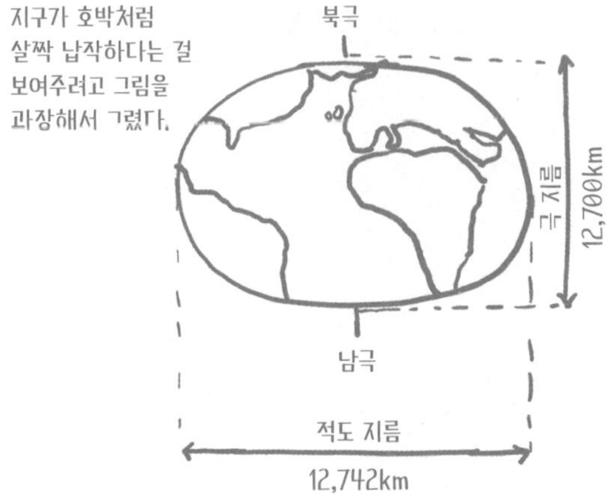

회전 타원체에도 여러 종류가 있다. 짧은 수직 축을 중심으로 회전하는 회전 타원체는 옆으로 볼록해지고 긴 수직 축을 중심으로 회전하는 회전 타원체는 위아래로 볼록해진다.

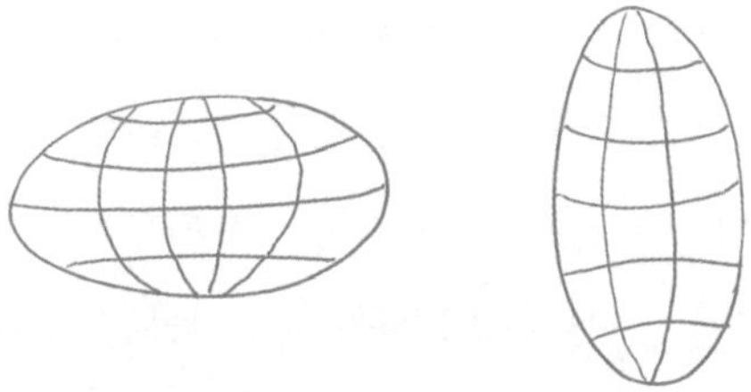

옆으로 볼록한 회전 타원체 　 위아래로 볼록한 회전 타원체

중력과 회전력이 작용하기 때문에 태양계에 있는 모든 행성은 구

가 아니라 옆으로 볼록한 회전 타원체라고 하는 것이 정확한 표현이다. 행성의 크기가 클수록, 축을 중심으로 회전하는 속도가 빠를수록 적도는 더 크게 부푼다. 중간 크기 행성으로 24시간에 한 번씩 자전하는 지구는 적도 지름이 극 지름보다 0.3퍼센트 정도 길다. 하지만 태양계에서 가장 큰 행성으로 자전 주기가 10시간밖에 되지 않는 목성은 극 지름과 적도 지름의 차이가 7퍼센트나 된다. 그 때문에 지구는 두 지름이 거의 차이가 나지 않는 것처럼 보이지만 목성은 정말로 옆으로 볼록한 호박처럼 보인다.

천체의 기하학적 특징을 정확하게 파악하려면 세부 사항을 자세하게 관찰해야 한다. 캘리포니아 대학교의 행성과학자 이언 개릭-베델 Ian Garrick-Bethell은 달의 모양을 관찰한 후 달은 '적도 부근이 볼록한 레몬 같은 모양'이라고 《네이처 *Nature*》에 발표했다.[25] 달은 46억 년 전에 미지의 천체가 지구와 충돌했을 때 생긴 파편들이 뭉쳐서 만들어졌을 가능성이 크다고 한다. 달이 지구 가까이 있던 시절, 두 조석 과정이 달에 영향을 미쳤다. 지구의 중력이 달을 납작하게 만들었고 달의 자전이 달의 적도를 볼록하게 만든 것이다.[25] 하지만 달이 지구에서 멀어진 뒤로는 달의 자전 속도가 느려졌고 지구의 중력도 더는 달에 크게 영향을 미치지 못했다. 그래서 달은 적도가 부푼 레몬 형태로 굳었다. 개릭-베델은 달의 모양을 분명하게 설명하려고 수학적 세부 사항에 주목했다. "두 조석 현상이 어떤 비율일지 예상할 수 있고, 우리는 그 정확한 비율을 찾아냈습니다."[25]

지구 외의 행성도 독특하게 생긴 위성을 가지고 있다. 토성의 달들은 토성뿐 아니라 토성의 고리에도 영향을 받기 때문에 작은 라비올리, UFO, 만두, 엠파나다, 발레복을 입은 발레리나(플레어스커트처럼 생겼기 때문이다) 같은 모양이 됐다.[26]

오랫동안 우주론자들은 우주에 특별한 모양이 없다고 생각했고, 우주선이 지구에서 출발해 계속 앞으로 날아가면 지구에서 점점 더 멀어진다는 정상 우주론을 지지했다. 하지만 나사의 WMAP(윌킨슨 마이크로파 비등방성 탐색기)가 빅뱅이 남긴 잔광을 관찰하고 보내온 자료를 분석한 결과, 우주론자들은 관측된 이 파장(빅뱅의 잔광)이 정상 우주론의 설명과 들어맞지 않는다는 사실을 알게 됐다.[27] 빅뱅의 잔광은 우주가 도넛 모양일 수 있다고 말하고 있었다.

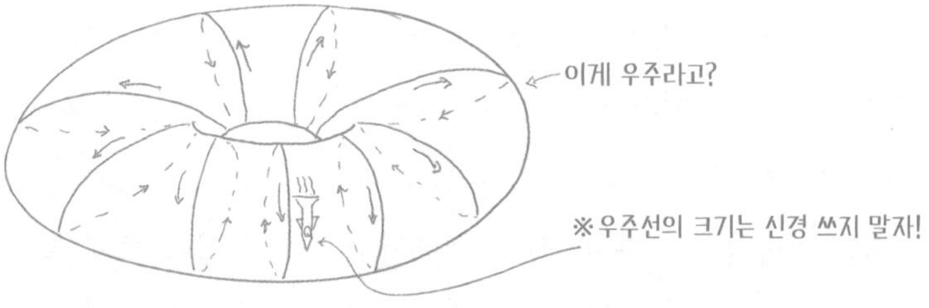

우주가 도넛 모양이라면 지구에서 출발한 우주선은 아주 오랜 시간 동안 '지구 반대쪽'으로 날아가 결국에는 한 바퀴를 돌아 지구로 돌아오게 될 것이다.

42킬로미터 차이가 나는 지구의 극 지름과 적도 지름, 만두를 닮은 토성의 달들, 도넛 모양을 한 우주 같은 건 정말 자세하게 관찰해야만 알 수 있는 사실들이다. 수학을 공부하고 인생을 살아갈 때는 시간을 들여 세부 사항을 자세히 들여다보는 게 좋다. 거기에 정말로 멋진 경이로움이 있다.

문제 19 과일들(아보카도, 호박, 배, 귤, 포도, 수박, 딸기, 멜론, 패션 프루트, 바나나)을 원, 옆으로 볼록한 회전 타원체, 위아래로 볼록한 회전 타원체로 나누어보자. 세 구체 가운데 어디에도 해당하지 않는 과일도 있을 수 있다.

보너스 문제 다음에 스파게티를 만들 때는 미트 볼이나 렌틸 볼을 동그란 구 모양으로 만들지 말고 볼록한 회전 타원체로 만들어 보자.

20장

수학 모임에 가입하자

힐베르트의 스물세 문제

1900년에 독일 수학자 다비트 힐베르트David Hibert는 파리국제수학자총회에서 그때까지 수학자들이 풀지 못한 스물세 가지 문제를 발표했다. 힐베르트는 수학계가 단결해야만 수학의 '멸종'을 막을 수 있다고 했다. 사실 그때 수학계는 멸종 위기에 처해 있지 않았는데도 말이다. 어쨌거나 그 덕분에 힐베르트는 수학의 모든 분야를 아우르는, 모든 수학자가 관심을 가져야 할 가장 중요하고 흥미로운 문제들을 목록으로 작성하는 데 성공한 최초의 수학자가 되었다. 힐베르트는 수학자들에게 2000년이 되기 전까지 이 스물세 문제를 함께 해결하자고 했다.

미래를 감추고 있는 베일을 들어 올리는 일을 기뻐하지 않을 사

> 람이 있을까요? 우리의 과학이 발전하는 모습을, 미래 세대에 일어날 진보를 조금이라도 볼 수 있다면 기쁘지 않을 사람이 있을까요? … 살아 있는 과학의 하위 분야는 풍부한 문제를 제시할 수 있어야 합니다. 풀어야 할 문제가 없다는 건 더는 독자적인 발전을 할 수 없거나 해당 과학 분야가 멸종하리라는 전조입니다.[28]

힐베르트가 제시한 첫 번째 문제는 '연속체 가설Continuum hypothesis'이다. 직선 위에 있는 점들의 집합이 어느 정도의 크기를 갖는지를 고민하는 문제이다. 당시 게오르크 칸토어Georg Cantor가 이미 자연수의 집합•이 만드는 무한 집합은 실수의 집합••이 만드는 무한 집합보다 작다는 사실을 입증했다. 연속체 가설은 크기가 다른 두 무한 사이에는 또 다른 무한이 없다고 한다. 그러니까 직선 위에 한 무한 집합•••이 있다면 그 집합은 자연수의 집합과 크기가 같거나 직선을 이루는 모든 점의 집합과 크기가 같아야지, 다른 경우는 없다는 뜻이다. 오스트리아계 미국인 수학자이자 논리학자인 쿠르트 괴델Kurt Gödel은 연속체 가설을 25년 동안 연구했지만 그 진위를 알아내지 못했다. 결국 연속체 가설의 참과 거짓을 밝힌 수학자는 미국의 폴 코

• 자연수는 1, 2, 3, 4, 5, 6, 7…로 이어지는 셀 수 있는 수이다.

•• 실수는 수직선 위에 존재하는 모든 수이다. 0과 모든 자연수와 음수, $\frac{2}{3}$, $\frac{962}{317}$, $\frac{156}{2}$, $\frac{2}{3}$ 같은 분수, π, Φ, e 같은 무한 소수(소수점 아래 수가 순환하지 않고 무한히 계속되는 소수)를 포함한 무리수로 이루어져 있다.

••• 이 경우 직선 위에 있는 점들의 집합은 직선 위에 있는 모든 점의 집합일 수도 있고 직선 위에 있는 점들의 부분 집합일 수도 있다.

언Paul Cohen이다. 코언이 연속체 가설의 진위를 입증하자 괴델은 코언에게 다음과 같이 쓴 정중한 편지를 보냈다. "최선의 증명을 해내셨습니다. 증명을 읽는 과정이 무척 훌륭한 희곡 한 편을 읽는 것과 같았습니다."[29] 1963년에 괴델은 코언과 함께 《미국국립과학원회보 *PNAS*》에 코언의 증명을 설명하는 논문을 발표했다. 그런데 코언은 수학자들이 전혀 기대하지 않았던 답을 내렸다. 연속체 가설은 입증할 수 없다는 결론이었다.[30] 왠지 거짓말 같겠지만 사실이다. 코언은 연속체 가설을 해결할 수 없다고 확신했다. 괴델이 25년 동안 이 문제를 해결하지 못한 것도 당연했다.

힐베르트가 제시한 스물세 문제 중 아주 빨리 풀린 문제들도 있다. '두 사면체(삼각 평면 4개로 둘러싸인 입체 도형)의 높이와 밑면이 같다면, 두 사면체는 언제나 부피가 같은가' 하는 세 번째 문제가 그 예이다. 1902년에 맥스 덴Max Dehn은 다음 쪽 상단과 같은 그림을 제시하면서 이 문제에 "아니다"라는 답을 내놓았다. 사면체는 3차원 좌표계 위에 표시한 꼭짓점•으로 나타낼 수 있다. 3차원 좌표계에서 점은 (x, y, z)로 나타낸다. x는 좌표계에서 오른쪽으로 뻗은 축을 따라 이동한 수를 나타내고, y는 종이 밖으로 뻗어 나오는 축을 따라 이동한 수를 나타내고, z는 수직으로 뻗어 있는 축을 따라 이동한 수를 나타낸다. 좌표계 위에 점을 모두 찍고 그 점들을 연결하면 사면체가 그려진다. 두 그림에 나오는 사면체는 밑면과 높이가 같지만 가장 높은 곳에 있는 점의 좌표가 달라서 모양이 달라졌다.

• 꼭짓점은 변과 변, 또는 모서리와 모서리가 만나는 점이다.

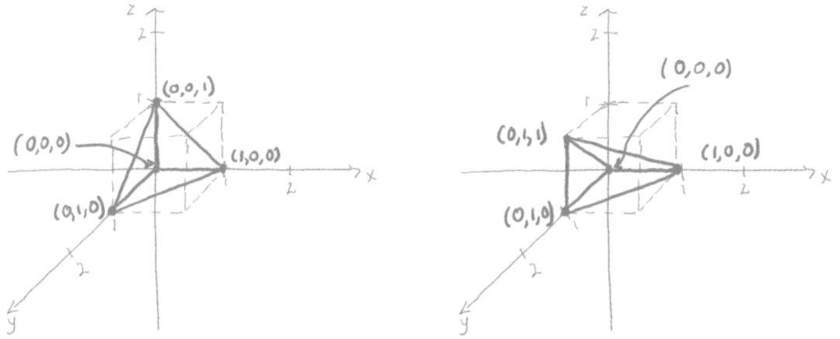

두 사면체는 밑면과 높이가 같지만 부피는 다르다.

힐베르트가 낸 여덟 번째 문제는 소수의 분포를 다룬 리만 가설이다. 20세기가 끝나가는데도 리만 가설이 풀리지 않자 클레이수학연구소(수학 지식을 보급하고 증진할 목적으로 미국에 세워진 수학 재단이다)는 내부적으로 리만 가설을 21세기에 풀어야 할 문제 목록에 올렸다. 클레이수학연구소는 풀어야 하는 문제로 선정한 일곱 문제(새천년 수학 문제로 알려졌다)를 푸는 사람에게 문제당 100만 달러(대략 11억 3000만 원)의 상금을 걸었다. 그러나 오늘날까지도 리만 가설은 풀리지 않았다. 리만 가설을 풀어보려고 노력한 사람이 없었기 때문도, 리만 가설이 인기가 없었기 때문도 아니다. 힐베르트 자신도 리만 가설이 풀리기를 정말 바라며 "1000년 동안 잠을 자고 일어나면 제일 먼저 리만 가설이 풀렸는지부터 물어볼 것"이라고 했다.[31]

힐베르트의 열여덟 번째 문제는 오렌지 같은 구형 물체를 가장 조밀하게 쌓는 방법을 고민한 케플러의 구 쌓기 추측•을 증명하는 것이었는데, 20세기가 끝나기 직전인 1998년에 토머스 헤일스가 피라

• 케플러의 구 쌓기 추측 문제는 17장에서 살펴보았다.

미드 형태로 쌓아야만 구를 가장 많이 쌓을 수 있음을 입증했다. 수학자들은 증명을 인정했지만, 헤일스가 컴퓨터를 사용했기 때문에 순수 수학자들의 경탄을 이끌어내지는 못했다.

힐베르트는 스물세 문제를 낸 직후에 말했다. "수학 문제는 어려워야 합니다. 그래야 우리를 유혹할 수 있으니까요. 하지만 전혀 풀 수 없는 문제여서도 안 됩니다. 우리의 노력을 조롱하려는 목적이 아니라면 말입니다."[28] 여러 수학 분야에 정통했던 힐베르트는 수학 공동체 차원에서 목표를 명확히 하고 높은 성취를 이어나가려는 공동 노력의 가치를 분명하게 알고 있었다. 힐베르트의 문제는 축구가 전 세계 축구 애호가들을 한데 묶는 것처럼 수학 공동체와 수학 애호가들을 한데 묶어주었다.

힐베르트는 말했다. "모든 수학 문제를 결국 풀 수 있다는 확신이 수학자를 연구하게 합니다. 수학자들은 언제나 끊임없이 들려오는 내면의 목소리, 풀리지 않은 문제가 있다는 소리를 듣습니다. 우리는 그 문제를 해결해야 합니다."[28] 수학은 개인과 공동체가 함께 노력해야 할 작업임을, 그는 수학자들에게 알리려 했다. 기하학, 수론, 대수학, 분석학 같은 여러 분야의 수학자들이 서로 대화하기를 바랐다.

"다른 과학 분야들이 수많은 하위 분야로 쪼개진 결과 과학자들이 서로를 거의 이해할 수 없어 연대가 느슨해지고 있습니다. 우리 수학도 그 운명을 받아들일지 결정해야 합니다."[28] 힐베르트는 수학자들이 공동체를 이루어 수학에 관해 대화하는 일이 중요하다고 강조했다.

"거리에 나가 처음으로 만나는 사람을 이해시킬 수 있을 정도로 분명하게 설명할 수 없다면 수학 이론은 완성된 것이 아닙니다."[28] 거리에서 만난 사람, 그러니까 평범한 모든 사람과 수학 이론을 이야기하는 경우는 많지 않다. 힐베르트의 발언은 《퀀타*Quanta*》나 《사이언티픽 아메리칸*Scientific American*》 같은 잡지나 지금 당신이 읽고 있는 이 책이 태어날 수 있는 씨앗이 되었다. 마지막으로 힐베르트는 누가 수학 공동체에 들어와야 하는지도 분명히 했다.

"이 고귀한 사명이 완수되기를 기원합니다. 그리고 새로운 세기에는 재능 있는 교사와 열정적이고 열광적인 제자들이 나오기를 기원합니다."[28] 우리는 대부분 재능 있는 교사는 아닐 것이다. 하지만 '열정적이고 열광적인 제자'로서 수학 공동체에 들어갈 수 있다. 우리가 리만 가설의 옳고 그름을 입증할 수는 없겠지만, 수학 공동체 안에서 일상을 즐길 수는 있다. 당신도 우리와 함께할 수 있기를 희망한다!

문제 20 본문에서 밑면과 높이가 같아도 부피가 다른 사면체가 있다고 했다. 사면체의 부피 구하는 공식은 생각하지 말고, 밑면과 높이가 같지만 부피는 다른 두 사면체의 다른 예를 제시해보자.

2부

마음을 위한 수학

21장

마음이 맞는 친구를 찾아보자

쌍둥이 소수 추측

중국에서 미국으로 이민을 온 장이탕張益唐은 1991년에 퍼듀 대학교에서 수학 박사 학위를 받았다. 대학원을 졸업했지만 직장을 구할 수 없었던 장이탕은 한동안 자동차에서 지내며 패스트푸드 샌드위치 가게와 모텔에서 일했다. 그래도 수학으로 위로를 받았던 그는 몇 년이나 시간을 들여 '쌍둥이 소수 추측Twin Prime Conjecture'이라는 유명한 수학 문제를 연구했다. 명성을 얻는다거나 위대해지고 싶어서 계속 수학을 연구한 게 아니다. 그저 쌍둥이 소수 추측이 옳은지를 알고 싶었다.

쌍둥이 소수란 나란히 있는 두 소수 가운데 큰 수와 작은 수의 차가 2인 소수 쌍을 가리키는 용어이다.* 예를 들어 3과 5는 소수이고 두 소수의 차는 $5-3=2$이기 때문에 3과 5는 쌍둥이 소수이다. 11과

13도 소수이고 두 소수의 차는 13 − 11 = 2이기 때문에 쌍둥이 소수이다. 쌍둥이 소수 중에는 16,829와 16,831처럼 아주 큰 수로 이루어진 소수 쌍도 있다. 지금까지 알려진 쌍둥이 소수 가운데 가장 큰 쌍은 두 수 모두 거의 400,000에 가깝다.[32] 쌍둥이 소수 추측이란 이런 쌍둥이 소수 쌍이 무한히 존재하리라는 추측이다.

2013년 어느 날, 뉴햄프셔 대학교에서 시간 강사로 일하던 장이탕은 저명한 수학 학술지인《수학 연보*Annals of Mathematics*》에 논문을 보냈다. 장이탕의 논문을 읽은 잡지 편집자들과 수학자로 구성된 검토위원들은 자신들의 눈을 믿을 수가 없었다. 장이탕이 쌍둥이 소수 추측의 진위를 입증했기 때문일까? 아니다, 그는 쌍둥이 소수 추측을 증명하지 않았다. 하지만 이 세상에서 가장 유명한 수학자들도 도달하지 못했던 진리에 아주 가까이 다가갔다. 정확히 말해서 장이탕은 차가 2인 소수 쌍이 무한히 존재한다는 사실을 입증하지 않았다. 대신에 두 소수의 차가 7000만보다 작은 소수 쌍이 무한히 존재한다는 사실을 입증했다.

그다지 감동적인 결론은 아니라고? 하지만 수학자들은 감동했고, 장이탕도 자기 논문을 보고 수학자들이 감동하리라고 예상했다. 장이탕이 발견한 것은 획기적인 사실이었고, 그는 수학계에 전혀 알려지지 않은 사람이었으니 당연히 깜짝 놀랄 수밖에 없으리라고 생각한 것이다. 논문을 보낸 뒤에 장이탕은 아내에게 전화를 걸어 이렇게

• 소수는 1과 자기 자신만을 약수로 갖는 자연수 가운데 1보다 큰 수들이다. 5의 약수는 1과 5뿐이고, 5는 1보다 큰 수이기 때문에 5는 소수이다. 하지만 6은 1, 2, 3, 6이라는 약수를 갖기 때문에 소수가 아니다.

말했다고 한다.

"이제부터 잡지와 신문을 주의 깊게 살펴봐. 내 이름이 나올 테니까." 나중에 《뉴요커*New Yorker*》에 실린 인터뷰 내용대로라면 그때 장의 아내는 남편에게 "술 취했어?"라고 대답했다.[33]

하지만 하버드 대학교 수학과에서는 장이탕이 술에 취했다고 생각하기는커녕 논문이 잡지에 실리기도 전에 그를 불러 이야기를 나누었다. 《뉴욕타임스》, 《뉴요커》, 《와이어드*Wired*》를 비롯한 전 세계 주요 잡지와 신문이 장이탕의 "놀랍고 위대한" 발견을 보도했다. 그는 일명 '천재 장학금'이라고 하는 맥아더 펠로십을 받았고, 시간 강사로 일했던 뉴햄프셔 대학교를 떠나 프린스턴 대학교로 옮겼다.

오랫동안 수학자들은 소수가 사람처럼 '행동'한다고 생각했다. 소수들은 마음이 맞는 친구들 옆에 있는 걸 가장 중요하게 여기는 것 같았기 때문이다. 특히 먼 곳에 떨어져 있는 소수들은 마음 맞는 친구 찾기를 아주 중요하게 생각하는 것 같았다. 0부터 크기가 증가하는 방향으로 자연수를 쭉 늘어놓으면 0에 가까운 쪽에는 소수가 많이 모여 있지만 0에서 멀어질수록 나타나는 소수의 수는 줄어든다.• 예를 들어 처음 10개의 자연수 중에는 40퍼센트가 소수이지만 처음 100개 자연수 중에서는 25퍼센트밖에 되지 않는다.•• 처음 1000개 자연수 가운데는 16.8퍼센트가 소수이다.••• 수학자들은 이미 소수

• 10보다 작거나 같은 소수로는 2, 3, 5, 7이 있다.

•• 100보다 작거나 같은 소수로는 2, 3, 5, 7, 11, 13, 17, 19, 23, 29, 31, 37, 41, 43, 47, 53, 59, 61, 67, 71, 73, 79, 83, 89, 97이 있다.

••• 1000보다 작거나 같은 소수로는 2, 3, 5, 7, 11, 13, 17, 19, 23, 29, 31, 37, 41, 43, 47, 53, 59, 61, 67, 71, 73, 79, 83, 89, 97, 101, 103, 107, 109, 113, 127, 131, 137,

가 무한하다는 사실을 알고 있다. 차가 1인 소수 쌍은 2와 3뿐이다. 이 쌍을 제외하면 다른 소수 쌍은 모두 두 수의 차가 2보다 크거나 같다.• 수학자들은 2보다 큰 소수 가운데 되도록 가까이 붙어 있으려고 하는 소수 쌍이 무한히 많을 거라고 추정하고 있다. 즉, 두 수의 차가 2인 소수 쌍이 무한히 많다고 보는 것이다. 북극에 사는 사람들처럼, 0에서 멀리 떨어져 있는 소수들은 아주 넓은 간격으로 듬성듬성 존재하는 작은 무리를 지어 가까이 모여 살고 있는지도 모른다.

쌍둥이 소수만큼 가까이 있지는 않지만 상당히 가까이 있는 다른 소수 쌍을 부르는 용어도 있다. 두 수의 차가 4인 소수 쌍은 '사촌 소수'라고 부른다. 7과 11, 19와 23은 사촌 소수이다. 두 수의 차가 6인 소수 쌍은 '섹시 소수'라고 부른다. 여기서 '섹시'라는 용어에는 야한 의미가 전혀 없다. 라틴어로 '섹스*sex*'는 '6'이라는 뜻이다. 5와 11이 섹시 소수이다. 11에서 5를 빼면 6이니까. 하지만 쌍둥이 소수 쌍만큼 가까이 있는 소수 쌍은 없다.

장이탕의 발견에 수학자들이 그토록 놀란 이유는 무엇일까? 7000

139, 149, 151, 157, 163, 167, 173, 179, 181, 191, 193, 197, 199, 211, 223, 227, 229, 233, 239, 241, 251, 257, 263, 269, 271, 277, 281, 283, 293, 307, 311, 313, 317, 331, 337, 347, 349, 353, 359, 367, 373, 379, 383, 389, 397, 401, 409, 419, 421, 431, 433, 439, 443, 449, 457, 461, 463, 467, 479, 487, 491, 499, 503, 509, 521, 523, 541, 547, 557, 563, 569, 571, 577, 597, 593, 599, 601, 607, 613, 617, 619, 631, 641, 643, 647, 653, 659, 661, 673, 677, 683, 691, 701, 709, 719, 727, 733, 739, 743, 751, 757, 761, 769, 773, 787, 797, 809, 811, 821, 823, 827, 829, 839, 853, 857, 859, 863, 877, 881, 883, 887, 907, 911, 919, 929, 937, 941, 947, 953, 967, 971, 977, 983, 991, 997이 있다.

• 2보다 큰 소수는 모두 홀수이기 때문에 그렇다. 2보다 큰 짝수는 모두 2를 약수로 갖기 때문에 소수가 될 수 없다.

만이라는 수는 2에 비하면 너무나도 큰 수처럼 보이지만, 그래도 수직선 위에 존재하는 수이기 때문이다(무한이 아니다). 장이탕은 유한한 수가 두 수의 차가 되는 소수 쌍이 무한히 많다는 증거를 처음으로 제시했다. 장이탕의 발견 덕분에 수학자들은 언젠가는 쌍둥이 소수 추측을 해결할 수 있다는 엄청난 희망을 갖게 됐다.

이름 없는 수학자에서 갑자기 수학계의 슈퍼 스타가 된 장이탕은 말했다. "제 마음은 아주 평온합니다. 돈도 명예도 크게 욕심이 없습니다. 그저 조용한 곳에서 혼자 연구를 할 수 있다면 그걸로 충분합니다."[34]

장이탕이 논문을 발표한 뒤로 수학계는 그가 제시한 한계를 낮추려고 함께 노력하고 있다. 그 덕분에 두 수의 차가 몇백 정도에 불과한 소수 쌍이 무한히 많다는 사실을 알게 됐다. 이 경계를 2까지 낮출 수 있다면 쌍둥이 소수 추측은 쌍둥이 소수 정리가 될 것이다.

그런 날이 온다면 소수가 드문드문 존재하는 수직선의 아주 먼 곳에도 서로 짝을 이루는(쌍둥이) 소수가 무한히 많다는 사실을 알게 될 테니, 수학자들은 두 발을 쭉 뻗고 평온하게 잘 수 있을 것이다. (2와 3만큼 가깝지는 않아도) 쌍둥이 소수들이 가능한 한 아주 가까운 곳에서 살아간다는 사실을 생각해보면 소수들은 절대로 외롭지 않을 것 같다.

우리도 마음 맞는 친구를 찾아서 가깝게 지내자. 특히 수학을 공부할 때나 인생을 살아갈 때면 그런 친구와 함께 하는 일이 중요하다. 사람들이 많이 살지 않는 오지로 떠나거나 수직선 위에서 아주 먼 곳으로 가야 할 때는 친구와 함께 가자.

문제 21 특정한 소수를 찾으려고 하다 보면 소수와 함께 놀면서 소수의 특성을 알아갈 수 있다. 쌍둥이 소수, 사촌 소수, 섹시 소수 외에도 여러 소수가 있다. 1000보다 작은 수 가운데 다음 소수들을 찾아보자.

- **소수로만 적힌 소수**prime-digit prime. 22,357처럼 각 자릿수가 모두 소수인 소수. 2, 3, 5, 7은 모두 소수이다.
- **순환 소수**circular prime. 소수의 각 자릿수를 모두 바꾸었을 때도 역시 소수인 수이다. 1193 같은 수는 1193, 3119, 9311, 1931 모두 소수이기 때문에 순환 소수이다.
- **회문 소수**palindromic prime. 소수를 이루는 수가 좌우 대칭인 소수. 13,831은 8을 기준으로 서로 대칭을 이루고 있으므로 회문 소수이다.
- **사원 소수**tetradic prime. 앞으로 읽으나 뒤로 읽으나 똑바로 읽으나 거꾸로 뒤집어 읽으나 같은 소수. 예를 들어 1,008,001은 앞으로 읽어도 뒤로 읽어도 똑바로 읽어도 뒤집어 읽어도 늘 1,008,001이다.

22장

완벽할 필요는 없다

털북숭이 공 정리(고슴도치 정리)

수학자들은 털북숭이 공을 완벽하게 빗을 수는 없다고 즐겨 말한다. 털북숭이 공 정리Hairy Ball Theorem라는 수학 정리에서 나온 격언이다. 귀여운 이름의 이 수학 정리를 한번 살펴보자.

털북숭이 공 정리를 이해하려면 수학의 한 분야인 위상 수학topology에서 공을 어떻게 정의하는지 알아야 한다. 위상 수학에서, 자르거나 이어 붙이지 않고 늘리거나 줄이는 것만으로 공 모양으로 만들 수 있는 사물은 모두 공이다. 찰흙처럼 모양을 바꿀 수 있는 재료로 만든 장난감 소를 생각해보자(이 장난감 소는 먹고 배설할 수 있는 소화관이 없다). 이 장난감 소는 잘라내거나 붙일 필요 없이 늘리거나 눌러 둥근 공으로 바꿀 수 있다. 처음의 장난감 소와 나중의 공은 서로 닮은 데가 없다.

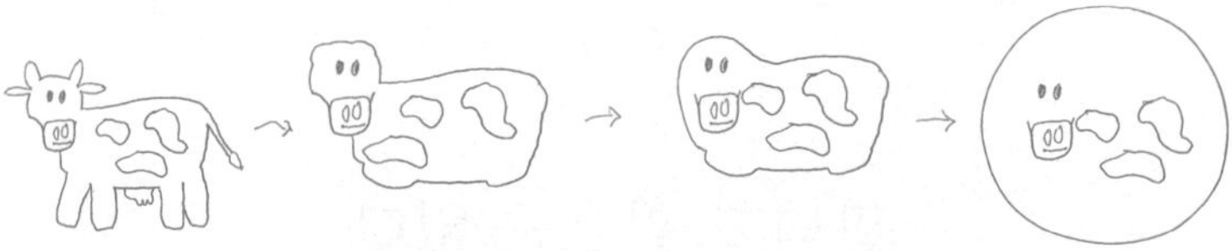

찰흙으로 만든 장난감 소이다. 소를 꾹꾹 눌러서 공을 만들자.
※이 그림을 그리는 동안 학대를 받은 동물은 전혀 없습니다!

하지만 공을 도넛으로 만들 수는 없다. 공에 구멍을 뚫지 않고서는 도넛의 구멍을 만들 방법이 전혀 없기 때문이다.

공을 도넛으로 만들려면 공에 구멍을 뚫고 꾹 눌러야 한다. 하지만 위상 수학에서는 구멍을 뚫을 수 없다. 따라서 공은 위상학적으로 도넛과는 다른 도형이다.

두 번째로는 '연속적인 벡터장'이라는 수학 구조물을 이해해야 한다. 다음과 같이 벡터는 특정한 길이와 방향이 있는 화살표로 표시한다.

종이나 공 같은 물체의 표면에 형성된 벡터장은 '표면을 구성하는 점들에 존재하는 벡터들의 집합'을 의미한다. 예를 들어 다음 그림은 사각형 종이 위에 형성된 벡터장이다.

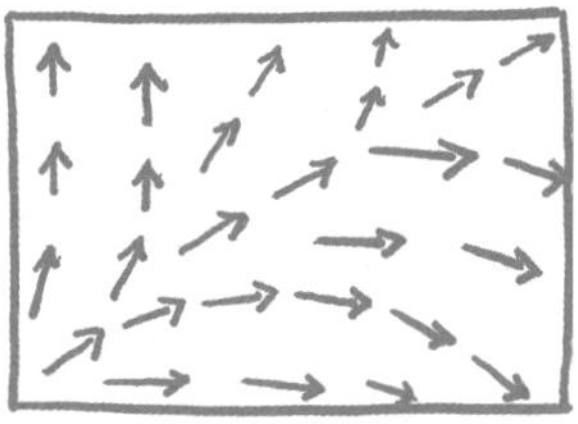

벡터장

한 표면 위에 형성된 벡터장 위에는 그림에서보다 훨씬 많은 벡터가 존재한다는 사실을 명심하자. 실제로 표면을 구성하는 모든 점에 벡터가 있다. 벡터를 일부만 그린 표면 위에 더 많은 벡터를 그려 넣으려면 이미 있는 벡터들의 방향을 잘 관찰해야 한다. 앞에 나온 벡터장에는 다음처럼 벡터를 더 그려 넣을 수 있다.

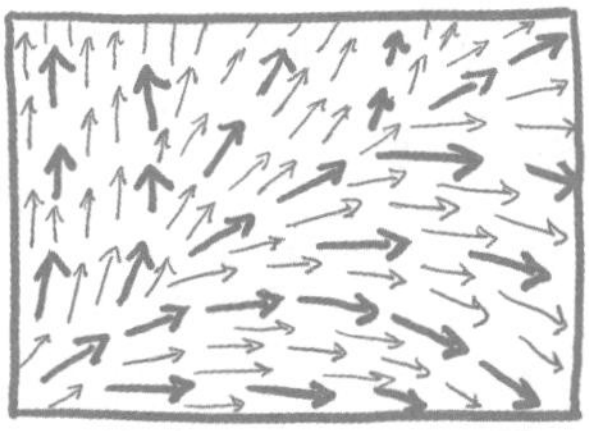

기존 벡터들의 형태를 참고해서 비슷한 벡터들을 그려나가면 된다.

벡터장이 '연속적'이라는 건 벡터장을 확대해 모든 점을 들여다보았을 때 모든 벡터가 같은 방향을 향하고 있다는 뜻이다. 앞에 나온 벡터장은 연속적이다. 물론 이 벡터장이 연속적인지를 확인하려면 모든 점에서의 벡터 방향을 확인해야겠지만, 세 부분을 확대해보니 이 벡터장은 확실히 연속적이다.

연속적인 벡터장

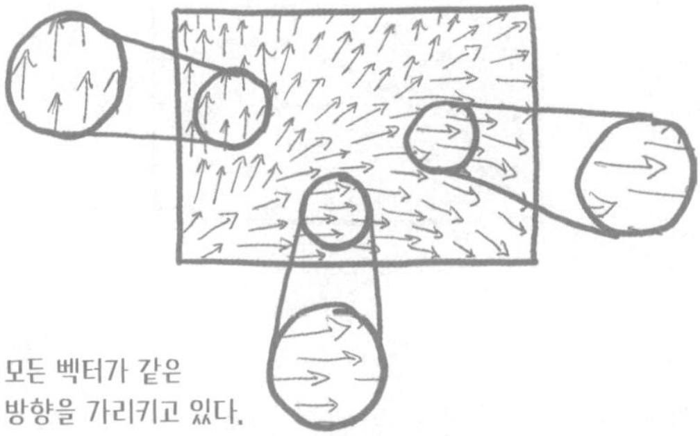

벡터장에 화살표가 아니라 점이 나타날 때도 있다. 이 점은 사라져 버린 벡터를 나타내는 '영 벡터'이다. 벡터장 위에 점이 있다는 건 그 벡터장이 연속적이지 않음을 의미할 때가 많다. 점이 하나라도 있는 비연속적인 벡터장에서는 확대했을 때 모든 벡터가 한 방향을 가리키지 않는 지점이 최소한 한 군데에 존재한다. 다음 그림의 벡터장들은 모두 비연속적인 벡터장이다.

비연속적인 벡터장

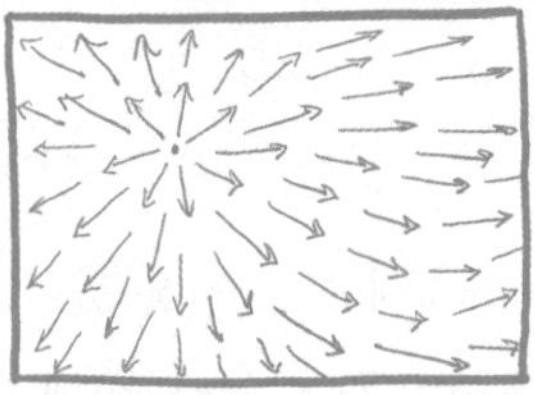

점이 있는 곳을 확대해보면 벡터들이
모두 다른 방향을 향하고 있다.

또 다른 비연속적인 벡터장

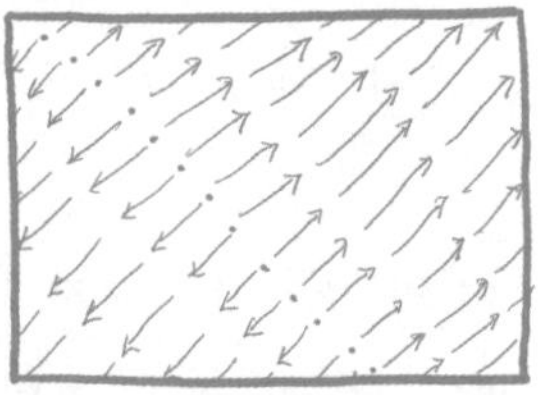

이 벡터장도 마찬가지다.

기상학자들이 화살표로 표시한 지구 표면의 바람도 벡터장을 형성한다. 화살표의 방향은 바람의 방향을, 화살표의 길이는 바람의 속력을 나타낸다. 화살표의 길이가 길수록 바람은 강하고 화살표의 길이가 짧을수록 바람은 약하다. 화살표가 없는 곳은 바람이 불지 않는 것이다.

구의 표면은 곡면이지만 벡터는 언제나 직선이라는 사실을 기억하자. 그러니까 구 위에 있는 벡터들은 오직 벡터가 시작되는 점에서만 구와 닿는다.

털북숭이 공 정리에 따르면, 구 위에서 '사라지지 않는 연속적인 벡터장'은 없다. 다시 말하면, 공의 한 지점을 확대해보았을 때 모든 벡터가 같은 방향을 향하게 하도록, 공의 모든 지점에 영이 아닌 벡터를 부여하는 것은 불가능하다. 구에 형성된 벡터장에는 반드시 영벡터가 있다. 털북숭이 공이라는 이름에서 공은 구이고, 털은 벡터다. 이 털북숭이 공을 '빗으려고' 하면 반드시 '사라지는 점'이 필요하다는 걸 깨닫게 될 것이다. 공에 난 모든 털을 부드럽게 옆으로 눕힐 수가 없으므로, 사라진 점에 있는 털은 꼿꼿하게 서서 공 위로 툭 튀어나온다. 아무리 애를 써도, 적어도 털 한 가닥은 위로 불쑥 튀어나오는 것이다.

구 위에서의 벡터장 이론을 지구상의 바람에 대입할 수 있다. 털북숭이 공 정리는 지구 위에 바람이 불지 않는 곳이 언제나 한 곳은 있다고 말한다. 위상 수학이 공과 장난감 소를 구별하지 않는다는 사실을 생각해보면 털북숭이 공 정리는 '모든 (장난감) 소에는 삐쭉 서는 소털이 있음!'을 말해주는 정리이다. 장난감 소에 난 털을 빗으로 눕히려고 애써봐도 한 가닥 정도는 분명히 삐죽 솟아오를 테니까 말이다.

완벽함을 높이 평가하고 추구하는 사람들은 아무리 꼼꼼하게 털북숭이 공을 빗어도 솟아오르는 털이 한 가닥 이상 있다는 사실이 당혹스러울 것이다. 그러나 털북숭이 공 정리가 말하는 것처럼 언제나 완벽할 수는 없다. 수학을 공부하거나 인생을 살아갈 때 생각했던 것보다 미흡한 결과가 나와도 괜찮다. 스스로 최선을 다했다면 충분하다.

문제 22 본문에 나온 것처럼 위상 수학자들은 '모든 소에게는 삐쭉 서는 털이 있다!'라는 말을 즐겨한다. 소화관이 몸에 있는 유일한 '구멍'인 소에 관해서도 이 문장이 성립할지 고민해보자.

23장

목표를 추구하는 과정을 즐기자

페르마의 마지막 정리

1630년, 피에르 드 페르마Pierre de Fermat는 고대 그리스의 수학자 유클리드가 쓴 수학 책의 모서리에 n이 2보다 클 때 아래 방정식을 만족하는 정수 x, y, z는 없다고 적었다.

$$x^n + y^n = z^n$$

n이 2일 때는 아래 경우처럼 이 방정식을 만족하는 정수 x, y, z의 값이 아주 많다.

$$3^2 + 4^2 = 5^2$$

$$5^2 + 12^2 = 13^2$$

직접 계산해 확인해봐도 좋다. 하지만 아주 오랜 시간이 흘렀는데도 수학자들은 아래 등식을 만족하는 정수 x, y, z의 값이 있는지 없는지를 알아내지 못했다.

$$x^3+y^3=z^3$$
$$x^4+y^4=z^4$$

아래 같은 경우도 마찬가지였다.

$$x^{6321}+y^{6321}=z^{6321}$$

페르마는 그런 값이 없음을 입증했다고 적었으나 증명을 남기지는 않았다. 수학자들은 페르마의 주장을 페르마의 마지막 정리라고 불렀고, 결국 증명을 찾아낼 수 있으리라고 생각했다. 하지만 300년 동안 노력해도 페르마의 마지막 정리를 증명할 수 없었다. 페르마의 주장이 옳은지 그른지도 알지 못하고 세상을 떠난 수학자들도 있었다. 그래도 페르마의 마지막 정리를 증명하려는 시도에는 보상이 따랐다. 수학자들은 진리를 추구하려는 열망을 충족했고, 페르마의 마지막 정리를 증명하려 하지 않았다면 찾지 못했을 대수적 정수론의 비밀도 밝혔다. 수학계의 노력은 개인 수학자에게도 힘이 되었고, 수학 공동체의 발전을 이끌었다.

수학자 앤드루 와일스Andrew Wiles는 열 살 때 지역 도서관에서 책을 보다가 페르마의 마지막 정리를 알게 됐다고 한다. 어린 와일스는 단순해 보이는 문제가 그토록 답을 찾기 어렵다는 사실에 매혹됐다. 어른이 되어 케임브리지 대학교에서 수학 박사 학위를 받은 와일스는 수학자들이 350년 동안 답을 찾지 못했다는 사실에 기죽지 않고 그저 증명을 찾아가는 여정에만 집중하기로 했다. 그는 아침에 눈을 뜬 순간부터 잠자리에 들 때까지 계속 페르마의 마지막 정리를 생각했다. 프린스턴 대학교 교수였던 와일스는 학교에서는 주어진 업무를 하고 주로 집에서만 페르마의 마지막 정리를 연구했다. 그는 아내에게만 이 사실을 알렸고, 다른 사람에게는 그 사실을 감추려고 페르마의 마지막 정리와는 전혀 상관이 없는 수학 논문을 조금씩 꾸준히 발표했다. 그는 오랫동안 그런 식으로 결국 증명을 완성해낼 순간을 준비했다.

그리고 1993년 어느 날, 와일스는 마침내 페르마의 마지막 정리를 증명했다. 와일스는 그 사실을 다소 장난스럽게 세상에 알렸다. 와일스는 영국 케임브리지의 뉴턴수리과학연구소Newton Institute for Mathematical Sciences에서 '보형 형식, 타원 곡선, 그리고 갈루아 표현'이라는 제목으로 세 차례 강연을 했다. 페르마의 마지막 정리하고는 전혀 관계가 없는 제목이었다. 첫 번째 강연을 들은 청중들은 와일스가 몇 년 동안 은밀하게 중요한 연구를 해왔음을 깨달았다. 청중들은 웅성거리기 시작했다. "지금 와일스가 페르마의 마지막 정리를 증명했다는 거야?" 두 번째, 세 번째 강연을 듣던 사람들은 복도로 쏟아져 나왔다. 언론사에 전화를 거는 사람들도 있었다. 마침내 세 번째 강연이 끝날 때가 가까워지고, 와일스의 강연도 절정에 도달했다. 정말로 와일스는 페르마의 마지막 정리를 증명했다. 청중들은 너무 놀라 숨

조차 쉬지 못하다가 잠시 뒤에 환호성을 터트렸다.

방송국에서 와일스를 촬영하려고 왔고, 전 세계 신문사에서 그의 놀라운 업적을 세상에 알렸다. 노르웨이학술원은 와일스에게 아벨상을 수여했고, 의류 회사 갭Gap은 와일스에게 청바지 모델이 되어달라고 부탁했다(와일스는 거절했다). 《피플*People Magazine*》은 오프라 윈프리, 빌 클린턴, 힐러리 클린턴, 다이애나 왕비와 함께 와일스를 '올해의 가장 흥미로운 25인'에 선정했다. 수많은 상과 상금을 휩쓴 와일스는 명성과 돈을 동시에 얻었다. 하지만 그는 페르마의 마지막 정리를 증명한 뒤 조금 우울해졌다.

> 분명히 굉장한 기회였지만, 마음이 복잡했습니다. 페르마의 마지막 정리를 증명하는 건 7년 동안 늘 나의 일부였고, 내 연구 인생을 전부 차지했던 일이니까요. 지금까지는 전적으로 내 것으로 생각했던 문제에 둘러싸여 있다가, 이제는 그 문제를 떠나보내야 할 때가 된 겁니다. 그 때문에 왠지 나의 일부를 잃어버린 것과 같은 느낌이 드는 거지요.[35]

수학을 공부한다는 건 여행을 떠나는 일과 비슷하다. $\frac{2}{3}$, 17, π, $\sqrt{5}$ 같은 개별 문제의 답은 중요하지 않다. 다루기 힘들고 관계가 없어 보이는 세부 사항들을 수학에서 쓰는 몇 줄의 시로 질서정연하게 바꾸는 과정을 즐기는 사람이 많다. 자신의 탐구 과정이 끝났다며 슬퍼한 와일스의 반응은 정말 인간적이다.• 그에게는 풀리지 않는 문제를 탐구하는 과정이 가장 행복했다. 수학 문제나 인생의 문제를 풀 때, 쉽게 풀리지 않아 힘이 든다고 해도 그 과정을 즐겨보자.

문제 23 앤드루 와일스 이전의 수 세기 동안 수학자들은 페르마의 마지막 정리를 풀려고 노력했다. 그런데 페르마의 마지막 정리만큼이나 유명하고 간단해 보이지만 아직 풀리지 않은 문제가 있다. 이제부터 여정 자체에 집중하고 가치를 둔다는 정신으로 이 문제를 풀어보자. 바로 콜라츠 추측Collatz Conjecture이다. 다음과 같다.

- 먼저 자연수를 하나 고르자.
- 이 자연수가 짝수이면 2로 나눈다. 홀수라면 3을 곱한 뒤에 1을 더한다.
- 그리고 다시 같은 과정을 반복하자.

콜라츠 추측에 따르면, 어떤 수로 시작하건 이 과정을 반복하면 결국 1이 나온다. 예를 들어서 7로 시작해보자. 다음 그림에서 사선으로 올라간 화살표는 수의 크기가 커지는 과정이고 수직으로 내려간 화살표는 수의 크기가 작아지는 과정이다.

• 이후 와일스에게는 다시금 페르마의 마지막 정리를 탐구할 기회가 생겼다. 누군가 그의 증명에서 오류를 찾아냈기 때문이다. 그 오류를 해결하면서 와일스는 다시 한번 세상을 놀라게 했고, 또다시 페르마의 마지막 정리와 헤어지는 슬픔을 겪었다.

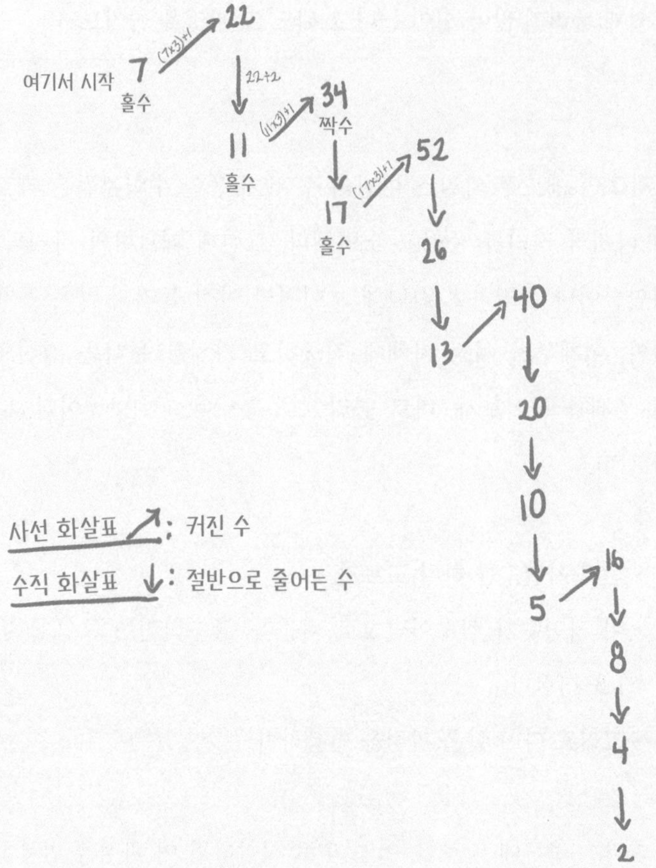

이제 직접 수를 골라 정말 1이 나오는지 확인해보자. 다했으면 다른 수로도 해보자. 이제 당신은 이 문제를 푸는 수학자 공동체의 일원이 되었다. 사실 수학자들은 2^{60}(100경보다도 큰 수이다)이 넘는 수도 결국에는 1이 된다는 사실을 확인했다. 하지만 콜라츠의 추측에 어긋나는 수도 이 세상에는 있지 않을까? 수학자들은 그럴 가능성도 염두에 두고 있다. 콜라츠의 추측이 성립하는지를 알아볼 때, 옳고 그름을 증명해야 한다는 걱정은 하지 말자. 그저 여정을 즐기면 된다. 문제를 푸는 동안 수가 작동하는 방식을 알아냈는가? 그렇다면 당신만의 추측을 세워보자. 콜라츠의 추측과는 다르지만 관계가 있는 추측을 세워보는 것이다. 그리고 그 추측이 옳은지 증명해보자.

24장

나만의 패턴을 만들어보자

펜로즈 패턴

"이 세상에 이런 형태가 있을 수는 없어." 1982년의 어느 날, 공학자이자 재료 과학자인 다니엘 셰흐트만Daniel Shechtman은 전자 현미경을 들여다보면서 중얼거렸다.[36] 그는 항공 우주 산업에 활용될 가능성이 있는 알루미늄과 망간의 합금 구조를 조사하고 있었다. 두 금속 원자는 불규칙하기는 했지만(즉, 원자 배열이 반복되지는 않지만) 그래도 예측 가능한 패턴으로 배열된 것 같았다. 그때는 많은 과학자가 결정은 예측할 수 있고 규칙적인 형태로만 배열된다고 믿었다. 과학계는 준결정체quasicrystal를 발견했다고 발표한 셰흐트만을 믿지 않았고, 그는 곧 실험실에서 쫓겨났다. 노벨 화학상 수상자인 라이너스 폴링Linus Pauling은 "다니엘 셰흐트만은 말도 안 되는 소리를 하고 있다. 이 세상에 준결정체는 없다. 준과학자만 있을 뿐이다"[36]라고 했다.•

하지만 곧 과학계는 셰흐트만의 폭탄선언을 받아들이고 준결정체를 발견한 공로로 2011년에 셰흐트만에게 노벨 화학상을 주었다. 과학계는 왜 셰흐트만의 주장을 받아들였을까? 1970년대에 수학자 로저 펜로즈Roger Penrose 경은 펜로즈 패턴이라고 알려진 특별한 패턴을 만들었다. 셰흐트만이 발견한 준결정체는 펜로즈 패턴과 비슷한 특성을 공유하고 있었다. 과학계에서는 이런 일이 자주 일어난다. 먼저 수학자들이 수학 이론을 발견한 후에 (대부분 상당히 오래 뒤에) 과학자들이 자연 속에서 그 추상적인 관념을 발견하는 것이다. 펜로즈 경이 새로운 패턴을 발견했으니까, 그 뒤에 해야 할 질문은 '자연에 준결정체가 존재할까?'가 아니라 '자연에 준결정체가 존재한다는 증거를 언제 찾아낼 수 있을까?'가 되어야 한다.

펜로즈 패턴이 나오기 전까지 수학자들은 (보통 가정용 벽지에 사용하는) 존재 가능한 2차원 대칭 패턴에 대해 한정적인 지식만 가지고 있었다. 수학자들 대부분은 모든 2차원 패턴에서 나타나는 자기 유사성은 전적으로 이동(병진 운동), 회전(돌림 운동), 반사라는 세 가지 강체 운동**으로, 혹은 세 강체 운동의 조합으로 묘사할 수 있다고 생각했다. 예를 들어서 병진 대칭성을 특징으로 하는 벽지는 늘리거나 줄이지 않고 (컴퓨터에서 하듯이) '잘라 붙이는' 방법으로 만들 수 있다. 벽지 일부를 일정한 방향으로 일정한 거리만큼 이동시켜 벽지의 다른 부분에 가져다 놓아도 아무도 벽지가 이동했음을 알지 못할

* 셰흐트만에게 과학자의 자격이 없다는 뜻의 비아냥거림이다.—옮긴이
** 물체가 그 자체의 형상을 바꾸는 일 없이 운동하는 상태.—옮긴이

것이다.

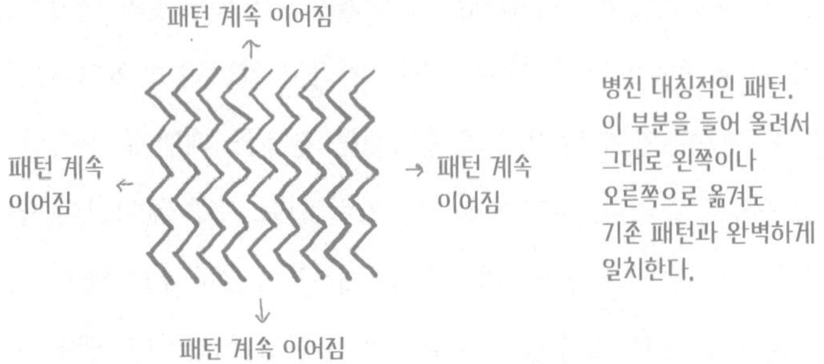

회전 대칭성도 수학자들이 오랫동안 알고 있던 2차원 패턴의 특징이다. 회전 대칭적인 2차원 패턴은 한 점을 기준으로 고정된 각도만큼 회전시켜도 기존 패턴과 같은 형태를 유지한다.

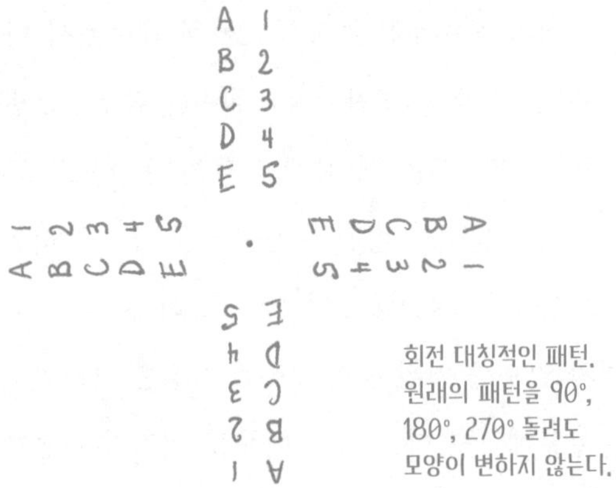

줄마다 같은 모양을 반복해 결국은 자기 모습을 그대로 유지하는 반사 대칭성도 2차원 평면에서 흔히 나타난다.

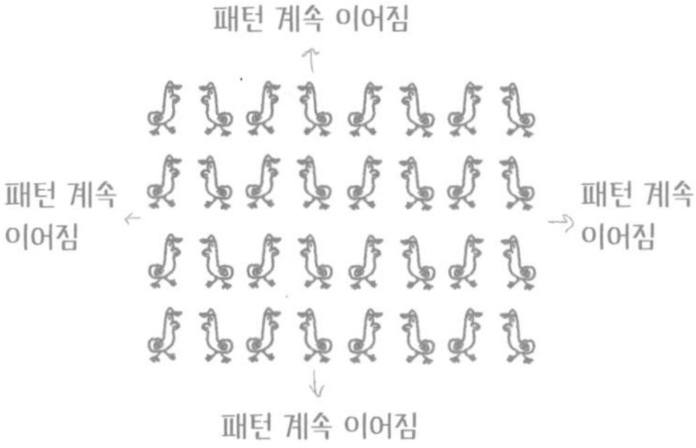

반사 대칭적인 벽지 패턴. 오리들은 위에서 아래로 그어진 보이지 않는 줄을 중심으로 대칭을 이루고, 윗줄과 아랫줄 오리들의 모양은 완벽하게 같다.

병진 대칭성, 회전 대칭성, 반사 대칭성을 모두 나타내는 2차원 패턴도 있다. 실내 장식용품 가게에서 구매할 수 있는 벽지 모양은 아주 다양하지만 벽지를 만들 때 사용하는 기본 패턴의 수는 놀라울 정도로 적다. 평면 위에 나타나는 병진 대칭성, 회전 대칭성, 반사 대칭성, 혹은 2~3개의 대칭성을 조합해서 만들어지는 벽지 디자인은 열일곱 가지의 그룹 중에 가운데 하나에 속한다.

펜로즈 패턴은 병진 대칭성, 반사 대칭성, 회전 대칭성이 나타나지 않는 2차원 패턴이다. 펜로즈 패턴에서는 축척 대칭성symmetry of scale이 나타난다. 축척 대칭성을 잠시 살펴보자. 펜로즈 패턴은 '연'과 '화살'이라는 두 가지 기하학 형태를 이용해 만들 수 있다.

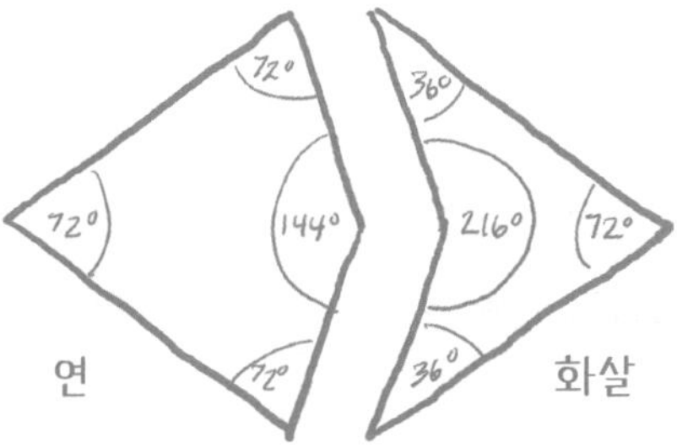

연과 화살로 펜로즈 패턴을 만들려면 두 도형이 겹치거나 그사이에 틈이 있으면 안 된다. 그리고 연과 화살이 다른 연과 다른 화살 옆에 놓일 때는 다음 그림에 표시한 점을 이은 선이 서로 연결되어야 한다.

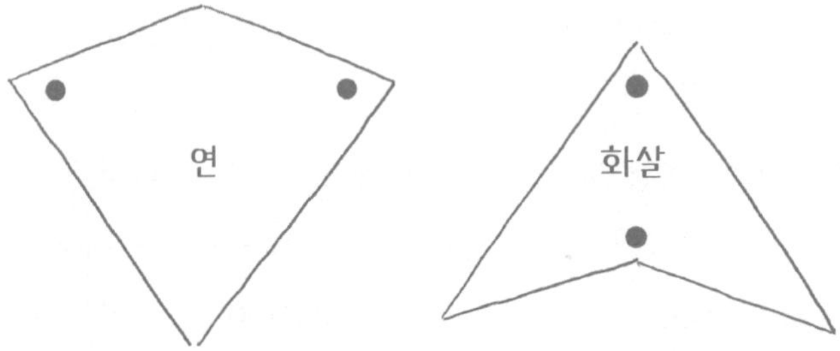

(점이 없는) 연과 화살로 마름모(네 변의 길이가 같고 마주 보는 변이 서로 평행인 사각형)를 만들 수도 있지만, 마름모는 점들을 이은 선이 서로 연결되지 않기 때문에 펜로즈 패턴이 아니다.

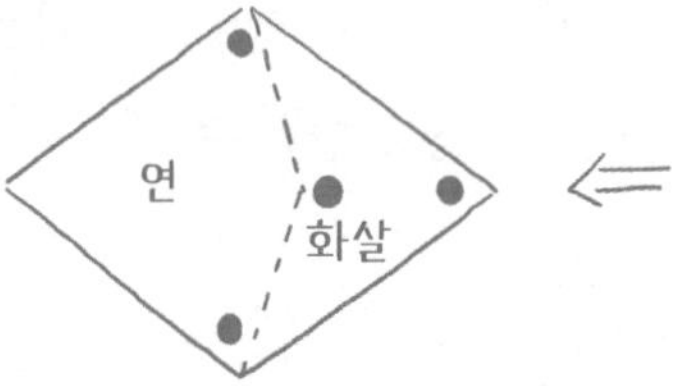

펜로즈 패턴이 지켜야 하는 '점의 규칙' 때문에 연과 화살을 펜로즈 패턴으로 배열하는 방법은 하나의 중심점을 기준으로 하는 다음 7개 도형뿐이다.

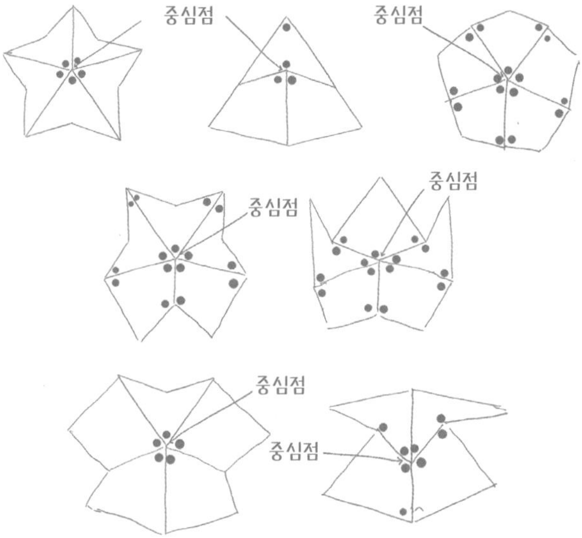

연과 화살로 만드는 이 7개 배열로, 2차원 공간에서 무한히 확장되며 자기 유사성이 있는 펜로즈 패턴을 무한히 만들 수 있다. 앞에서 살펴본 것처럼 펜로즈 패턴은 축척 대칭성이 있다. 따라서 어느 곳이든 펜로즈 패턴의 일부를 확대하면 완전히 똑같이 생긴 (오직 크기만 커진) 펜로즈 패턴을 찾을 수 있다. 그 이유 중 하나는 펜로즈 패턴이 더 작은 연과 화살로 이루어져 있기 때문이다. 다음 그림처럼 변이 10개인 작은 도형 역시 변이 10개인 더 큰 도형에 둘러싸여 있다.

놀랍게도 축척의 자기 유사성은 무한히 발생한다. 전체 모습을 상상하기 힘들겠지만, 다음은 같은 패턴이 반복되지 않는 그림이다. 이것도 펜로즈 패턴이다.

37

셰흐트만과 펜로즈는 과학과 수학에 엄청난 공헌을 했다며 찬사를 받았고, 펜로즈는 기사 작위까지 받았다. 하지만 기사 작위도 펜로즈를 모욕에서 지켜주지 못했다. 1997년에 다국적 기업 클리넥스는 자사의 '퀼트' 화장지를 강체(병진, 회전, 반사) 대칭성을 기반으로 하는 패턴이 아니라 반복이 없는 펜로즈 패턴으로 바꾸었다. 화장지를 '퀼트' 패턴으로 만들면 일부 고객들이 인정하듯이 조금 더 푹신해지지만, 마루와 골이 반복되기 때문에 롤로 말았을 때 울퉁불퉁해진다. 크리넥스는 반복되지 않는 펜로즈 패턴을 '퀼트' 화장지에 적용하면 푹신하면서도 롤로 말았을 때 미학적인 즐거움을 소비자에게 제공할 수 있다고 선전했다. 그런 선전이 펜로즈는 마뜩잖았다.

펜로즈 패턴의 특허권을 보유한 기업의 대변인 데이비드 브래들리는 다음과 같이 발표했다. "한 다국적 기업은 자기네 국가가 기사 작위를 수여한 사람의 허락도 받지 않고, 밑을 닦는 데 그의 업적을 가져다 쓰려고 합니다. 영국인들은 항전을 벌여서라도 반드시 이 행위를 막아야 한다고 봅니다."[38] 클리넥스는 이제 더는 그 화장지를 생산하지 않는다.

셰흐트만과 펜로즈에게 그랬던 것처럼 수학도 인생도 우리를 힘들게 할 수 있다. 어려운 일이 있어도 앞으로 나가려고 한다면 상황에 일관적(자기 유사성)으로 반응하는 방법(패턴)을 직접 만들어야 한다. 당신이 채택한 패턴은 당신 자신의 것이어야 한다. 자신에게 맞는 패턴이 특이하다고 해도 '이런 이상한 형태는 이 세상에 존재하지 않아!'라는 말로 자신을 설득하려고 하지 말자. 선택할 수 있는 패턴은 17개 정도로 유한하다는 사람들의 말도 듣지 말자. 당신의 인생 패턴은 당신이 만들어야 한다. 자신의 패턴을 소중하게 아끼고 다른 사람이 훼손하지 못하게 하자.

문제 24 다음 벽지들에는 어떤 대칭성(병진 대칭성, 회전 대칭성, 반사 대칭성)이 있을까? 대칭성이 한 가지 이상인 벽지도 있다. 벽지들이 모두 모든 방향으로 무한히 확장된다고 가정하자.

(1)

39

(2)

40

(3)

41

(4)

42

25장

가능하면 단순하게 바꿔라

0.999…=1

0.999…에서 생략 부호(…)는 9가 멈추지 않고 계속 반복된다는 뜻이다. 이런 수는 다루기도 힘들고 방정식에 집어넣기도 힘들고 심지어 말로 표현하기도 힘들다. 이 무한한 수를 0.999… 같은 근사치로 표현하지 않고 더 간단하게 표현할 방법은 없을까?

잠시 시간을 내어 이 수와 놀다 보면 그 방법을 깨달을 수 있다.

$0.999\ldots$을 x라 하자.
$10x=9.999\ldots$이고,
$10x-x=9x$이다.
그런데 $10x-x=9.999\ldots-0.999\ldots=9$이다.
따라서 $9x=9$이다.
$9x=9$라면 $x=1$이다.
하지만 $x=0.999\ldots$이다.
따라서 $0.999\ldots=1$이다. ■

증명을 끝내면
수학자들은 안을 칠한
네모 상자를 그린다.

수학에서 등호(=)는 같다는 뜻이다. 따라서 0.999⋯=1이라는 식은 0.999⋯가 거의 1에 가깝다는 뜻이 아니다. 0.999⋯가 거의 1에 가깝다고 적고 싶을 때는 근사(≈) 기호를 써서 0.999⋯≈1이라고 적어야 한다. 하지만 0.999⋯는 등호를 써서 1과 같다고 표시할 수 있다. 그 말은 0.999⋯와 1이 서로 교환할 수 있는 같은 수라는 뜻이다. 0.999⋯는 정보를 전혀 잃을 염려 없이 마음대로 1로 바꾸어 쓸 수 있다.

수학을 공부할 때도, 인생을 살아갈 때도 가능하면 간단한 게 좋다. 왜냐고? 0.999⋯는 1이니까.

문제 25 99.999⋯를 간단하게 적는 방법을 설명해보자.

26장

관점을 바꿔보자

비비아니의 정리

사람들은 한곳에 머물 때 평온함을 느낀다. 친숙함에 의지하고, 보통은 모험보다 안전을 택한다. 반드시 필요한 때라고 해도 변화는 늘 두렵다. 그럴 때는 비비아니의 정리Viviani's Theorem를 통해 주변 환경을 급진적으로 바꾸지 않아도 관점을 바꿀 수 있다는 사실을 되새기자. 지금 우리가 정삼각형(세 변의 길이가 같은 삼각형) 안에 있는 한 점 위에 서 있다고 생각해보자. 그 점에서 세 변에 이르는 가장 가까운 길은 모두 수직선이다. 당신이 삼각형을 넘어 바깥세상으로 나가려면 이 세 수직선 가운데 하나를 지나가야 한다. 그런데 이 세 수직선의 길이를 모두 더하면 얼마일까? 어떤 점에서 시작하느냐에 따라 달라지는 것이 있을까?

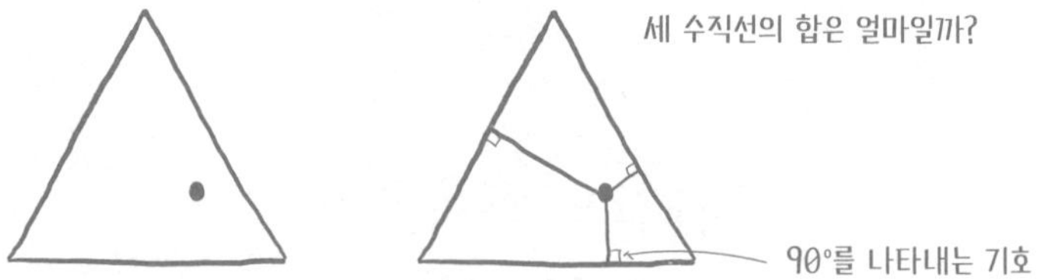

당신은 정삼각형 내부에 있는 한 점이다.

삼각형 내부의 점에서 각 변에 이르는 가장 짧은 길은 수직선이다.

다시 말하자면, 만약 점의 위치가 달라지면 세 수직선의 길이의 합은 달라질까?

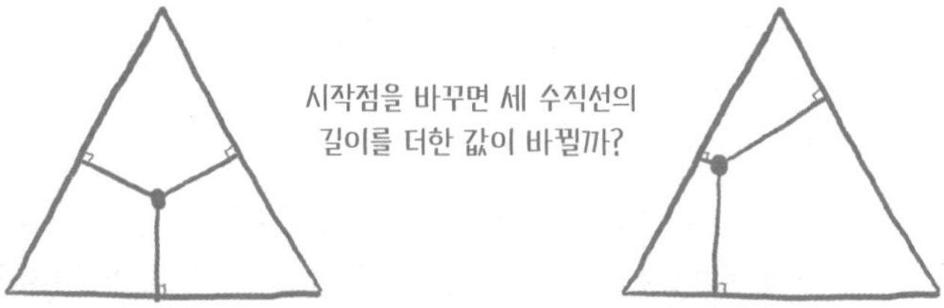

비비아니의 정리에 따르면 시작점의 위치와 세 수직선의 길이를 더한 값은 무관하다. 즉, 시작점이 바뀌어도 세 수직선의 길이의 합은 언제나 같다. 세 수직선의 길이의 합은 언제나 삼각형의 높이이다.

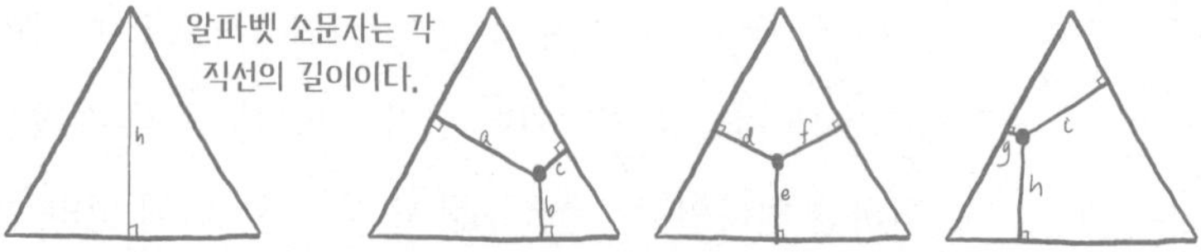

비비아니의 정리: $h=a+b+c=d+e+f=g+h+i$

비비아니의 정리는 어째서 옳을까? 예전에는 여러 대수학을 이용해 이 정리를 입증했지만, 가와사키 켄이치로라는 수학자가 계산을 하지 않고도 알 수 있는 간단한 시각 증거를 제시했다.[43] 이 증거는 한 가지 예를 검토하는 데 사용한 추론을 다른 예에도 적용할 수 있음을 깨닫는 것으로 시작한다. 다음 예를 생각해보자.

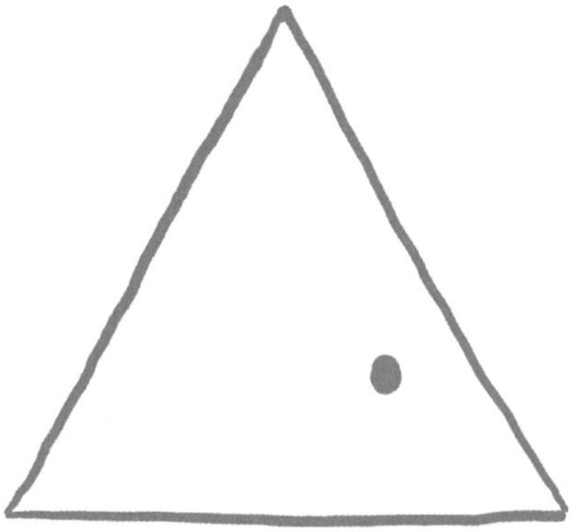

삼각형 내부에 있는 점을 지나고 세 변에 평행인 직선을 3개 그리자.

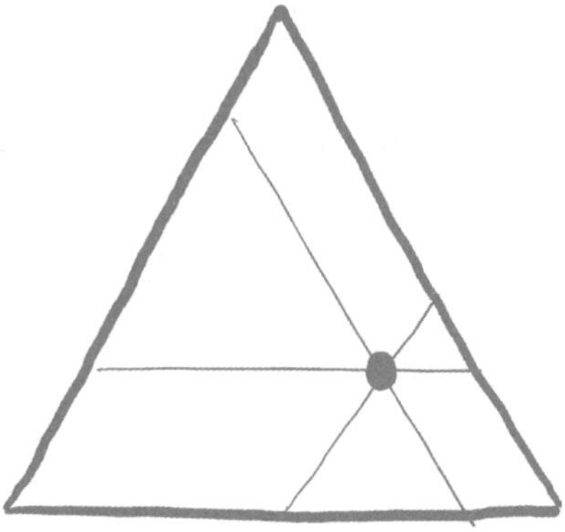

그러면 삼각형 내부에 그려진 작은 삼각형 3개가 보일 것이다.

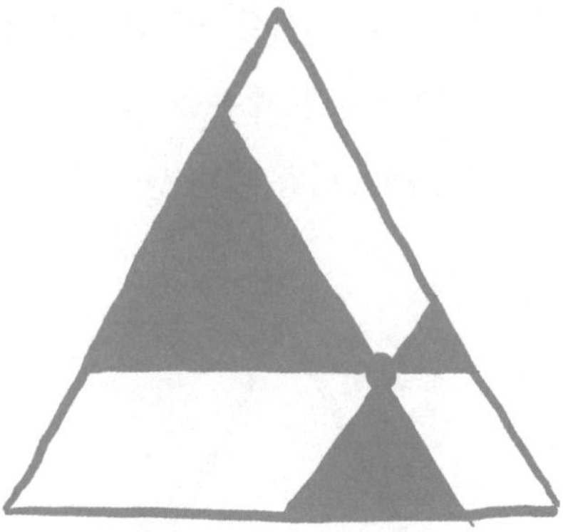

그 작은 삼각형들 내부에 처음에 각 선분을 향해 그었던 수직선을 흰색 선으로 표시한다.

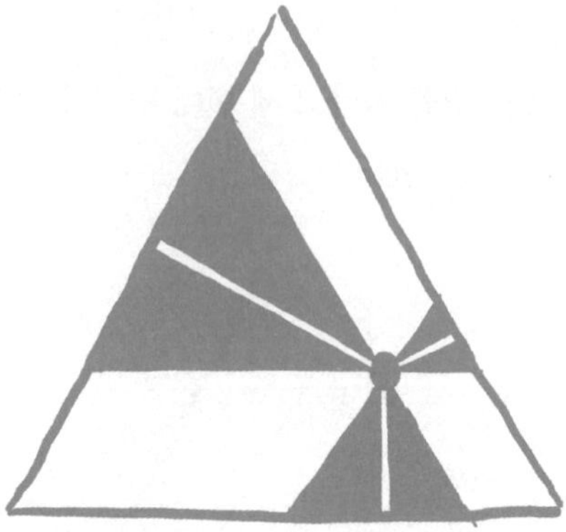

이제 흰색 선들이 모두 위로 향하도록 이 작은 삼각형들을 돌려보자. 작은 삼각형들은 모두 정삼각형이기 때문에, 높이를 표시한 선분

이 나란하도록 회전해도 원래 있던 자리에 들어맞는다.

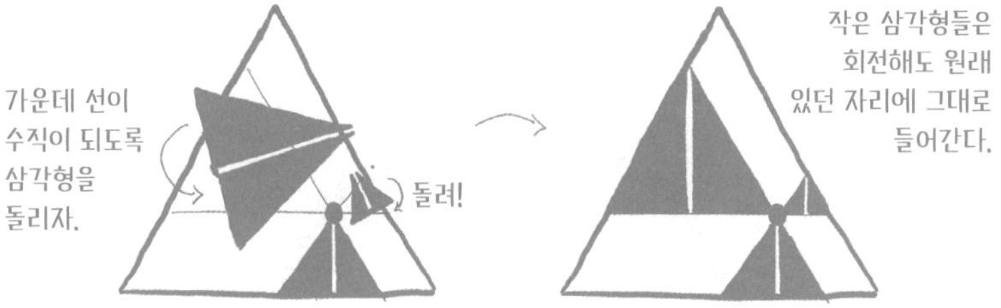

이제 작은 삼각형 가운데 하나를 큰 삼각형의 꼭대기로 옮겨야 한다. 다음 두 가지 방법 가운데 한 가지 방법으로 옮길 수 있다.

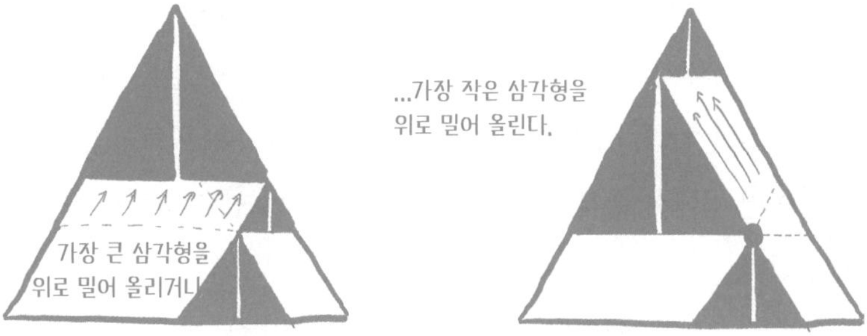

여기서는 내부 삼각형 가운데 가장 큰 삼각형을 위로 올려서 외부 삼각형의 꼭대기에 맞출 것이다. 가장 큰 작은 삼각형의 높이는 외부 삼각형 높이의 일부임을 확인할 수 있다. 이제 나머지 두 작은 삼각형도 그 높이가 외부 삼각형의 높이와 겹치도록 자리를 옮겨보자. 두 삼각형의 모양을 바꾸지 않고 그대로 옆으로 이동하기 때문에 두 삼각형의 높이도 변하지 않는다.

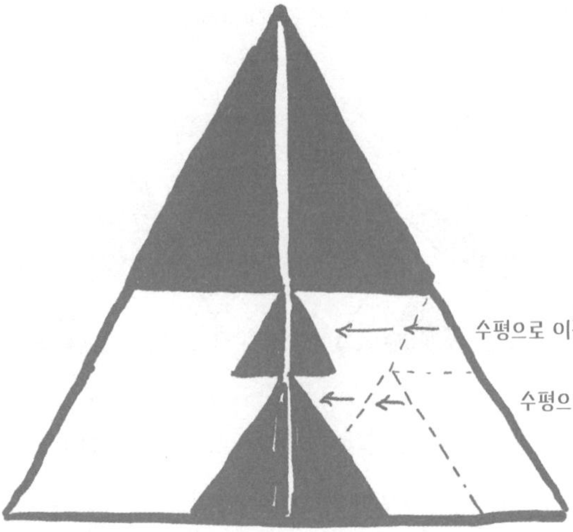

비비아니의 정리에 따르면, 정삼각형의 내부에 있는 한 점에서 정삼각형의 세 변에 그은 수직선들의 길이를 모두 더한 값은 이 정삼각형의 높이와 같다. 이때 점의 위치는 결과에 영향을 미치지 않기 때문에 어떤 점에서 수직선을 그어도 세 수직선의 합은 정삼각형의 높이가 된다.

수학을 공부할 때나 인생을 살아갈 때도 비비아니의 정리를 적용해보자. 다른 것을 바꾸는 대신 자신의 관점을 바꿀 수 있다. 이동하는 경로는 바뀔 수 있지만, 이동하는 동안에도 여정의 어떤 측면들은 바뀌지 않고 그대로 남는다(정말로 그럴 때가 많다).

문제 26 앞에서 비비아니의 정리를 증명하려고 정삼각형을 그렸다. 그런데 정삼각형이 아닌 다른 도형은 어떨까? 정삼각형이 아닌 삼각형 내부의 한 점에서 세 변에 내린 수직선 길이의 합은 점의 위치에 상관없이 일정할까? 모든 도형에서 비비아니의 정리가 성립한다고 생각하면 그 이유를 말해보자. 그렇게 생각하지 않는다면 성립하지 않는 예를 들어보자.

힌트 어떤 문제를 증명하거나 반례를 제시하라는 문제가 나올 때면 먼저 반례를 찾는 것이 좋다. 어떤 주장이 틀렸음을 입증하는 예를 찾는다면 증명은 끝난다. 그런 예는 하나만 찾아도 충분하다. 아무리 찾아도 예를 찾지 못했다면, 이번에는 어째서 반례를 찾을 수 없는지 고민해보자. 그러는 동안 그 주장을 뒷받침할 탄탄한 이유를 떠올릴 수 있을 것이다.

27장

탐험하자

뫼비우스의 띠

테니스공은 안쪽 면과 바깥쪽 면만 있지 가장자리(모서리)가 없다. 테니스공 위에서 걸을 수 있을 만큼 충분히 몸이 작아져서 테니스공 위로 올라가면 바깥쪽 면에만 머물 수 있을 뿐 안쪽 면으로 들어갈 수는 없다.

테니스공의 바깥면에서는 안쪽 면으로 걸어 들어갈 수 있는 길이 없다.

종이는 앞면과 뒷면이 있고, 하나의 가장자리가 두 면을 나누고 있다. 종이 위를 걸을 수 있을 만큼 충분히 작아지면 앞면 위를 걷다가 가장자리를 건너 뒷면으로 갈 수 있다.

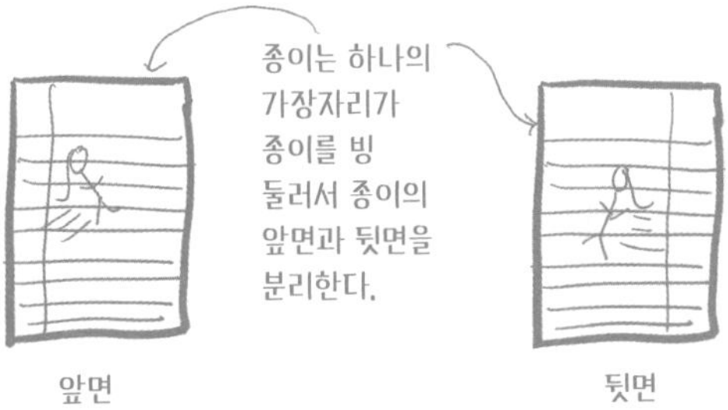

이제부터는 두 물체, 고리와 뫼비우스의 띠 위를 걷는 상상을 해보자. 먼저 고리와 뫼비우스 띠를 만드는 게 좋겠다. 고리와 뫼비우스 띠는 만들기 쉽다. 두 물체를 만들어보면 지금부터 우리가 풀 문제를 해결하는 데 도움이 될 단서도 얻을 수 있다. 먼저 종이로 세로 15센티미터, 가로 2.5센티미터 정도 되는 직사각형 띠를 만들자(정확하게 길이를 잴 필요는 없다. 그저 충분히 긴 직사각형 띠를 준비하면 된다). 긴 직사각형의 짧은 쪽을 맞대어 붙이면 고리를 만들 수 있다.

고리 만들기

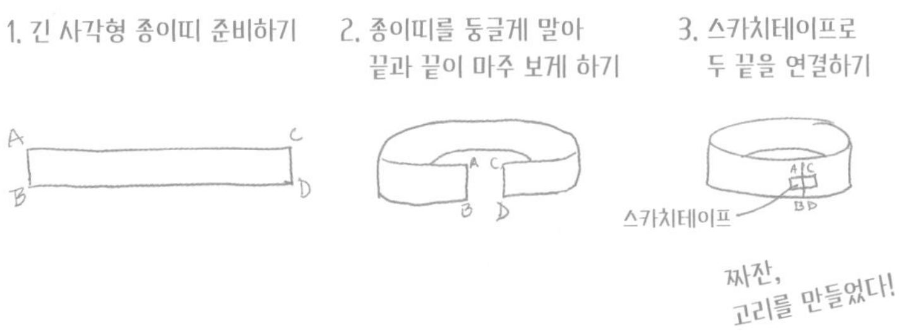

뫼비우스의 띠를 만들 때도 긴 직사각형 종이띠가 필요하다. 뫼비우스의 띠를 만들 때는 양쪽 끝을 이어 붙이기 전에 종이를 한 번 비틀자. 그러면, 짜잔! 뫼비우스의 띠를 만들 수 있다.

뫼비우스의 띠 만들기

1. 긴 사각형 종이띠 준비하기
2. 양쪽 끝을 잇기 전에 종이띠를 한 번 비틀기
3. 종이띠를 둥글게 말아 끝과 끝이 마주 보게 하기
4. 스카치테이프로 두 끝을 연결하기

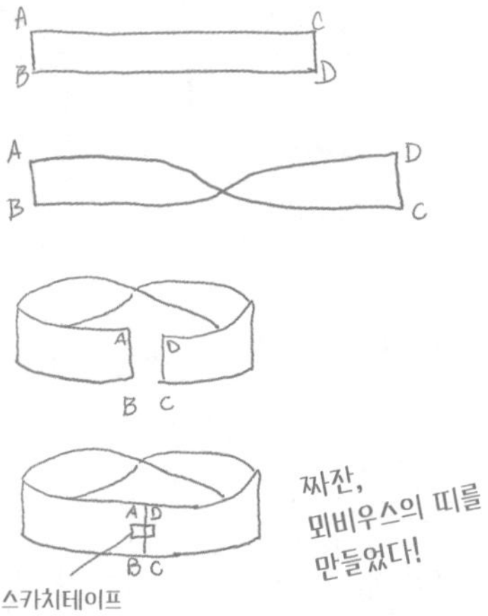

테니스공과 종이 위를 움직일 때 면과 가장자리를 생각했던 것처럼 고리와 뫼비우스의 띠 위를 움직일 때도 면과 가장자리를 생각해야 한다. 당신이 고리의 가장자리를 따라 걷고 있다고 생각해보자. 어떤 사실을 알게 될까?

고리의 가장자리를 따라 '걷다 보면' 당신이 걷고 있는 가장자리 말고도 고리의 면을 나누는 또 다른 가장자리가 있다는 사실을 알게 될 것이다. 현재 서 있는 가장자리에서 다른 가장자리로 가고 싶다면 지금 있는 가장자리에서 내려와 고리의 한쪽 면을 가로질러 가야 한다.

당신이 서 있는 곳이 고리의 한쪽 면이라면, 가장자리를 넘지 않아도 그 면에 속한 곳은 어디든지 갈 수 있다. 하지만 다른 쪽 면으로 가려면 반드시 두 가장자리 가운데 하나를 넘어가야 한다. 고리 위를 걸으며 탐사를 하면 고리에는 2개의 면과 2개의 가장자리가 있다는 생각이 들 텐데, 실제로도 고리에는 면이 2개, 가장자리가 2개 있다.

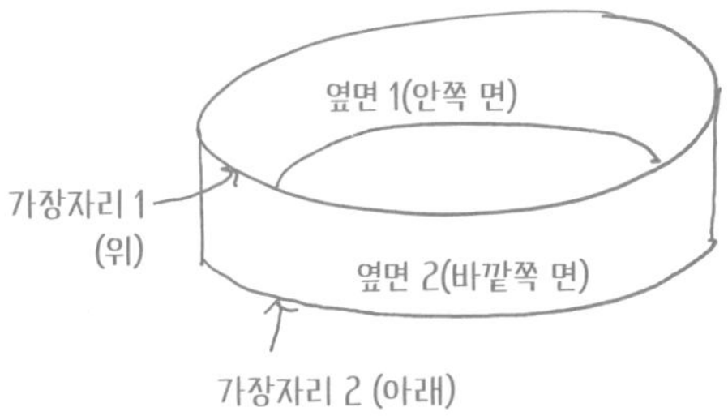

지금까지 탐사한 내용을 표로 정리하면 다음과 같다.

물체	가장자리의 수	면의 수
테니스공	0	2
종이	1	2
고리	2	2

지금까지 살펴본 물체들은 모두 면이 2개였다. 다시 말해서 안쪽 면과 바깥쪽 면이 있거나 앞면과 뒷면이 있다. 그럼 혹시 면이 하나밖에 없는 물체가 있을 수 있을까? 잠시 시간을 내어 고민해보자. 면이 하나라면 그 물체는 어떻게 보일까?

어떤 모습이 떠오르는가? 아무리 생각해도 적절한 물체가 떠오르지 않는다면 잠시 시간을 내서 아까 만든 뫼비우스의 띠가 만든 세상을 탐사해보자. 뫼비우스 띠의 한쪽 면에서 탐사를 시작하는 것이다. 지나는 길을 마커로 표시하면서 가는 게 좋겠다. 뫼비우스의 띠 가장자리를 따라 걷는 동안 어떤 사실을 발견했는가? 뫼비우스의 띠도 가장자리를 넘어야만 다른 면으로 갈 수 있을까?

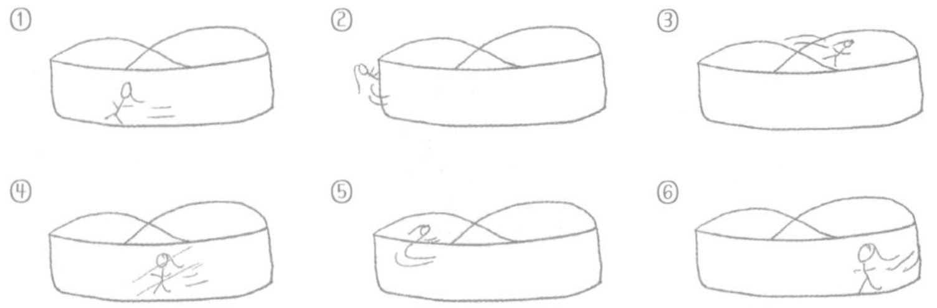

음, 가장자리를 넘지 않으면 내가 있던 장소에서 벗어날 수 있을 리가 없잖아. 그러니까 나는 다른 면에 와 있을 수는 없을 텐데.

우와, 이건 너무 기이한걸!

뫼비우스의 띠를 완전히 가로질러 온 것 같은데, 가장자리를 넘어가지 않아도 어디든지 갈 수 있잖아! 뫼비우스의 띠는 면이 하나뿐인 거야?

뫼비우스의 띠를 탐사하다 보면 다른 면으로 넘어갈 수 없어 애를 먹을지도 모른다. 당연한 일이다. 뫼비우스의 띠에는 다른 면이 없으니까. 뫼비우스의 띠는 면이 하나인 물체이다.

뫼비우스의 띠에는 가장자리가 몇 개 있을까? 마커로 지나간 길을 표시하면서 뫼비우스의 띠 가장자리를 '걸어'보자. 출발했던 곳으로 돌아올 때까지 걷는 것이다. 자, 어떤 사실을 알게 됐까?

가장자리를 칠하며 걷는 동안 모든 가장자리가 다 칠해졌다. 다른 가장자리는 없다. 뫼비우스의 띠에는 면도 하나, 가장자리도 하나뿐이다.

직접 한 경험들이 한 사람의 세상을 형성한다. 언제나 바깥 면과 안쪽 면이 있거나 앞면과 뒷면이 있는 물체만을 접했다면, 안쪽 면도 바깥쪽 면도 없고 앞면도 뒷면도 없는 물체를 봤을 때 깜짝 놀랄 것이다. 수학을 공부하고 인생을 탐구해나가는 동안 우리의 관점은 점점 더 확장한다. 세상을 보는 관점이 확장된다면 훨씬 편하게 숨을 쉴 수 있다. 심지어 훨씬 더 자주 웃을 수가 있다. 결국 면도 하나, 가장자리도 하나인 물체가 있음을 알게 되는 것처럼 말이다.

문제 27 아까 만든 고리와 뫼비우스의 띠를 가지고 다음 그림처럼 가운데 선을 긋고 그 선을 자른다고 생각해보자.

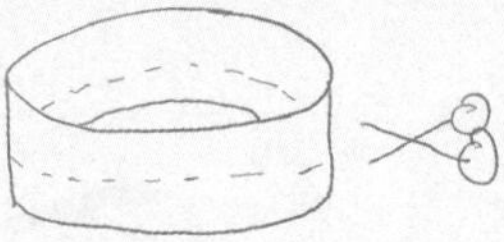

가운데 점선을 따라 고리를 잘라주자.

가운데 점선을 따라 뫼비우스의 띠를 잘라주자.

고리와 뫼비우스의 띠를 자르면 어떤 모양이 될까? 자른 물체의 면과 가장자리는 각각 몇 개일까? 일단 고민을 하고 답을 정했다면 직접 잘라서 답을 확인해보자.

28장

반론을 제기하자

소수는 무한하다

수학이든 아니든, 어떤 이야기를 들으면서 사람들의 믿음에 반박하고 싶다는 강렬한 기분을 느껴본 적이 있는가? 그런 때는 심장이 빠르게 뛰고, '그런 말이 사실일 리 없어'라고 소리치며 발을 마구 구르고 싶다. 그 열정을 수학 공부에 쏟아보자. 기존 이론에 반론을 제기하고 싶다는 바람 덕분에 수많은 근사한 수학 이론이 탄생했다. 통제력은 과대평가된 미덕이다. 떠들썩한 논쟁은 영감을 불러올 수 있다. 그러니까 가끔은 반론을 제기해야 한다.

이 문제를 고민해보자. 소수는 무한할까, 유한할까? 소수는 1보다 크고 1과 자기 자신만을 약수로 갖는 자연수(양의 정수)라고 했다. 5는 약수가 1과 5뿐이니까 소수이다. 17도 약수가 1과 17뿐이니까 소수이다. 하지만 12는 1, 2, 3, 6, 12가 약수라서 소수가 아니다. 9도

1, 3, 9라는 약수가 있으니 소수가 아니다. 가장 작은 소수부터 나열하면 다음과 같다.

2, 3, 5, 7, 11, 13, 17, 19, 23, 29, 31, 37, 41, 43, 47, 53, 59, 61, 67, …

화학자들에게 원자가 소중한 만큼이나 수학자들에게는 소수가 특별하다. 원자가 물질을 이루는 가장 작은 기본 단위인 것처럼 소수도 우리의 수 체계를 구성하는 보이지 않는 기본 단위이다. 원자들이 화학 결합해서 우주의 모든 물질을 만드는 것처럼 소수도 곱셈이라는 방법으로 결합해서 자연수라는 우주를 구성하는 모든 수를 만든다.

예를 들어 24는 소수가 아닌 자연수로, 더는 나뉘어지지 않는 소수들이 곱셈이라는 방법으로 결합해 있다.

$$24 = 2 \times 2 \times 2 \times 3$$

실제로 자연수는 모두 소수의 곱셈으로 나타낼 수 있다. 작은 소수부터 차례로 적어나간다면, 소수의 곱으로 나타낸 그 수의 표현은 오직 한 가지이다.

자연수 전체 집합을 만들려면 1과 전체 소수 집합이 필요하다.• 소수가 하나라도 빠지면 1보다 큰 모든 자연수를 만들 수 없다. 예를 들

• 소수도 자연수이다. 하지만 자연수가 모두 소수는 아니라는 사실을 명심하자.

어 소수 5를 소수 목록(나누어떨어지지 않는 가장 작은 개별 자연수의 목록)에서 제거하면, 목록 속 수끼리 아무리 곱셈을 해도 숫자 5를 만들 수 없다. 게다가 5가 없으면 10, 15, 20, 25, …도 만들 수 없다. 소수가 아닌 자연수를 모두 만들려면 1과 전체 소수가 필요하다. 소수의 집합은 자연수 집합을 만들 수 있는 가장 작은 기본 단위의 집합이다.

자연수의 세계에서 소수는, 물질의 세계에서 원자와 같은 역할을 한다고 했다. 따라서 소수의 개수가 무한한지 유한한지를 고민할 때 원소 주기율표를 참고할 수 있다. 한 원소는 전적으로 한 가지 원자로 구성되어 있다. 원소 주기율표에는 118개 원소가 있는데, 이 원소들이 다양한 화학 결합에 참여해 우주를 구성하는 (암흑 물질이 아닌) 모든 물질을 만든다.• 코끼리는 원소 주기율표에 없지만 코끼리를 구성하는 재료는 모두 원소 주기율표에 있다. 공기, 훌라후프, 연필, 혈액, 행성, 애벌레, 콧물, 블랙홀, 자동차 같은 우주의 다른 모든 물체를 만들 때도 주기율표에 있는 원소들이 필요하다. 정말 경이로운 사실이다. 안 그런가? '이 세상을 구성하는 모든 물질'이 어마어마하게 많다는 사실을 생각해보면 118개(조금 더 많을 수도 있다)라는 원소의 수는 전혀 많지 않다. 원자와 소수가 비슷한 역할을 한다는 걸 생각해보면 주기율표의 원소 개수가 그렇듯이 소수의 개수도 유한하지 않을까 조심스럽게 추측할 수 있을 것 같다. 그러나 수학자들은 의견

• (현재 원자론을 유지하는 한에서) 몇 가지 원소가 더 필요하다고 하는 양자 역학 모형도 있다. 원소 수는 여전히 유한하다.

이 다르다. 그들은 소수의 개수가 무한하다고 할 것이다.

하지만 수학자들의 말을 아무 의심 없이 믿으면 안 된다. 소수의 개수가 무한하다는 주장을 아무런 반론 없이 그대로 받아들이면 그 주장을 뒷받침하는 근거를 고민해볼 기회를 얻을 수 없다. 그러니까 반론을 제기해보자. 반론을 제기했을 때 나올 수 있는 가장 나쁜 결과는(사실은 전혀 나쁘지 않다) 그 문제를 훨씬 깊이 생각해볼 수밖에 없다는 것이다. 반론을 제기했을 때 나올 수 있는 가장 좋은 결과는 (정말로 아주 좋은 결과이다) 이 문제를 아주 깊이 생각해보고, 잘못 생각했던 부분을 분명하게 바로잡을 수 있다는 것이다.

수학자들은 언제나 서로의 주장을 반대하면서 논쟁을 벌인다. 논쟁을 어찌나 좋아하는지 수학자들은 논증을 통해 증명하는 방법에 '귀류법proof by contradiction'이라는 이름까지 붙였다. 소수의 개수가 무한하다는 주장을 뒷받침하는 가장 유명한 논증법은 '소수의 개수는 유한하다'라는 가정으로 출발한다. (실제로는 소수의 개수가 무한하다는 것을 잊으면 안 된다!) 다음 예는 수학자가 깔끔하게 고민을 끝내고 대중에게 그 사실을 알리기 위해 쓴 증명이 아니라, 증명을 발전시켜나가면서 자신과 마음속으로 벌인 논쟁의 과정이다. *기울인 글씨*는 수학자의 생각이다. **굵은 글씨체**는 수학자의 감정이 격해졌다는 뜻이다. **고딕체**는 진짜로 소리를 내어 고함을 지른 것이다. 밑줄 친 글씨는 수학자의 마음이 차분해졌다는 뜻이다.

주장: 소수의 개수는 무한하다.

귀류법:

소수의 개수가 무한하다는 주장을 믿을 수 없어!

나는 소수의 개수가 유한하다는 세계관을 계속 밀고 나갈 거야!

소수의 개수는 유한하니까 이 세상에는 가장 큰 소수가 있어야 해.

그 소수를 P라고 부르자.

잠시 혼자서 놀면 좋을 것 같아.

P보다 더 큰 N이라는 수가 있다고 가정하면 어떤 일이 벌어질까?

N은 P보다 크고, P는 가장 큰 소수니까, N은 소수일 수 없어.

P보다 크다고 내가 분명하게 확신하는 특정한 N을 가지고 잠시 놀아봐야겠다.

$N=(2\times3\times5\times7\times\cdots\times P)+1$이라고 생각해보자.

그러니까 N은 모든 소수를 곱한 값보다 1만큼 더 큰 거야.

N은 분명히 P보다 큰 거지. 내가 일부러 그렇게 설정한 거야.

N은 절대로 소수가 아니라는 사실을 잊으면 안 돼.

N은 소수가 아니니까 반드시 N보다 더 작은 소수로 분해할 수 있어야 해.

N보다 작은 소수의 집합은 2, 3, 5, 7 … P가 될 거야.

소수 2로 N을 나눌 수 있을까?

2로 $(2\times3\times5\times7\times\cdots\times P)$ 부분은 나눌 수 있지만 '+1' 부분은 나눌 수가 없으니까 N은 소수 2로 나눌 수 없어.

소수 3으로 N을 나눌 수 있을까?

3으로 $(2\times3\times5\times7\times\cdots\times P)$ 부분은 나눌 수 있지만 '+1' 부분은 나눌 수가 없으니까 N은 소수 3으로 나눌 수 없어.

5도 7도, 나머지 모든 소수도 위와 마찬가지 이유로 N을 나눌 수 없어.

따라서 N은 소수인 약수가 하나도 없는 거야.

그렇다면 N은 분명히 소수일 수밖에 없는 거야.

아니, 아니야! *맨 처음에 N은 분명히 소수가 아니라고 가정했잖아!*

N이 소수가 아니면서 소수일 수는 없다는 건 ***분명히*** *알고 있다고!*

그렇다면 내가 추론을 세울 때 실수한 게 분명해(**아이고야!**).

다시 내 추론을 찬찬히 살펴보면서 어디서 실수했는지 찾아봐야겠어.

하지만 내가 한 추론은 단 하나뿐인걸. '소수의 개수는 유한하다' 말이야.

이런! 그렇다면 내가 세운 추론은 틀린 게 분명해. 그 추론이 옳다면 N은 소수이면서 동시에 소수가 아니라는 미친 진술을 할 수밖에 없을 테니까.

다시 처음으로 돌아가서 틀린 추론을 바로잡아야 해. ***바보처럼 보일 수는 없어!***

처음 추론이 틀렸다면 맞는 추론은 '소수의 개수는 반드시 무한하다'일 거야.■

아, 이제 소수의 개수는 무한하다는 사실을 알겠어.

구불구불 돌아왔지만 스스로 진리에 이르는 길을 찾아낸 거야.

이제는 소수의 개수가 무한하다는 사실을 **정말로** 믿어!

이제는 마음이 차분해진 것 같아. 아니, 기분이 좋아졌어.■

소수의 개수는 무한해.

정말로 만족스러운 지적 여행이었어!

물론 수학자들은 증명을 글로 쓸 때 '아니, 아니야!'나 '이런!' '바보처럼 보일 수는 없어!' 같은 말은 쓰지 않는다. 그런 중얼거림은 모두 빼버리고 자기보다 앞서 수학을 연구한 모든 수학자에게 경의를 표하기 위해 '나' 대신에 '우리'라는 표현을 쓴다. 하지만 정돈하지 않고 정신없이 마구 적은 위 증명을 보면, 반박을 통해 좋은 증명을 끌어낼 수 있음을 알 수 있다. 미친 추론이 우리를 어디로 데려가는지 확인하자. 격렬하게 논쟁하자. 잘못된 방향으로 갔다면 다시 길이 어긋난 곳으로 돌아가서 옳은 방향을 향해 꾸준히 앞으로 나가면 된다. 수학자가 책상에서 하는 일은 화가가 작업실에서 하는 일만큼이나 정신없다. 초기 단계의 평정심은 과대평가되었다. 수학을 공부할 때도 인생을 살아갈 때도 반론을 제기하자. 당신의 열정이 당신을 앞으로 나가게 해줄 것이다.

문제 28 소수가 아닌 수는 무한히 있을까? 이 질문에 답하고 그렇게 답한 이유를 설명해보자.

29장

되도록 협력하자

게임 이론

수학의 한 분야인 게임 이론game theory에서 '게임'이란 의사 결정자들이 주고받는 전략적 상호 작용을 뜻한다. 유명한 게임 이론으로는 '죄수의 딜레마'가 있다. 당신은 공범과 함께 은행에 돈을 훔치러 갔다. 은행에서 돈을 가지고 나온 당신은 은행 밖에 있는 쓰레기통에 돈을 숨긴 후 차를 타고 전속력으로 도망갔다. 하지만 얼마 못 가 잡혀서 경찰서에 끌려왔다. 공범도 붙잡혀왔지만, 경찰은 두 사람을 각각 다른 방에 넣었기 때문에 만날 수 없다. 두 사람 모두 총을 들고 있었기 때문에 불법 무기 소지죄로 기소될 것이다. 경찰은 두 사람이 은행 강도라고 보지만 증거가 충분하지 않기 때문에 두 사람이 자백하지 않는 한 은행 강도로 기소할 수 없다. 경찰은 각기 다른 방에 있는 두 사람에게 각각 다음과 같은 제안을 했다.

• 당신과 공범이 모두 범죄를 자백하면, 불법 무기 소지죄와 은행 강도죄로 기소하되 두 사람 모두 2년만 복역할 수 있게 감형해 준다.
• 두 사람 가운데 한 명만 자백하면, 범죄를 자백한 사람은 감옥에 가지 않고 범죄를 자백하지 않은 사람은 불법 무기 소지죄와 은행 강도죄로 3년 복역해야 한다.
• 두 사람 모두 자백하지 않는다면, 충분한 증거가 없으므로 은행 강도죄로는 기소할 수가 없다. 따라서 두 사람은 무기 소지죄로만 1년을 복역한다.

경찰이 제시한 조건을 다음과 같은 표로 정리할 수 있다.

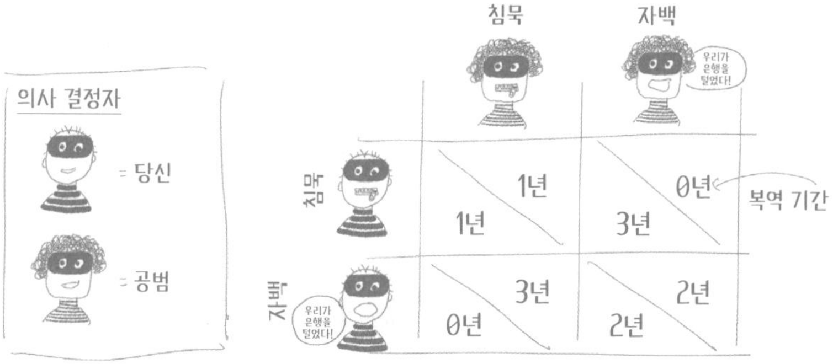

공범이 당신에게 유리하게 행동하리라고 확신할 수 없으니 당신의 목표는 복역 기간을 최소로 줄이는 것이다. 그 목표를 달성하려면 범죄 사실을 자백해야 할까, 침묵을 지켜야 할까?

공범과는 대화할 수 없으니까 당신은 공범의 결정을 추측할 수밖에 없다. 공범이 침묵을 택한다면 당신은 어떤 결정을 내려야 할까?

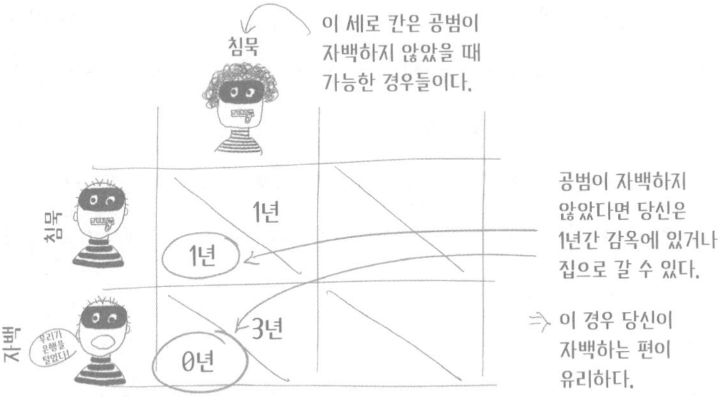

공범이 자백하지 않는다면, 당신은 (침묵할 경우) 1년 동안 감옥에 가거나 (자백할 경우) 집으로 돌아갈 수 있다. 따라서 공범이 자백하지 않는다면 당신은 자백하는 게 좋다.

공범이 자백했다면 당신은 어떻게 해야 할까?

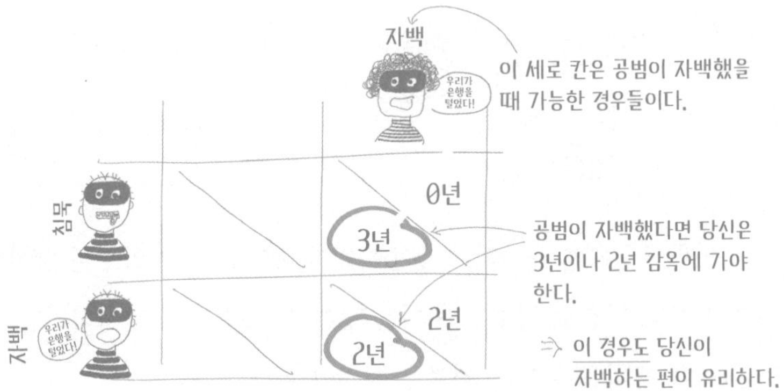

공범이 자백했다면, 당신은 (침묵할 경우) 3년간 감옥에 가거나 (자백할 경우) 2년간 감옥에 가야 한다. 따라서 공범이 자백했다면 당신도 자백하는 게 좋다.

공범의 결정(침묵할 것이냐, 자백할 것이냐)에 상관없이 공범과 상의할 수 없을 때는 무조건 자백을 하는 편이 좋다. 공범도 복역량을 줄이는 것이 목표일 테니까 당신과 비슷한 논리를 펼치고 비슷한 결정을 할 것이다. 따라서 공범도 자백할 가능성이 크다. 두 사람 모두 자백한다면 두 사람 모두 2년 동안 감옥에 있어야 한다.• 죄수의 딜레마가 재미있는 이유는, 독립적이고도 개별적인 결정이 최적의 결정이 아니라는 데 있다. 두 사람에게 상의할 기회가 있었다면 두 사람 모두 침묵을 택해서 복역 기간을 2년이 아니라 1년으로 줄였을 테니까 말이다.

죄수의 딜레마는 실생활에도 충분히 적용할 수 있는 게임 이론이다. 사람도 조직도 국가도, 외교·경제·정치적 협상을 할 때 서로 협력하는 것이 현명하다. 두 강대국이 핵무기 감축 협상에 동의하지 않는다면 서로 협력할 때보다 훨씬 나쁜 결과가 생길 것이다. 수학을 공부하거나 인생을 살아갈 때도, 무조건 혼자 하겠다고 고집을 부리기보다 협력했을 때 훨씬 나은 결과로 이어질 가능성이 커진다.

• 게임 이론에서는 이런 상황을 '내시 균형Nash equilibrium'으로 설명한다. 이를 제안한 미국의 수학자 존 내시John Nash는 노벨 경제학상 수상자로, 그를 모델로 영화 「뷰티풀 마인드A Beautiful Mind」가 만들어지기도 했다. 서로 협력할 수 없는 게임에서의 내시 균형이란 2명 이상의 참가자가 여러 선택지 가운데 하나를 선택해야 할 때 다른 참가자들의 전략을 알게 된다고 해도 자신의 전략을 바꿀 이유가 없는 상태를 의미한다.

문제 29 제2차 세계 대전이 끝난 후 미국과 소련은 냉전을 치르기 시작했다. 냉전은 의사 결정자들 간의 전략적 상호 작용과 관련이 깊으므로 여러 라운드가 존재하는 수학 게임에 비유할 수 있다. 냉전 게임의 규칙은 다음과 같다.

- 한 라운드에서 두 나라 가운데 한 나라가 핵무기를 사용하고 다른 나라는 사용하지 않았다면, 이 라운드는 핵무기를 사용한 나라가 이긴다.
- 한 라운드에서 두 나라가 모두 핵무기를 사용했다면, 이 라운드는 두 나라가 모두 진다.
- 한 라운드에서 두 나라가 모두 핵무기를 사용하지 않는다면, 그 라운드는 두 나라가 모두 이긴다.
- 한 라운드에서 한 나라가 핵무기를 사용하면 그다음 라운드에서는 다른 나라가 핵무기를 사용한다.

이제 두 나라의 승패를 가르는 표를 만들어보자. 두 나라는 각각 정해진 횟수(정확히 얼마인지는 모른다)만큼 패배하면 완전히 파괴된다. 두 나라가 서로 협력하지 않는다면 이 게임은 어떻게 끝날까? 두 나라가 협력한다면 이 게임은 어떻게 끝날까?

30장

사람들이 가지 않은 길을 찾아보자

조르당 곡선 정리

시인 로버트 프로스트Robert Frost가 「가지 않은 길The Road Not Taken」을 썼을 때, 그의 마음속에는 조르당 곡선 정리Jordan Curve Theorem가 있었는지도 모른다.

> 숲에는 두 갈래 길이 나 있었고 나는
> 사람들의 발길이 적은 곳을 택했다
> 그리고 모든 것이 바뀌었다[44]

조르당 곡선 정리는 단순하게 닫힌 곡선(단일 폐곡선)에 관해 진술하는데, '발길이 적은' 곡선을 다룰 때 그 진가가 가장 잘 드러난다. 곡선은 평면 위에 있는 (곧게 뻗어 있을 수도 있고 구불구불할 수도 있는)

선으로 시작점과 끝점이 있다. 다음 경로들에서 A는 시작점이고 B는 끝점이다.

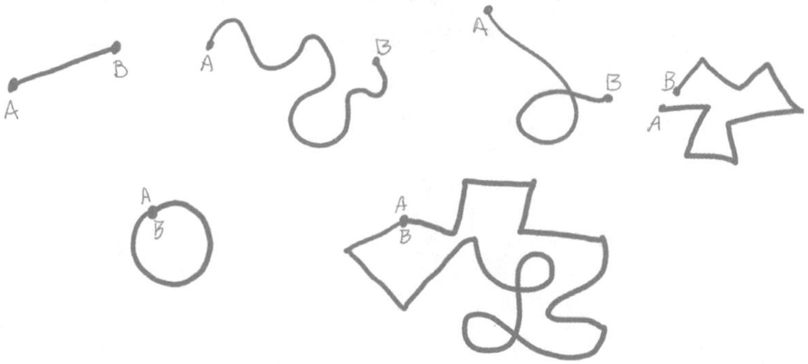

단일 곡선simple curve은 자기 자신을 교차하지 않는 곡선이다. 시작점과 끝점이 같을 수도 있다.

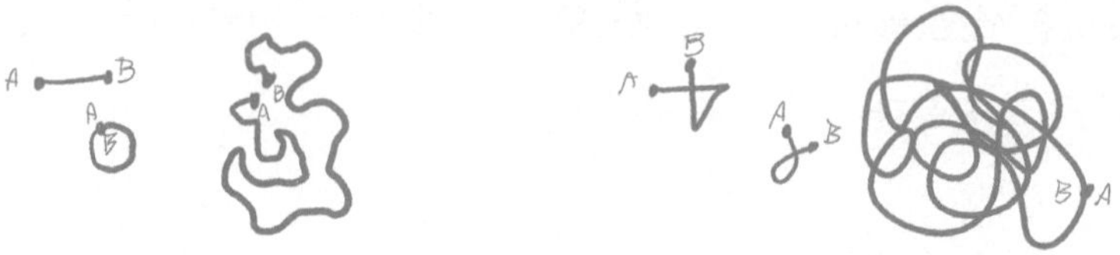

단일 곡선 A부터 B까지 이어지는 비단일 곡선

폐곡선closed curve은 시작점과 끝점이 같은 곡선이다. 고리는 폐곡선이고, 바람에 이리저리 움직이거나 쭉 뻗어 있는 끈은 비폐곡선이다. 곡선은 단일 폐곡선, 단일 비폐곡선, 비단일 폐곡선, 비단일 비폐곡선으로 나뉠 수 있다.

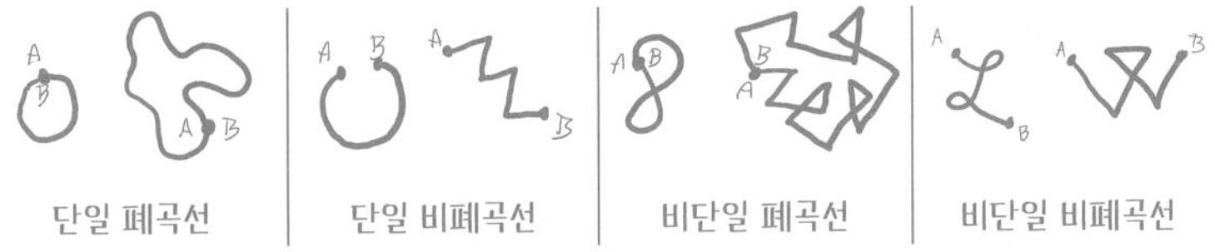

조르당 곡선 정리에 따르면 평면 위에 있는 단일 폐곡선은 모두 평면을 '안'과 '밖'으로 나눈다. 단일 폐곡선이 바로 그 평면의 안과 밖을 나누는 경계이다.

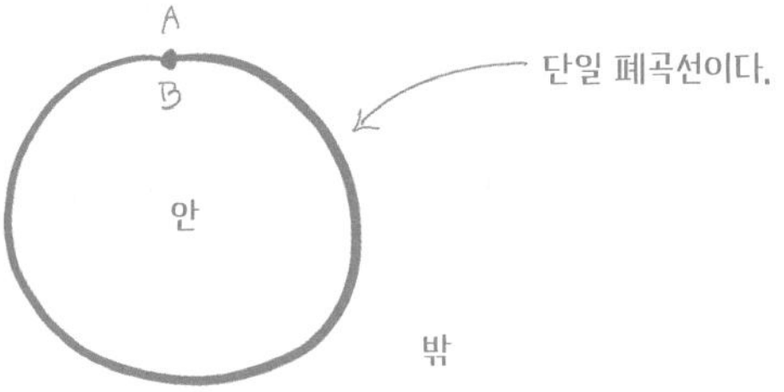

이 진술은 그다지 대단해 보이지 않는다. 단일 폐곡선의 모양이 '쉽거나' '명백해' 보일 때는 특히 그럴 것이다.

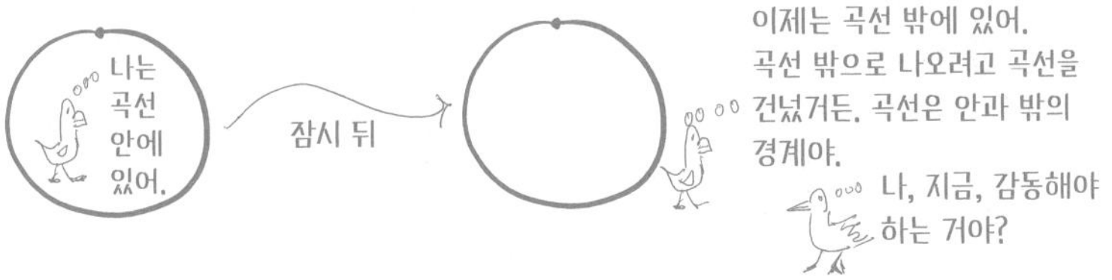

가끔은 곡선 안에 있는지 밖에 있는지를 결정하는 것이 조금 힘들 때도 있다. 다시 말해서 '안'과 '밖'이 어디인지도 제대로 파악하기 힘

든 곡선들이 있다.

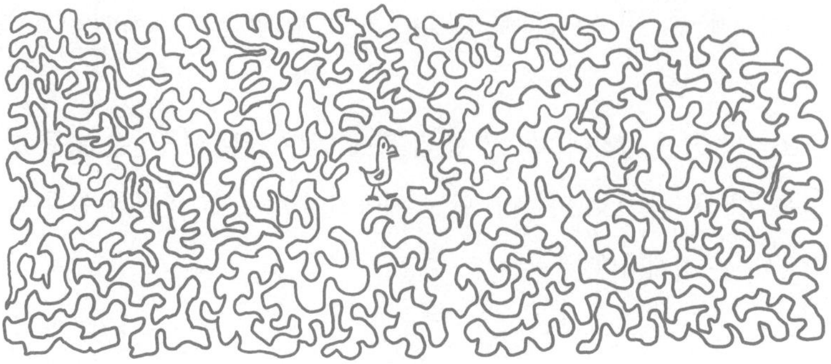

오리는 곡선 안에 있을까, 밖에 있을까?

한 점이 단일 폐곡선 안에 있는지 밖에 있는지를 확인하려면 먼저 그 점과 단일 폐곡선 밖에 있는 점을 잇는 선을 그려야 한다.

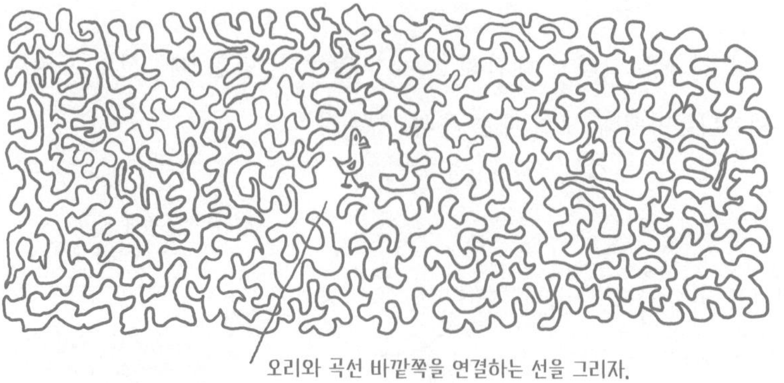

오리와 곡선 바깥쪽을 연결하는 선을 그리자.

그리고 그 선과 곡선이 만나는 교차점의 횟수를 세어야 한다. 선과 곡선의 교차점이 홀수라면 당신은 곡선 안에 있고 짝수라면 곡선 밖에 있는 것이다. 이제 구불구불한 곡선 사이에 서 있는 오리를 확대해보자.

그림을 확대하면 선이 곡선을 7번 지나간다는 사실을 알 수 있다. 따라서 오리는 곡선의 안에 있다.

비폐곡선은 2차원 평면을 안과 밖이라는 두 부분으로 나누지 못한다는 사실에 주의하자.

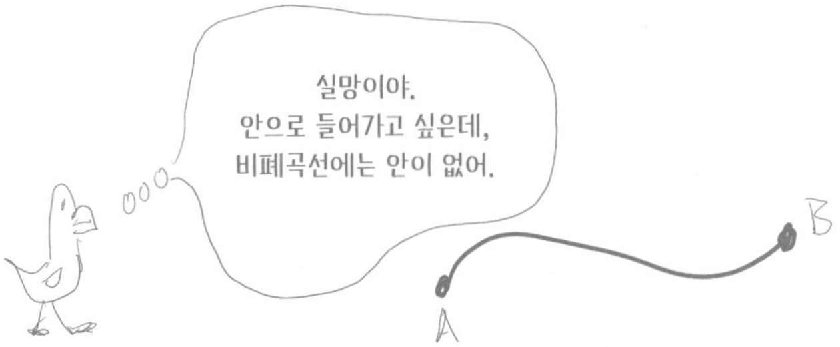

조르당 곡선 정리는 명확해 보이지만, 평범한 곡선을 다룰 때만 그렇다. 조르당 곡선 정리의 진가는 수학자들이 '병리적pathological' 곡선

이라고 부르는 곡선에도 적용할 수 있다는 데 있다. 병리적 곡선에는 수학자들이 '단정한 well-behaved' 곡선이라고 부르는 곡선의 특징이 없다. 예를 들어, 단정한 폐곡선은 길이가 유한하며 유한한 면적 내에 존재한다. 따라서 너비가 없으면서도 정해진 면적을 채우는, 공간 채움 폐곡선 closed, space filling curve•은 병리적 곡선이다. 공간 채움 단일 폐곡선을 그려보면 조르당 곡선 정리가 더는 명백해 보이지 않는다. 공간 채움 곡선은 그 이름처럼 전체 공간을 가득 채우기 때문에 전혀 곡선처럼 보이지 않는다.

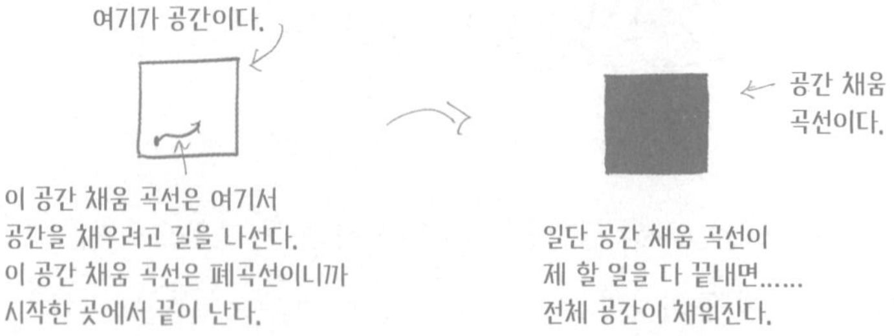

조르당 곡선 정리가 보장하는 '안'과 '밖'은 어디일까? 공간 채움 곡선은 어떤 식으로 두 부분을 나누는 경계가 될까?

• 공간 채움 곡선은 44장에서 자세하게 살펴볼 것이다.

단정한 곡선은 보통 매끈하므로, 뾰족한 삼각형이 무수히 많은, 눈송이처럼 보이는 아래의 코흐 눈송이•는 단정한 곡선 같지 않다. 아래는 코흐 눈송이를 설명하려고 내가 최선을 다해 그린 그림이다. 하지만 실제 코흐 눈송이는 내가 그린 그림과 달리 뾰족한 삼각형의 꼭짓점이 셀 수 없을 만큼 많은 곡선이니까, 그 모습을 상상하면서 '보아야' 한다.

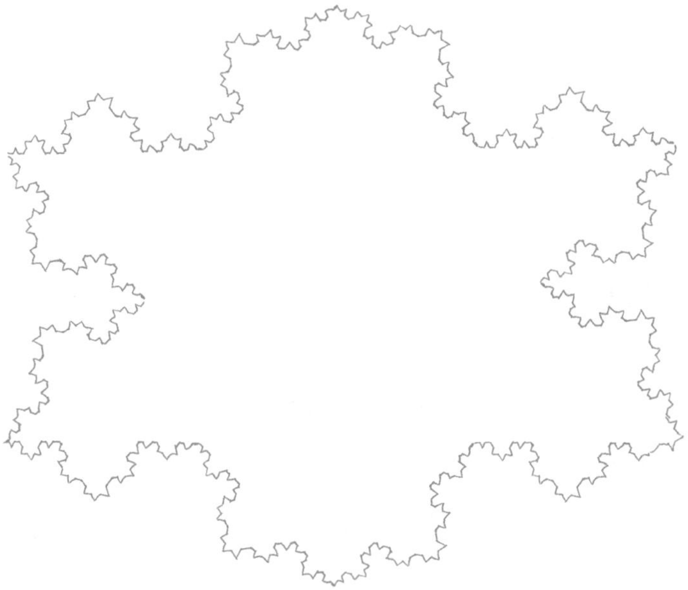

곡선을 '안쪽' 지역이라고 할 수 있는 부분과 '바깥쪽' 지역이라고 할 수 있는 부분으로 대략 나누면 코흐 눈송이를 조금 더 쉽게 이해

• 코흐 눈송이는 45장에 나오는 코흐 곡선 여러 개로 만든다.

할 수 있을지도 모르겠다. 문제는 곡선에 아주 가까운 삼각형의 꼭짓점들을 그런 식으로 나누기가 쉽지 않다는 것이다. 계속 코흐 눈송이의 가장자리에 삼각형을 그려나가다 보면 곡선에 아주 가까운 점들은 번갈아 가면서 안과 밖에 있는 것처럼 보인다. 곡선에 가까운 점이 곡선 안에 있는지 밖에 있는지를 어떻게 확신할 수 있을까?

수학을 공부할 때도 인생을 살아갈 때도 우리는 매일 어느 길로 갈 것인지를 선택해야 한다. 로버트 프로스트는 「가지 않은 길」에서 두 길 가운데 한 곳을 선택해야 한다는 사실을 안타까워했다.

> 두 길을 모두 갈 수 없음에 아쉬워하며
> 한 명의 여행자가 되어, 오랫동안 서서
> 낮은 숲길로 꺾여 들어가는 길을
> 가능한 한 멀리 바라보았네.[44]

결국 프로스트는 '무성한 풀이 닳아지기를 바라는' '사람들이 많이 걷지 않은' 길을 택한다. 어쩌면 그 길은 어디가 안이고 밖인지를 알지 못할 정도로 짙고 무성한 어두운 숲으로 프로스트를 이끌 수도 있다. 코흐 눈송이의 끝없는 무수한 가장자리처럼, 프로스트가 택한 길은 경계가 어디인지도 모르게 풀이 무성하게 자라고 있을지도 모른다. 정말 그렇다면, 그리고 그가 가는 길이 닫힌 길이었다면, 프로스트는 이 세상에는 안과 밖이 있고, 경계도 있다고 확언하는 조르당 곡선 정리에 적어도 은유적으로 위로를 받을 수 있었을 것이다.

수학을 공부할 때나 인생을 살아갈 때 선택의 순간이 오면 사람들이 많이 가지 않은 길을 선택해보자. 독특한 흥미로움을 추구하거나 자신이 선택한 주제에 몰두하는 사람들에게서 배워보고, 오래전에 다 끝냈다고 생각한 주제를 다시 살펴보자. 사람들이 많이 가지 않는 길을 택했기에 모든 것이 바뀔 수도 있다.

문제 30 다음 곡선들은 조르당 곡선 정리가 성립할까? 성립한다면 오리가 곡선 안에 있는지, 아니면 밖에 있는지 대답해보고, 성립하지 않는다면 그 이유를 설명해보자.

31장

탐구하라

황금 사각형

자연에는 수학 패턴이 존재한다고들 한다. 그 말의 진짜 의미는 무엇일까? 조개가 수학 프로그램을 이용해서 아름다운 껍데기를 스스로 만들어낸다는 뜻일까? 아니면 이미 존재하는 조개껍데기 위에 수학자들이 수학 구조를 덧씌운다는 뜻일까? 어느 쪽이 진실인지는 모르지만, 조개가 우리에게 답을 해주지 않으리라는 건 분명하다. 그러니까 수학자가 직접 어느 쪽이 진실인지 탐구해야 한다. 수학자들은 '탐구한다'라는 말 대신 '논다'라고 표현하기도 한다. 논다는 건 지나치게 목표에만 집착하지 않는다는 뜻이다. 특별한 목적 없이, 되는 대로 탐구하다 보면 뜻하지 않은 발견을 하기도 한다. 수학계를 깜짝 놀라게 할 발견이든, 자기 자신을 놀라게 할 발견이든, 새로운 발견은 경이로운 행복과 만족을 안겨줄 것이다.

예를 들어, 직사각형을 탐구한다(가지고 논다)고 해보자. 이런 계획이 있으면 제약 없이도 탐구의 방향이 생겨난다. 직사각형을 가지고 놀다 보면 직사각형의 가로와 세로 비율이 다양하다는 사실을 알게 된다. 어째서 가로와 세로 비율을 신경 쓰냐고? 특별한 이유는 없다. 그저 직사각형의 가로와 세로의 비율을 고민하는 것도 직사각형을 가지고 노는 한 가지 방법이 될 수 있다는 것 외에는 말이다. 우리가 할 일은 그저 노는 것임을 기억해야 한다. 우리는 특별한 목표를 추구하지 않는다. 그저 다양한 직사각형을 가지고 가로와 세로 비율을 탐구해볼 뿐이다.

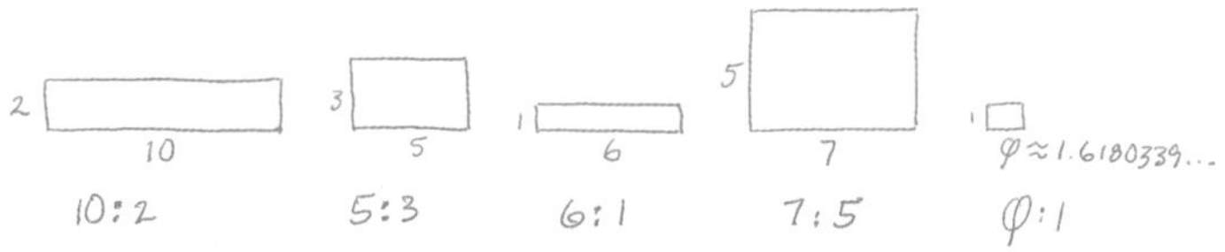

무언가를 탐구할 때는 다양한 예를 살펴보는 게 좋다. 여기, 황금 사각형golden rectangle이라고 알려진 직사각형을 비롯해 가로와 세로의 비가 다양한 직사각형들을 그려봤다. 황금 사각형은 두 변의 비가 φ:1인 직사각형으로, 이 비율을 황금비라고 한다. 그리스 문자로 '피(영어로는 '파이')'라고 읽는 φ의 값은 대략 1.6180339…이다. 수학을 탐구할 때는 평범한 예들과 함께 특별하거나 특이한 예를 살펴보는 것이 좋다.

직사각형을 가지고 놀다 보면 직사각형은 모두 내부에 짧은 변을 한 변으로 하는 정사각형을 담고 있음을 알게 된다. 앞에서 본 직사각형들은 다음과 같은 정사각형을 담고 있다.

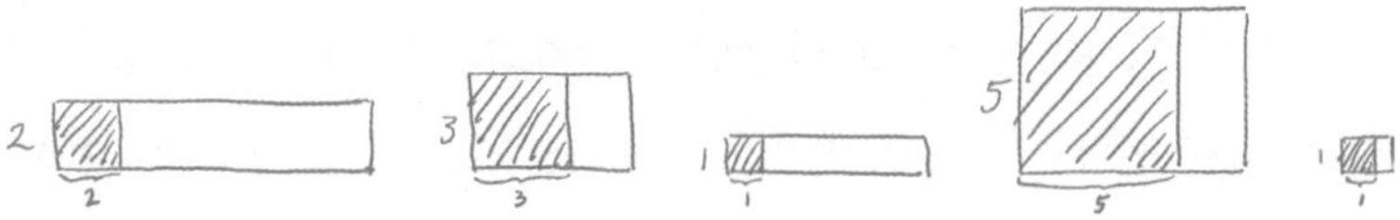

직사각형 내부에서 정사각형을 찾다 보면 정사각형을 제외한 나머지 부분에 또 다른 작은 직사각형이 있음을 알 수 있다. 위 직사각형 안에는 다음과 같은 작은 직사각형이 들어 있다.

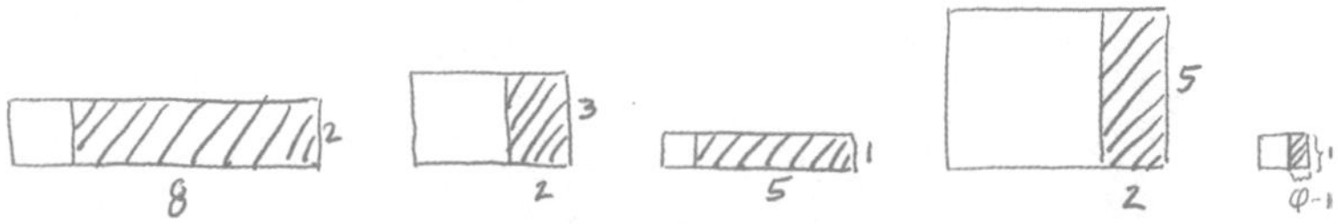

아마도 당신은 직사각형과 그 안에 든 작은 직사각형의 가로(여기서는 더 긴 쪽을 가로라고 하자)와 세로 비율을 확인해보고 싶을 것이다. 그 비율은 다음과 같다.

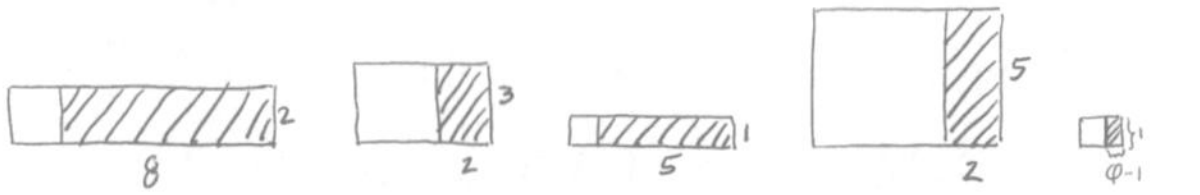

원래 직사각형의 가로:세로 비	10:2	5:3	6:1	7:5	φ:1
작은 직사각형의 가로:세로 비	8:2	3:2	5:1	5:2	1:φ-1

첫 번째 직사각형의 가로 대 세로의 비율은 10 대 2이다. 이 비율은 $\frac{10}{2}$이나 $\frac{5}{1}$라고 표현할 수도 있다. 이 직사각형 안에 있는 작은

직사각형의 비율은 8 대 2이다. 이 비율은 $\frac{8}{2}$, 즉 $\frac{4}{1}$라고 표현할 수도 있다. 이번 탐구에서는 10×2 직사각형과 8×2 직사각형의 가로와 세로 비율이 같지 않다는 사실에 주목해야 한다. 5×3, 6×1, 7×5 직사각형과 각 직사각형 안에 있는 작은 직사각형의 비율도 서로 같지 않다.

그런데 황금 직사각형은 다르다. $\varphi \times 1$ 직사각형은 그 안에 있는 작은 직사각형과 비율이 같다.

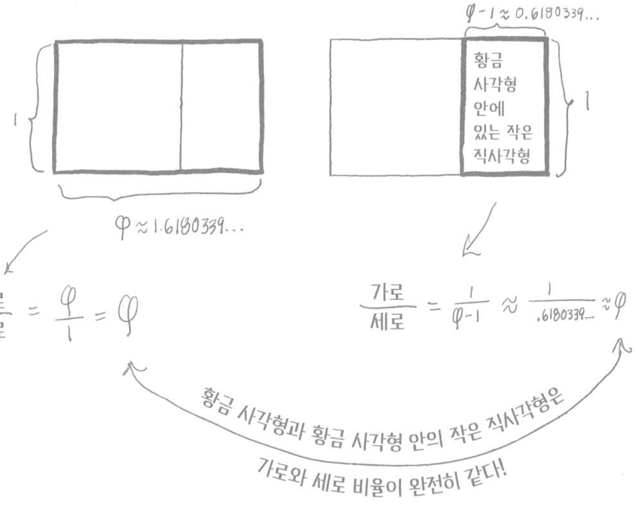

다른 모든 직사각형과 달리 황금 사각형과 그 안에 있는 작은 직사각형의 가로와 세로 비율은 같다. 그건 황금 사각형 안에 있는 작은 직사각형도 황금 사각형이라는 뜻이고, 황금 사각형 안에 있는 작은 직사각형 안에 들어 있는 더 작은 직사각형도 황금 사각형이라는 뜻이다. 황금 사각형 안에는 황금 사각형이 끝도 없이 들어 있다.

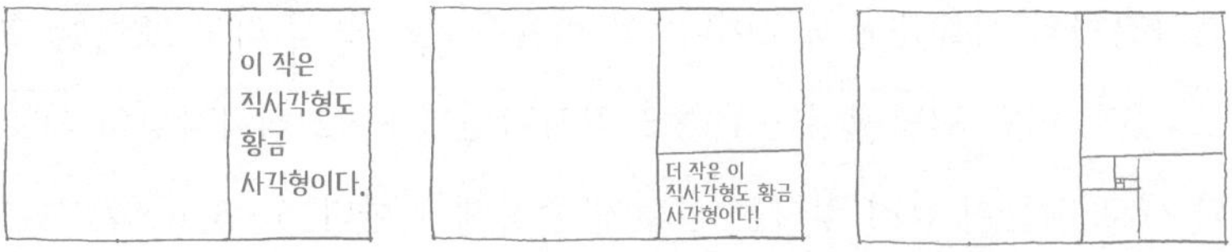

더 작은 황금 사각형이 계속해서 있다.

탐구를 하다가 흥미로운 사실을 발견하면 그 내용을 조금 더 깊게 파고들어보자. 자신만의 방법으로 황금 사각형을 만들 수 있게 되면 황금 사각형이 어떤 도형인지를 훨씬 잘 알게 될 것이다. 처음에 모든 직사각형 속에는 정사각형이 들어 있다는 사실을 가지고 탐구했으니, 이번에는 정사각형을 가지고 시작해도 좋을 것 같다.

황금 사각형을 만들려면 정사각형에 길을 하나 추가해야 한다. 직사각형을 만들기 위해 정사각형의 밑변에서 연장되는 선을 하나 긋는 것이다.

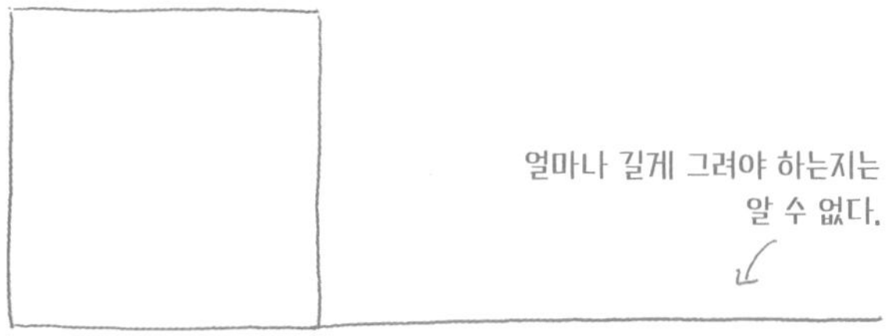

이제는 황금 사각형의 끝점을 결정할 방법을 알아내야 한다. 몇 번의 실패 끝에 당신은 정사각형의 밑변의 한가운데 점을 찍기로 했다. 컴퍼스가 없으니까 압정과 치실과 연필을 가지고 그릴 것이다.

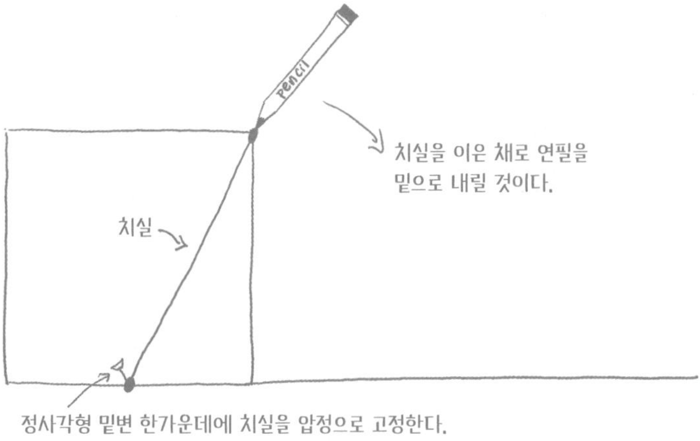

정사각형 밑변 한가운데 압정을 꽂자. 오른쪽 모서리에는 연필을 놓고 치실로 압정과 연필을 연결한다. 그다음에는 치실에 연결된 연필을 그대로 밑변에서 연장한 선 위로 내린다.

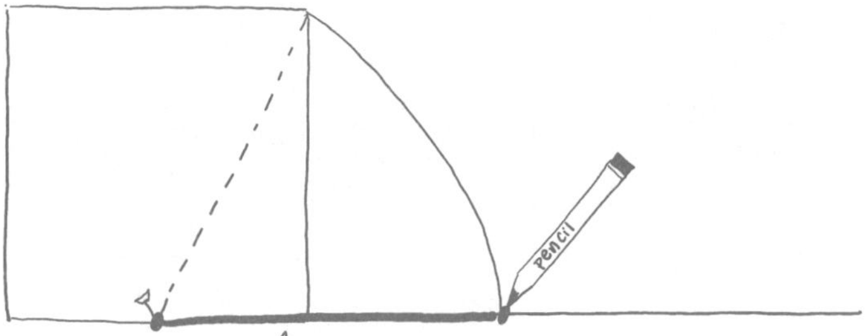

연필이 그린 호가 밑면의 연장선과 만나는 점부터 그 너머에 있는 선은 모두 지우자. 처음 그린 정사각형의 한 변의 길이가 1이라면 이제 그릴 직사각형 밑변의 길이는 $\varphi = 1.6180339\cdots$임을 알 수 있다(이 결과를 얻기 전에 여러 번 시행착오를 겪었다는 걸 잊으면 안 된다. 가끔은 이런 식으로 운이 도와주기도 한다). 이제 나머지 선을 그어서 황금 사각형을 완성하면 된다.

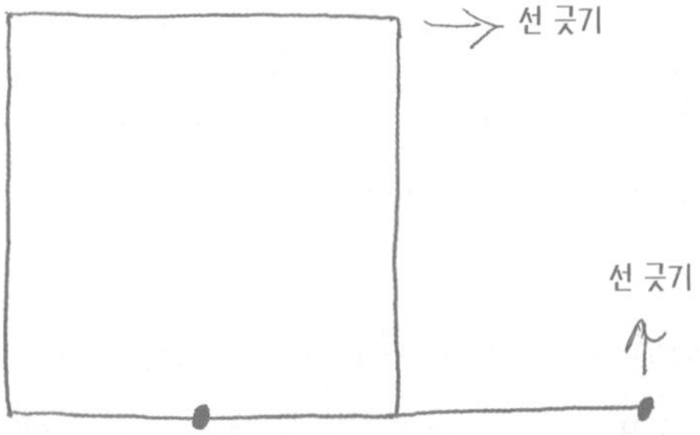

이제 우리는 황금 사각형 그리는 방법을 알게 됐다.

황금 사각형

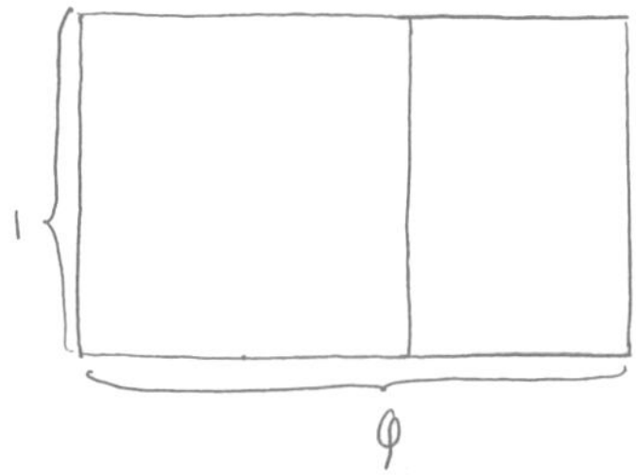

계속 황금 사각형을 가지고 놀면서 더 작은 직사각형, 그보다 더 작은 직사각형을 계속 그릴 방법을 찾아보자.

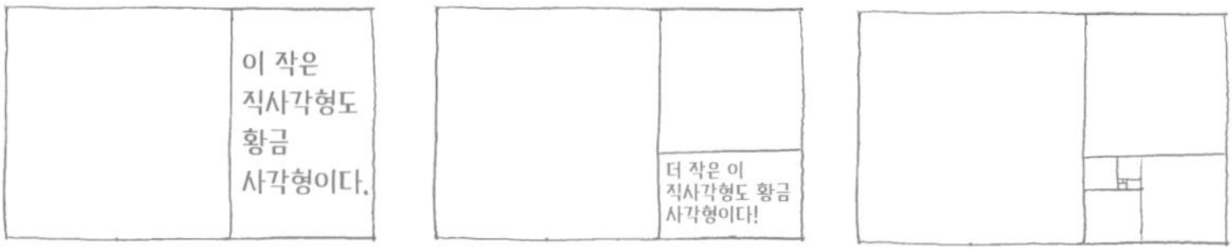

더 작은 황금 사각형이 끝도 없이 있다.

이제는 다시 신나게 놀아볼 시간이다! (그러니까, 탐구할 시간이다!) 당신은 문득 아까 그린 무한한 황금 사각형들 안에 사분원 호를 그려 넣었다.

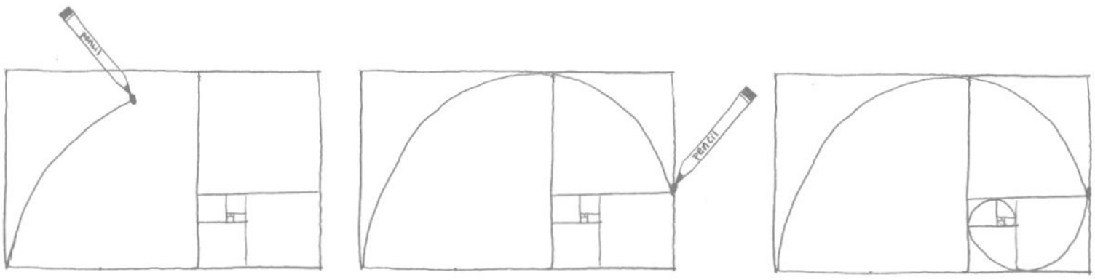

그리고 이 사분원들을 연결한 곡선을 황금 나선이라고 부르기로 했다(당신은 황금 나선이라는 이름이 이미 있다는 사실을 몰랐다. 이 나선은 당신이 문득 생각나서 그린 곡선이고, 황금 사각형 안에 그린 곡선이기 때문에 황금 나선이라는 이름이 적절하다고 생각한 것뿐이다). 갑자기 당신의 뇌에서 생각들이 쏟아져 나와 연필로 들어갔다. 당신은 황금 사각형이라는 틀을 지우면 황금 나선이 어떤 모습으로 남을지 궁금해졌다. 그래서 황금 나선이 아닌 나머지 선들을 모두 지웠다. 그리고서는 그냥 재미로 그런 건지, 예쁘게 꾸미고 싶어서 그런 건지는 알 수 없었지만 어쨌거나 황금 나선 안에 선을 몇 개 그려 넣었다.

갑자기 당신은 여섯 살 때 가족과 함께 갔던 해변으로 돌아간다. 큼직한 검은 점이 찍힌 수영복을 입고 녹아내리는 막대 아이스크림을 들고 있는 당신은 조개껍데기 하나를 보고 감탄한다. 해변에는 수천 개가 넘는 조개껍데기가 있었지만, 당신의 마음을 사로잡은 건 그 조개껍데기였다. 세상 모든 일은 수학과 인생을 탐구하는 것과 연결되어 있음을 이해한 당신은 말로는 표현할 수 없는 벅찬 기쁨을 느낀다.

문제 31 황금 삼각형은 짧은 변의 길이와 긴 변의 길이가 $1:\varphi$인 이등변 삼각형•이다. 세 내각의 크기가 72도, 72도, 36도인 삼각형은 황금 삼각형이다.

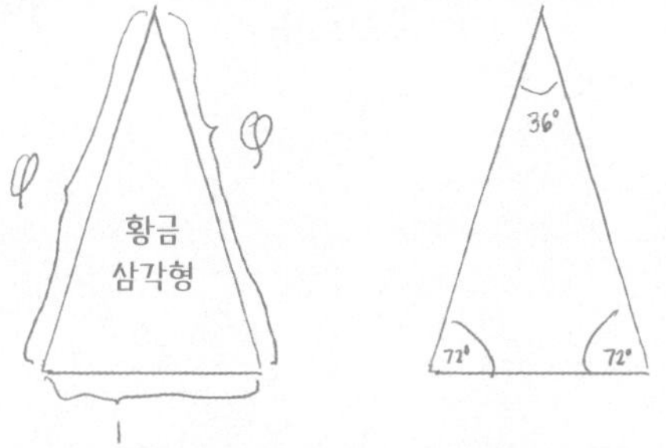

두 변의 길이는 φ이고 한 변의 길이는 1이다.

이 황금 삼각형의 세 내각은 36°, 72°, 72°이다.

황금 삼각형 내부에서 크기가 72°인 내각을 이등분하는 선을 그으면 황금 삼각형 내부에 존재하는 황금 삼각형을 그릴 수 있다.

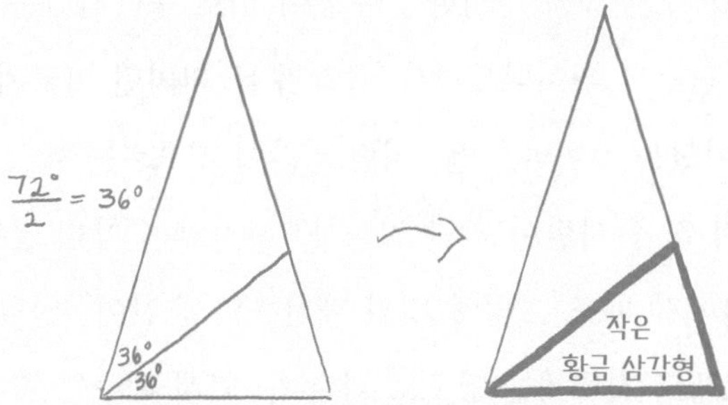

72°를 반으로 나누는 선을 그리면 작은 황금 삼각형이 나온다.

이제 이 황금 삼각형을 가지고 놀아보자. 황금 삼각형 안에는 작은 황금 삼각형이 몇 개나 있을까? 황금 삼각형을 가지고 황금 나선을 그릴 수 있을까?

• 두 변이 같고 두 각이 같은 삼각형이다.

32장

느려도 꾸준히 나아가자

조화급수

물에 들어간 자기 몸의 부피만큼 수면이 위로 올라간다는 사실을 깨닫고, 욕조 밖으로 뛰어나오면서 '유레카'를 외치던 아르키메데스는 엄청나게 기뻤을 것이다.• 번개처럼 영감이 떠오르는 깨달음의 순간을 사랑하지 않을 사람이 과연 있을까? 하지만 수학을 공부할 때도, 인생을 살아갈 때도 그렇게 멋진 깨달음의 순간이 늘 찾아오는 건 아니다. 그래도 결국에는 앞으로 나갈 수 있게 해주는 작은 발걸음의 힘을 과소평가하면 안 된다. 이런 작은 발걸음들이 오랫동안 쌓이면서 깊은 통찰력을 얻게 되는 거니까.

작은 발자국의 힘은 수를 무한히 더하는 경우를 생각해보면 깨달

• 아르키메데스와 욕조 이야기는 9장에 나와 있다.

을 수 있을지도 모르겠다. 혹시 나에게 당신이 영원히 살 수 있는지를 물어본다면, 제일 먼저 오늘 하루를 살고, 그다음 하루를 더 살고, 또 하루를 살고, 이런 식으로 한 번에 하루씩만 계속 더해가면서 산다면 이론적으로는 영원히 살 수 있다고 말해주고 싶다. 내 대답을 수학으로 표현하면 '1 + 1 + 1 + …'이라고 할 수 있을 것이다. '1'은 살아가는 하루를 뜻하고 '…'은 앞으로 더해질 날들을 뜻한다. 1을 더하는 과정은 1을 100만 번 더한 뒤에도, 10억 번 더한 뒤에도 멈추지 않고 계속될 것이다. 1을 무한히 더하면 그 합은 멈추지 않고 계속 커진다.

그런데 수를 무한대로 더하되, 하루 일부만을 나타내는, 그러니까 1의 일부인 분수를 계속 더하면 어떻게 될까? 그래도 영원히 살 수 있을까? 예컨대 하루로 시작해서 그다음 날은 하루의 절반을 더하고, 그다음 날은 하루의 4분의 1을 더하고, 그다음 날은 하루의 8분의 1을 더하는 식으로 계속 더하는 것이다. 앞항의 절반을 계속해서 더해가는 식이다. 이런 식으로 더하면 얼마나 오래 살 수 있을까? 이 덧셈 식은 다음과 같이 나타낼 수 있다.

$$1+\frac{1}{2}+\frac{1}{4}+\frac{1}{8}+\frac{1}{16}+\frac{1}{32}+\cdots$$

계속해서 양수를 더하지만, 더하는 수의 크기는 점점 더 작아진다. 점점 작아지면서 무한히 계속되는 분수의 항을 모두 더하면 합계는 얼마가 될까? 이 덧셈의 해답을 알기 위해 정사각형과 작은 직사각형들로 이루어진 커다란 직사각형을 생각해보자. 커다란 직사각형의 면적이 바로 이 더하기의 합이니까 말이다.

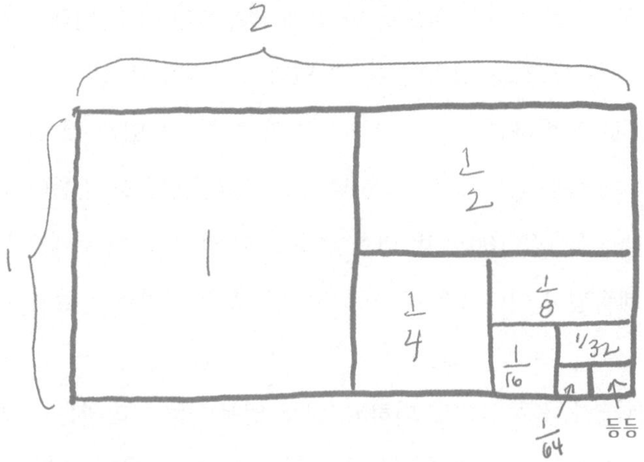

커다란 직사각형 안에 있는 모든 사각형을 더하면 다음 식이 된다.

$$1+\frac{1}{2}+\frac{1}{4}+\frac{1}{8}+\frac{1}{16}+\frac{1}{32}+\cdots$$

직사각형의 면적은 가로와 세로를 곱하면 알 수 있다. 그 방법이 무한히 계속되는 항을 더하는 것보다 훨씬 쉽다. 커다란 직사각형의 면적은 $2\times1=2$이다. 따라서 아래 식이 나온다.

$$1+\frac{1}{2}+\frac{1}{4}+\frac{1}{8}+\frac{1}{16}+\frac{1}{32}+\cdots=2$$

하루의 일부를 더하는 일을 절대로 멈추지 않는다고 해도, 이를 무한히 더한 값은 2이다. 수확 체감diminishing return이라는 개념을 알면 이런 계산 결과가 놀랍지는 않을 것이다. 무한한 항을 더하는 것처럼 힘들게 노력해도 그다지 많은 발전이 없는 경우도 있다.

그런데 반대도 있다. 열심히 노력했지만 속도가 아주 느린 것 같아 좌절했는데, 사실 엄청난 발전을 했을 수도 있다. 이제부터 그런 예를 생각해보자. 1부터 시작해서 양의 자연수의 역수를 계속 더하면 그 합은 무한이 될까?

$$1+\frac{1}{2}+\frac{1}{3}+\frac{1}{4}+\frac{1}{5}+\cdots$$

이 특별한 합은 '조화급수harmonic series'라는 이름까지 얻었다. 조화급수의 각 항을 하루나 하루 중 일부라고 생각해보자. 우리는 영원히 살 수 있을까? 조화급수의 각 항이 우리가 공부에 조금씩 더 투자한 노력과 시간이라면, 한계에 도달하지 않고 영원히 배울 수 있을까? 얼마나 배워야 한계에 도달할까? 조화급수를 처음 보는 사람들은 이 더하기도 앞에 나온 분수의 더하기처럼 그 값이 유한한 실수이리라 생각한다. 조화급수에도 수확 체감이 작용한다고 보는 것이다. 하지만 조화급수는 경계 없이 계속 성장한다. 여러 항의 합이 $\frac{1}{2}$이거나 그보다 크도록 괄호로 묶어보면 그 사실을 알 수 있다.

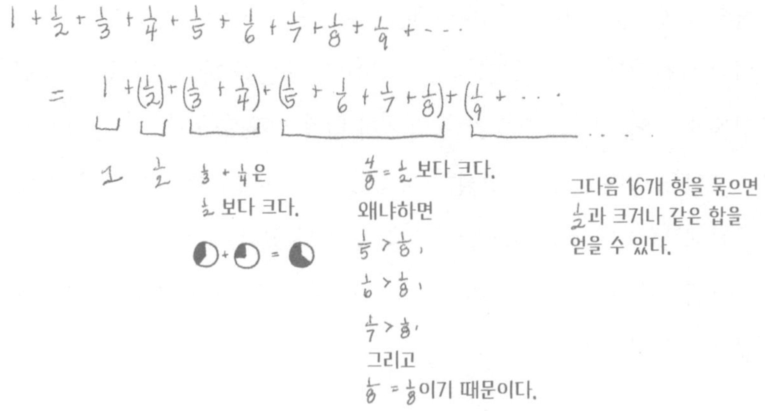

합이 $\frac{1}{2}$ 이상이도록 괄호로 묶는다.

$\left(\frac{1}{3}+\frac{1}{4}\right)$과 $\left(\frac{1}{5}+\frac{1}{6}+\frac{1}{7}+\frac{1}{8}\right)$은 둘 다 $\frac{1}{2}$보다 크다. 이 괄호 뒤에도 계속해서 $\frac{1}{2}$ 이상이 되도록 항을 묶을 수 있으므로, 조화급수는 다음처럼 적을 수 있다.

$$1+\frac{1}{2}+\frac{1}{3}+\frac{1}{4}+\frac{1}{5}+\frac{1}{6}+\frac{1}{7}+\frac{1}{8}+\cdots$$
$$>1+\left(\frac{1}{2}\right)+\left(\frac{1}{2}\right)+\left(\frac{1}{2}\right)+\cdots$$

부등식의 우변에는 모았을 때 합이 $\frac{1}{2}$ 이상인 항들의 모임이 계속 이어진다. 분모의 크기가 작아질수록 더 많은 항을 모아야만 $\frac{1}{2}$ 이상을 만들 수 있지만, 더할 수 있는 항이 무한하므로 계속해서 $\frac{1}{2}$ 이상을 만들 수 있다. $\frac{1}{2}+\frac{1}{2}=1$이기 때문에 위 부등식은 다음처럼 고쳐 쓸 수 있다.

$$1+\frac{1}{2}+\frac{1}{3}+\frac{1}{4}+\frac{1}{5}+\frac{1}{6}+\frac{1}{7}+\frac{1}{8}+\cdots>1+\left(\frac{1}{2}\right)+\left(\frac{1}{2}\right)+\left(\frac{1}{2}\right)+\left(\frac{1}{2}\right)+\cdots$$

$$=1+\left(\frac{1}{2}+\frac{1}{2}\right)+\cdots$$

$$=1+1+1+\cdots$$

자, 조화급수는 천천히 무한을 향해 간다. **정말** 느린 속도로 말이다. 첫 항부터 10^{43}항까지 더해도 총합은 100이 되지 않는다.• 하지만 성장하는 조화급수에는 높이의 한계도 길이의 한계도 존재하지 않는다. 조화급수는 수학 세상의 토끼와 거북이라고 할 수 있다. 아주 아주 조금씩만 앞으로 가도 된다. 수학을 공부할 때도, 인생을 살아갈 때도 앞으로 나아갈 수 있는 가장 좋은 방법은 꾸준하게 천천히 해나가는 것일 때가 많다.

문제 32 다음 덧셈의 합은 유한한 수일까, 경계가 없는 무한일까?

$$\frac{1}{2}+\frac{2}{3}+\frac{3}{4}+\frac{4}{5}+\frac{5}{6}+\frac{6}{7}+\cdots$$

• 10^{43}은 1 뒤에 0이 43개 있는 수라는 뜻이다.

33장

효율적으로 일하자

정이십면체 대칭인 박테리오파지

바이러스는 너무나도 작은 존재이다. 생명의 정의에 따르면 바이러스는 사실 생명체도 아니다. 바이러스는 박테리아보다 100배 작고, 사람의 세포보다는 1000배나 작다.

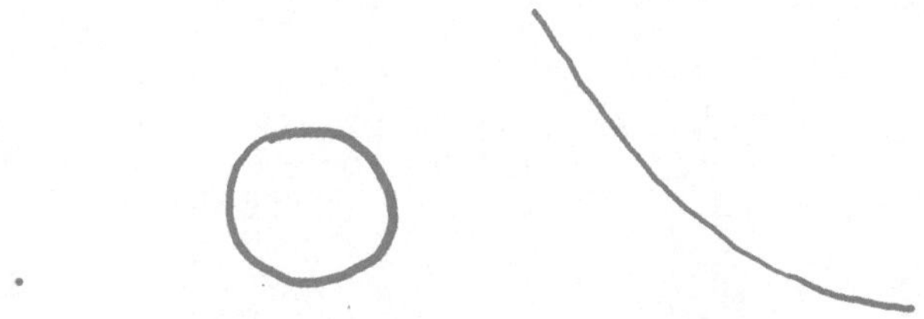

바이러스는 아주 작고 심지어 살아 있지도 않지만 능숙하게 자신

을 복제한다. 사실, 자기 복제가 바이러스가 하는 유일한 일이다. 바이러스는 스스로 복제하는 능력이 없으므로 대신 자기들을 복제해 줄 숙주 세포를 찾아다닌다. 바이러스는 너무나도 작다. 그렇게나 작은 바이러스가 유전 물질을 저장할 단백질 껍질을 조립하라는 명령을 어떻게 그토록 효과적으로 내릴 수 있을까? 다시 말해서 바이러스는 어떤 방법으로 가능한 한 아주 적은 단백질만을 사용해 유전 물질을 저장할 수 있는 걸까?

바이러스가 짧은 유전 암호로 유전자를 저장하는 껍질을 만드는 방법을 이해하는 데 핵심이 되는 건 바로 바이러스의 기하학적 형태이다. 박테리오파지(박테리아를 숙주로 삼는 바이러스)는 정이십면체인 머리에 유전 물질이 들어 있다. 다음은 박테리오파지를 확대한 그림이다.

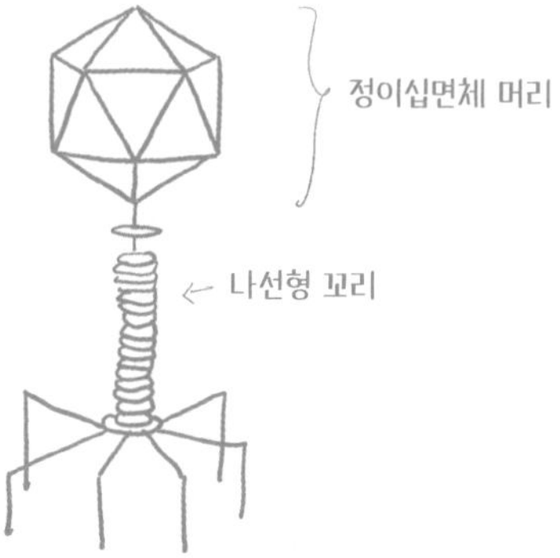

확대한 박테리오파지

정이십면체icosahedron는 정삼각형 20개로 이루어진 3차원 입체 도형이다. 지금까지 한 번도 정이십면체를 만져본 적도, 관찰해본 적도 없다면 직접 만들어봤으면 좋겠다. 아래의 도안을 다른 종이에 옮겨 그리면 만들 수 있다.• (숫자는 조립할 때 필요한 거라 생략해도 된다.) 도안을 다 그렸으면 이제 만들어보자.

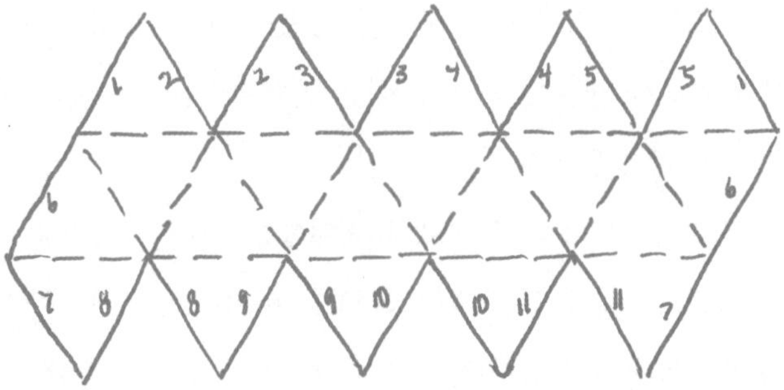

먼저 도안을 오리고, 오린 도안을 점선을 따라 접자. 마지막으로 같은 숫자가 적혀 있는 면끼리 맞대고 테이프로 고정하자. 완성된 3차원 정이십면체 도형은 다음 그림처럼 보여야 한다.

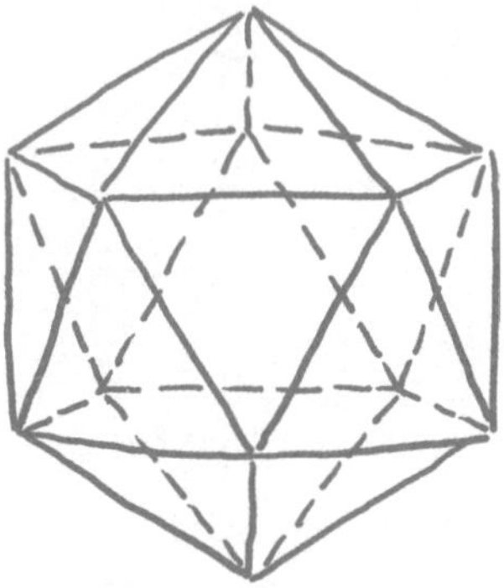

• 인터넷 접속이 가능하다면 정이십면체 도안을 찾아서 인쇄해도 좋다.

이제 우리 손에 들려 있는 이 정이십면체가 그저 예쁘기만 한 입체 도형이 아님을 알아야 한다. 정이십면체에는 2배 대칭, 3배 대칭, 5배 대칭이라고 하는 놀라운 회전 대칭성이 있다. 잠시 시간을 내어 각 대칭성이 어떤 모습이며 어떤 의미인지 알아보자.

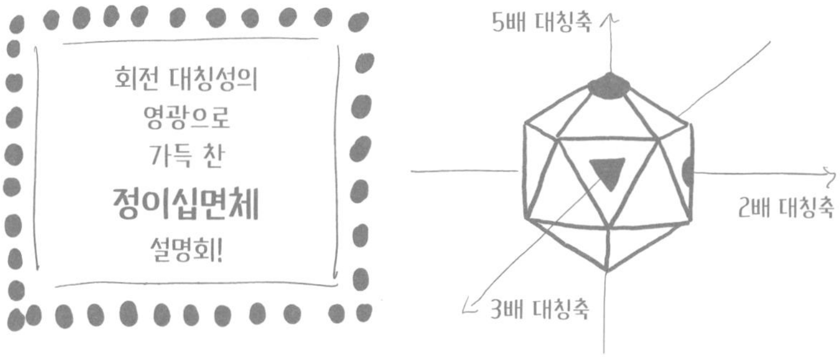

작은 바이러스가 사용할 수 있는 유전 물질의 양은 정말 적지만, 그래도 단백질 껍질을 만들라는 명령을 내릴 수 있다. 모두 정이십면체의 대칭성 덕분이다. 이 대칭성 덕분에 너무나도 작은 바이러스가 소량의 유전 물질만으로 자신을 보호할 단백질 껍질을 만들 수 있다. 정이십면체의 대칭성을 조금 자세하게 살펴보자.

5배 회전 대칭성은 높은 곳에서 정이십면체를 내려다보면 확인할 수 있다.

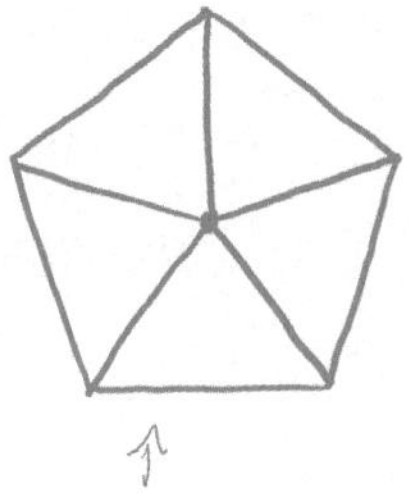

정이십면체의 3배 회전 대칭성을 보려면 3배 대칭성의 축을 마주 봐야 한다.

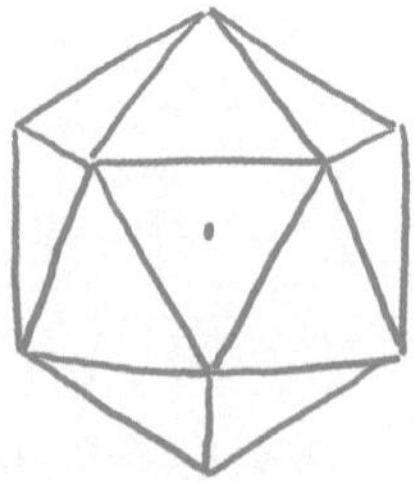

2배 회전 대칭성을 보려면 정이십면체의 옆면을 봐야 한다.

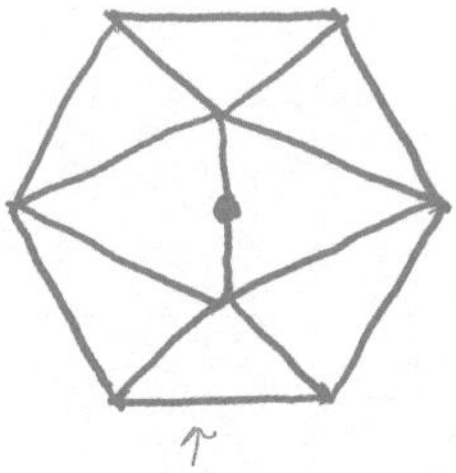

정이십면체의 5배 대칭성, 3배 대칭성, 2배 대칭성 덕분에 박테리오파지는 쉽게 유전 물질을 복제할 수 있다. 우선 박테리오파지는 단백질 껍질을 만드는 데 관여하는 유전 물질을 복제한다. 정이십면체의 머리를 구성하는 삼각형의 한쪽 구석에 유전자가 하나 있다고 생각해보자. 정이십면체의 대칭성을 이용하면 이 유전자를 삼각형의 모든 모퉁이에 복제할 수 있다. 예를 들어, 5배 대칭성 덕분에 대칭인 네 삼각형 모퉁이에 유전자를 빠르게 복제할 수 있다.

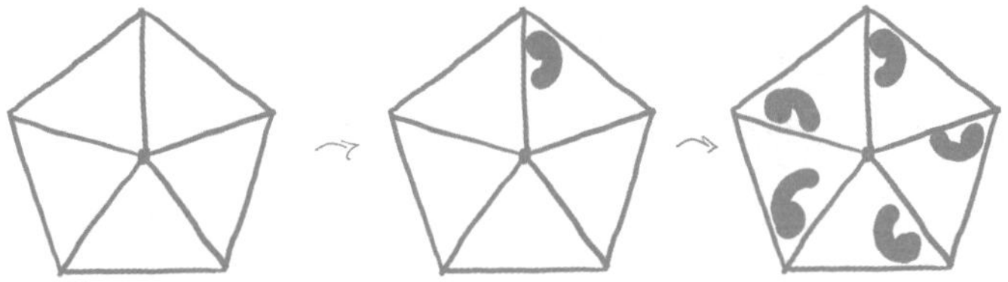

높은 곳에서 내려다본 정이십면체

한 삼각형의 모퉁이에 놓여 있는 단일 유전 물질

5배 대칭성을 이용하면 그림처럼 한 유전자를 네 번 복제할 수 있다.

5배 대칭성에 더해, 2배 대칭성과 3배 대칭성을 이용해 원본 유전자를 훨씬 많이 복제할 수 있다.

대칭성으로 복제하기 전

대칭성으로 복제한 후

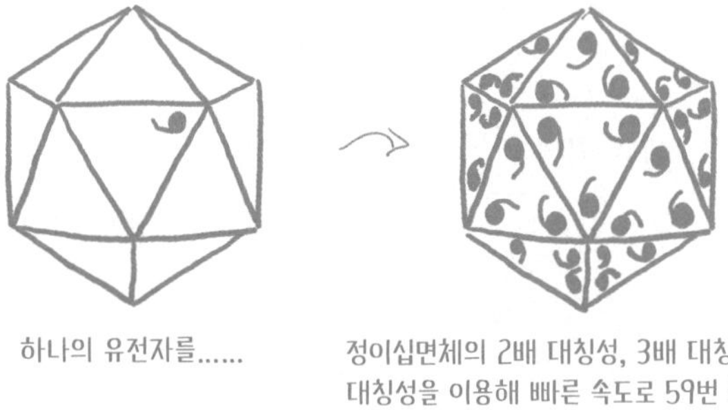

하나의 유전자를……

정이십면체의 2배 대칭성, 3배 대칭성, 5배 대칭성을 이용해 빠른 속도로 59번 복제한다.

정이십면체의 대칭성이 반복적으로 만들어내는 유전 물질은 박테리오파지의 유전 물질을 담을 단백질 껍질을 만든다. 앞의 예에서는 박테리오파지가 처음부터 새롭게 유전자를 59개 만드는 것이 아니라 기존에 있던 유전자를 59번 복제하는 것이다. 원본 유전자를 거듭해서 복제하면 박테리오파지를 발현하는 데 필요한 유전 정보의 양을 줄일 수 있다.

박테리오파지가 정이십면체의 대칭성을 활용하는 방식은 수학을 공부할 때도, 인생을 살아갈 때도 명심해야 할 귀중한 교훈을 알려준다. 바로 필요 없는 일은 하지 말라는 것이다. 발전하는 속도를 높일 수 있는 작업 습관을 찾았다면 그 방법을 살아가면서 활용할 수 있어야 한다. '볼 때'보다 직접 '할 때' 더 빠르게 배울 수 있다면, 시간을 정해놓고 '하는' 방법을 개발하는 것이 좋다. 시간과 노력을 절약할 방법을 찾을 때마다 그 방법을 복제해서 활용해보자.

문제 33 정이십면체는 '플라톤의 입체'라고 알려진 3차원 입체 도형 5개 중 하나이다. 플라톤의 입체는 모두 정다면체이기 때문에 다음 기준을 모두 만족해야 한다.

- 모든 변이 동일한 다각형(3개 이상의 선분으로 둘러싸인 삼각형, 사각형, 오각형, 육각형 같은 평면 도형)으로 이루어져 있어야 한다.
- 모든 변의 길이가 같아야 한다.
- 모든 각이 같아야 한다.

플라톤의 입체로는 다음 그림에 나오는 정사면체, 정육면체, 정팔면체, 정십이면체, 정이십면체가 있다.•

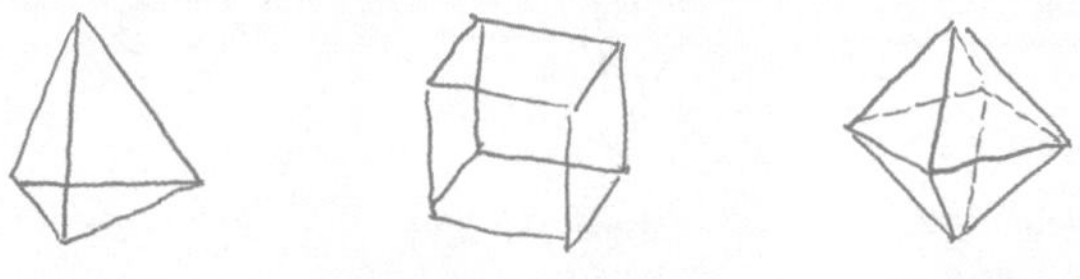

정사면체 (정삼각형 4개로 만든다) 정육면체 (정사각형 6개로 만든다) 정팔면체 (정삼각형 8개로 만든다)

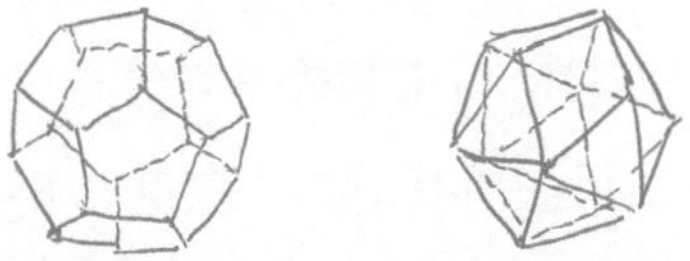

정십이면체 (정오각형 12개로 만든다) 정이십면체 (정삼각형 20개로 만든다)

플라톤의 입체가 5개밖에 없다는 건 위의 세 기준을 만족하는 3차원 입체 도형이 5개밖에 없다는 뜻이다. 플라톤의 입체는 모두 쌍대dual 다면체가 있다. 한 플라톤 입체의 쌍대 다면체를 찾으려면 입체의 모든 면 한가운데에 점을 하나씩 찍은 후 점들을 선으로 연결한다. 선을 그었을 때 보이는 형태가 그 입체 도형의 쌍대 다면체이다. 다음 그림에서 확인할 수 있는 것처럼 정사면체의 쌍대 다면체는 정사면체이다.

• 플라톤의 입체에 관해 피터 웨더롤이 만든 유쾌한 노래가 있다(https://www.youtube.com/watch?v=C36h00d7xGs). 이 노래의 첫 구절은 이렇다. "오래전에 유명한 친구가 있었지. 이 친구는 우리가 아는 5개 입체에 자기 이름 플라톤을 붙였어. 정사면체와 정육면체가 그 입체고, 정팔면체도 마찬가지야. 정십이면체와 정이십면체도 그런데, 그건 당신 때문이야." 이 노래는 몇 번만 들어야 한다. 안 그랬다가는 남은 평생 머리에서 지워지지 않을 것이다.

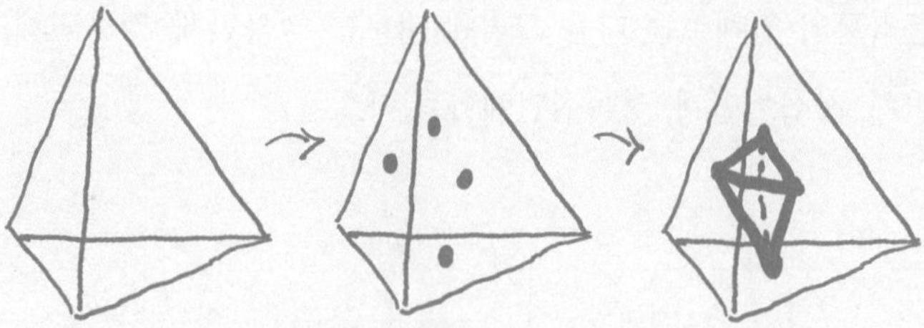

정사면체를 그린다. 정사면체 모든 면의 가운데에 점을 찍는다. 점을 연결한다.

그러니까 정사면체는 자기 자신과 쌍대 관계이다. 정육면체의 쌍대 다면체는 무엇일까? 이 문제를 풀려면 종이에 정육면체를 그리는 것보다 입체 도형을 직접 살펴보는 것이 좋다. 정육면체 도형이 없다면 네모난 방에 들어가서 모든 벽과 바닥, 천장에 점을 찍고, 그 점들을 끈으로 연결해 정육면체의 쌍대 다면체를 알아낼 수 있다.

34장

균형을 찾자

부호 이론

당신은 세계적으로 유명한 보석을 여러 개 훔친 국제 절도 조직을 쫓는 비밀 요원이다. 절도범들은 제빵사로 위장하고 빵 안에 훔친 보석을 숨겨 해외로 도망쳤다. 정보를 얻으려고 신분을 속이고 제과점에 취직한 당신은 지역 제빵사 협의회에 참석했고, 제과점에서 일하는 배달 기사들, 크루아상을 사려고 찾아오는 지역 주민들과 사귀었다. 지역 주민들에게 신분을 들키지 않으려고 당신은 본부와 어떤 식으로도 연락하지 않았다. 하지만 본부는 아무도 보는 사람이 없을 때 당신이 금전 등록기에 손가락을 대면 잠시 화면에 나타나는 전갈을 매일 보내왔다. 대부분은 그저 '특별한 일 없음. 계속 임무를 수행할 것'이라는 전갈이었다. 그런데 하루는 당신이 치아바타 반죽을 만들면서 밀가루가 묻은 손가락으로 금전 등록기를 만지자 아주 짧은 순간 "지금 당장 떠날 것. CHIXZ에 있는 대사관에서 만나자."라는 글이 나타났다가 사라졌다.

당신은 위험에 처한 것이 분명하다. 하지만 CHIXZ가 어디일까? 당신의 뇌는 'CHIXZ'라는 단어가 진짜 단어가 아님을 깨달았다. 도착한 문장을 토대로 유추한다면, CHIXZ는 국가 이름이 분명했다. 하지만 어떤 국가일까? 당신은 정답을 한참 고민했다. 하지만 아무리 생각해도 마지막 두 글자(xz)는 말이 되지 않는 것 같았다. Chi로 시작하고 5개 알파벳으로 이루어진 나라 이름이 있을까? 당신은 곧바로 '중국(China)'을 떠올렸다. 당신은 버터 통에 넣어 대형 냉장고 뒤에 숨겨두었던 비상금과 여권을 꺼내면서 흘러내리는 눈물을 닦았다. 깊이 사랑하게 된 제과점을 떠나 베이징에서 다른 제과점에 취직해야 한다고 생각하니 그럴 수밖에 없었다. 하지만 갑자기 이렇게 감상에 빠져 있을 시간이 없다는 걸 깨달았다. 생각해보니 칠레(Chile)도 Chi로 시작하는 다섯 글자 나라였다. 당신은 어디로 가야 할까? 정답을 알려면 암호의 오류를 수정할 방법을 찾아야 했다.

이 이야기는 부호 이론coding theory의 기본 특징을 잘 보여준다. 부호 이론은 공기, 물, 전화선, 광섬유 케이블 같은 통로를 이용해 가능한 한 정확하고 효율적으로 메시지를 전달하는 방법을 고민하는 수학 분야이다. 채널에 있는 방해 전파와 같은 '잡음noise'은 제대로 된 메시지 전송을 막는다. 따라서 오류가 생겼음을 감지할 수 있을 뿐 아니라 오류를 수정할 수 있게 설계된 부호가 좋은 부호이다.* 예를

* 부호 이론에서 부호가 꼭 비밀일 필요는 없다. 비밀 암호는 부호 이론과는 또 다른 수학 분야인 암호학cryptology에서 다룬다.

들어 제과점 비밀 요원 이야기에서 당신은 전송되는 동안 네 번째 글자와 다섯 번째 글자가 손상됐음을 정확히 감지했다. 본부는 모든 글자를 세 번씩 쓰는 '반복 부호'를 사용해 부호 해독의 정확성을 높일 수도 있다. 앞 이야기의 암호도 이런 식으로 보낼 수 있다.

"지지지금금금 당당당장장장 떠떠떠나나나라라라. CCCHHHIIILLLEEE에에에 있있있는는는 대대대사사사관관관에에에서서서 만만만나나나자자자."

채널 잡음이 암호 문자를 몇 개 훼손할 수 있다. 이번 경우, 잡음은 메시지를 다음처럼 바꿀 수도 있다.

"지지지금금금 당당당장장장 떠떠떠나나나라라라. CCCHHHIIILXLZEE에에에 있있있는는는 대대대사사사관관관에에에서서서 만만만나나나자자자."

이 암호를 해독할 때는 '다수 해독법majority decoding'을 사용할 수 있다. 3개씩 짝지은 글자 짝에서 가장 많이 나오는 글자를 진짜 암호라고 판단하는 것이다. 따라서 목적지 이름 가운데 마지막 두 글자는 'L'과 'E'라는 결론을 내릴 수 있다. 당신은 중국 베이징이 아니라 칠레 산티아고로 가야 한다.

물론 글자를 반복하는 횟수가 반드시 3회일 이유는 없다. 30회, 300회, 3000회여도 상관없다. 반복되는 횟수가 늘어날수록 부호 해독의 정확성은 높아질 것이다. 하지만 암호가 길어지면 전송 시간도 길어진다. 오류 수정 능력이 높아진다고 해도 전송 속도가 아주 느리므로 반복 글자로 암호를 보내는 것이 최적의 방법은 아니다.

그렇다면 이런 질문이 이어 떠오른다. 암호를 제대로 해독할 수 있으면서도 빠른 속도로 암호를 전송할 수 있는 적절한 글자 반복 횟수를 찾을 수 있을까? 1948년에 수학자 클로드 섀넌Claude Shannon은 「통신에 관한 수학적 이론A Mathematical Theory of Communication」이라는 논문에서 '최적' 부호가 존재함을 입증했다. 최적 부호를 사용하면, 채널이 허용하는 한에서 암호 발신자가 원하는 만큼의 (거의 완벽에 가까운•) 정확도와 (거의 완벽에 가까운) 송신 속도로 보낼 수 있다. 클로드 섀넌은 최적 부호가 존재한다는 사실은 증명했지만, 최적 부호를 찾는 방법을 분명하게 알려주지는 않았다. 그가 선구적인 논문을 발표한 뒤로 적절한 균형을 찾는 일은 부호 이론가들의 과제가 되었다.

수학을 공부할 때나 인생을 살아갈 때면 도무지 이해되지 않는 메시지들 때문에 혼란스러운 날들이 찾아온다. 중국으로 가야 할까, 칠레로 가야 할까? 그저 꼼짝하지 말고 앉아 있어야 할까, 펄쩍 뛰어올라야 할까? 그런 날에는 앞으로 나갈 수 있는 적당한 균형을 찾을 수 있으리라고 믿어보자. 최적 부호가 그렇듯이 그런 균형을 찾는 방법

• 어떤 수에 '거의 가깝다'라는 개념은 수학에서는 명확하게 정의되어 있다. 미적분이나 실해석학을 공부해본 사람이라면 많은 증명이 "ε이 0보다 크다고 하자(ε>0)"라는 말로 시작한다는 걸 잘 알 것이다. ε은 그리스 문자인 '엡실론'으로, 거의 0에 가까운 아주 작은 양수를 뜻하는 표준 변수이다. 부호 이론가들이 거의 완벽할 정도로 정확하다고 말하는 건 정확도가 ε만큼만 부족하다는 뜻이다.

을 정확히 알려줄 수 있는 사람은 분명히 없다. 하지만 당신의 삶에 관해 당신보다 더 정확하게 결정을 내릴 수 있는 사람은 없다는 걸 명심하자.

문제 34 ISBN(국제 표준 도서 번호)은 출간된 책에 부여하는 13자리 고유 번호이다. 13개 번호는 다음 순서대로 다섯 부분으로 나누어지고, 각 부분은 붙임표(-)로 분리해 표기한다.[45]

- **접두부** ISBN의 첫 번째 부분으로 978이나 979를 쓴다.
- **국별 번호** 책을 발행한 나라 번호나 지역 번호를 두 자릿수로 표기한다.
- **발행자 번호** 책을 출간한 발행자의 번호를 네 자릿수로 표기한다.
- **서명 식별 번호** 책의 제목이나 판본을 나타내는 수를 세 자릿수로 표기한다.
- **체크 기호** 접두부, 국별 번호, 발행자 번호, 서명 식별 번호를 공식에 넣어 계산한 한 자릿수로 표기한다.

체크 기호를 생성하려면 ISBN의 처음 12개 수에 1과 3을 번갈아 곱해야 한다. 다시 말해서 x_1, x_2, x_3로 표기할 수 있는 접두부와 x_4, x_5로 표기할 수 있는 국별 번호, x_6, x_7, x_8, x_9로 표기할 수 있는 발행자 번호, x_{10}, x_{11}, x_{12}로 표기할 수 있는 서명 식별 번호를 다음 공식에 적용하는 것이다.

$$x_1+3x_2+x_3+3x_4+x_5+3x_6+x_7+3x_8+x_9+3x_{10}+x_{11}+3x_{12}$$

이 공식에 적용해 나온 값을 10으로 나누고 몫과 나머지를 구한다. 마지막으로 10에서 그 나머지를 뺀다. 뺀 값이 10보다 작으면 그 값을 체크 기호로 삼고, 10이면 0을 체크 기호로 한다.

예를 들어서 ISBN이 978-01-9884-359-7이라면, 체크 기호는 7이다. 7이 올바른 체크 기호임을 알아보려면 ISBN의 첫 12개 수를 처음 공식에 넣어 계산해보면 된다.

$$\begin{aligned}&9+3(7)+8+3(0)+1+3(9)+8+3(8)+4+3(3)+5+3(9)\\&=9+21+8+0+1+27+8+24+4+9+5+27\\&=143\end{aligned}$$

그다음에는 143을 10으로 나누어 몫과 나머지를 구한다.

$$\frac{143}{10}=14 \text{ 나머지 } 3$$

이제 10에서 3을 빼보자.

$$10-3=7$$

계산 결과는 7, 체크 기호가 나왔다.

이제 다음 문제를 풀어보자.

(1) 이 책을 구입하려는 독자가 ISBN을 잘못 적었다. 다섯 번째 숫자를 1이 아니라 2라고 적고 11번째 숫자를 5가 아니라 6이라고 적었다. 978-01-9884-359-7이라는 ISBN을 978-02-9884-369-7이라고 적은 것이다. 독자는 이 책을 사려고 서점에 갔을 때까지도 ISBN을 잘못 적어 왔음을 알지 못했다. 서점 직원은 그 실수를 알아챌 수 있을까? 알아챌 수 있다면 그 이유는 무엇일까? 알아챌 수 없다면 그 이유는 무엇일까?

(2) 이 책을 사려는 또 다른 독자도 ISBN을 잘못 썼다. 이번에는 다섯 번째 숫자를 1이 아니라 0이라고 썼고, 열한 번째 숫자를 5가 아니라 6이라고 썼다. 그러니까 978-01-9884-359-7이 아니라 978-00-9884-369-7이라고 적은 것이다. 이 독자도 서점에 갔을 때까지 ISBN을 잘못 적어 왔음을 알지 못했다. 서점 직원은 그 실수를 알아챌 수 있을까? 알아챌 수 있다면 그 이유는 무엇일까? 알아챌 수 없다면 그 이유는 무엇일까?

(3) ISBN은 오류를 감지할 수 있는 암호일까? 그렇다면 모든 오류를 감지할 수 있을까? 오류 감지 암호가 아니라면, 그 이유를 설명해보자.

(4) ISBN은 오류를 고칠 수 있는 암호인가?

35장

그림을 그려보자

다양한 방식으로 생각하기

언어는 정말 근사하지만 아주 복잡해서, 가끔은 말보다는 그림을 이용할 때 문제가 훨씬 쉽게 풀리기도 한다. 예를 들어서 '1부터 100까지의 수를 모두 더한 값(1+2+3+…+98+99+100)은 얼마일까?' 하는 문제를 푼다고 생각해보자. 칼 프리드리히 가우스 Carl Friedrich Gauss•가 초등학생일 때 선생님이 이 문제를 냈다. 선생님은 이 문제를 풀려면 시간이 조금 걸릴 것으로 생각했다. 물론 아이들 대부분은 이 문제를 푸는 데 시간이 오래 걸렸다. 하지만 가우스는 재빨리 그림을 그렸고, 몇 분도 되지 않아 정답은 5050이라고 말했다.

• 독일에서 태어난 가우스는 훗날 수학에 커다란 공헌을 하는 수학자가 된다.

모든 수를 직접 더했다면 그렇게 빨리 계산하지 못했을 것이다. 가우스는 모든 수를 차례로 더하지 않고 앞 수와 뒤 수를 하나씩 짝지어본 후, 1부터 100까지는 합이 101이 되는 수가 50쌍 있다는 걸 깨달았다. 아마도 가우스는 다음과 같은 그림을 그렸을 것이다.

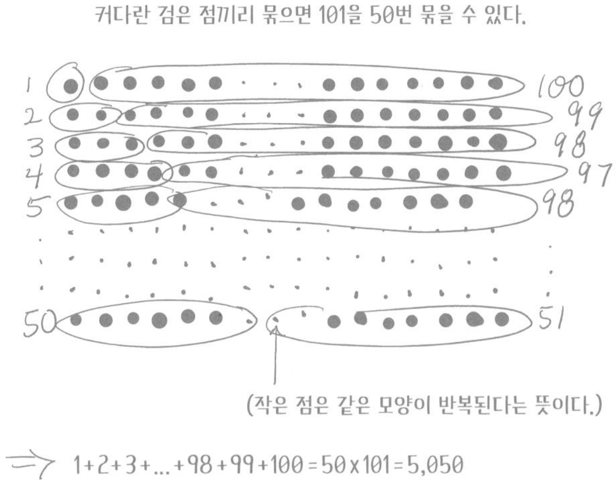

50×101을 계산하면 $1+2+3+\cdots+98+99+100$을 계산하는 것보다 훨씬 빠르게 답을 구할 수 있다.

그림을 그리면 문제를 해결할 단서를 아주 빨리 찾을 수도 있다. $(1+2+3+4)^2 = 1^3+2^3+3^3+4^3$을 입증하는 문제를 풀어야 한다고 해보자. 언어를 사용하지 않고 그림만으로 이 문제를 풀 수 있을까? 어렸을 때 했던 블록 놀이를 찬찬히 떠올려보자. 처음 몇 개 블록으로 만든 $(1+2+3+4)^2$ 배열은 $(10)^2$이라고도 표현할 수 있다. 기꺼이 그림을 그릴 생각이 있다면 진짜 블록은 필요 없다. 이제 이 블록을 다시 배열해서 $1^3+2^3+3^3+4^3$을 나타내보자. 처음 배열에서 블록을 더하거나 빼지 않고 말이다.

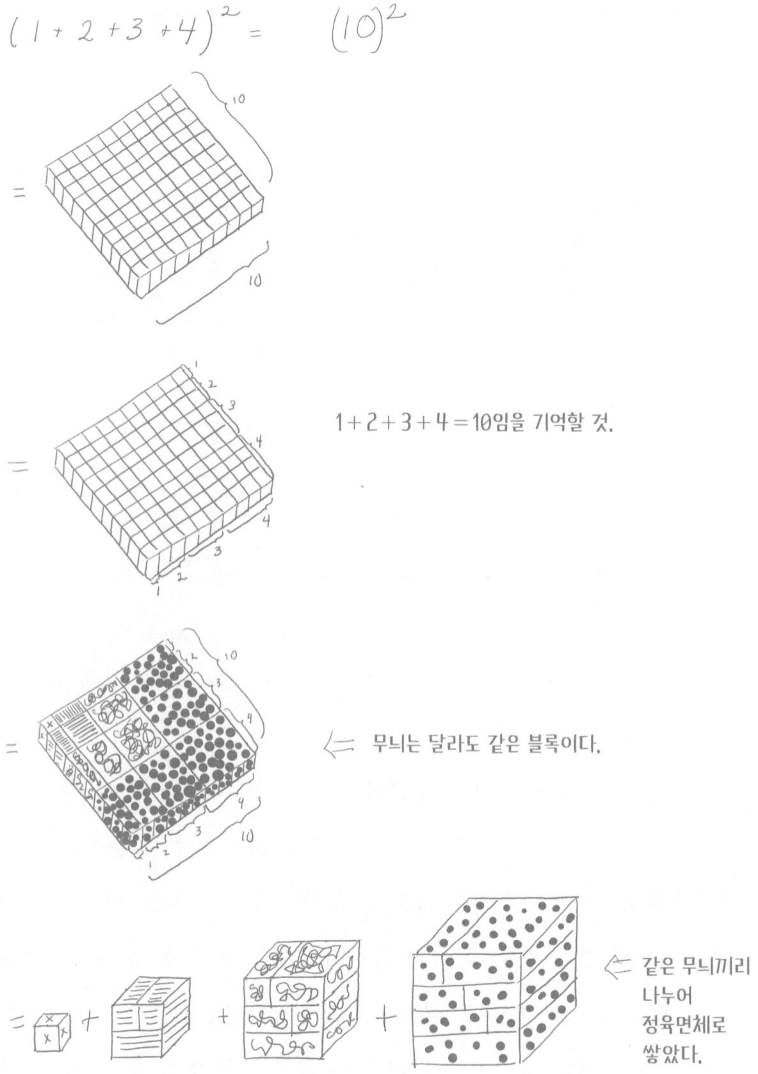

수학을 공부하거나 인생을 살아가면서 어려움을 만난다면, 다양한 방식으로 생각할 능력이 우리에게 있음을 기억하자. 예컨대 그림은 당신의 마음속에서 의미 있는 생각이 나올 수 있는 또 다른 장소를 만들어준다.

문제 35 1부터 13,298까지 더한 값($1+2+3+\cdots+13{,}296+13{,}297+13{,}298$)은 얼마일까?

보너스 문제 가우스가 계산한 문제를 1부터 임의의 자연수 n까지의 합을 나타내는 일반식으로 표현해보자.

36장

미묘한 차이를 감지하자

퍼지 논리

저 사람은 어리다.

저 자동차는 빠르다.

내 사과는 빨갛다.

너의 집에 있는 나무는 높이 자랐다.

온도계를 보니 오늘은 덥겠구나.

전통적인 논리학은 위 문장들이 완벽한 참이거나 완벽한 거짓이라고 본다. 한 사람이 '어린지' 아닌지, 빠른 차, 빨간 사과, 키가 큰 나무, 더운 날씨를 알려주는 분명한 기준이 있기 때문이다. 어떤 '어린 사람들의 모임'에서 나이 제한을 스무 살로 했다고 생각해보자. 그렇다면 다음 문장들은 각각 다음처럼 참과 거짓을 표기할 수 있을 것이다.

한 살은 어리다. 참
열아홉 살은 어리다. 참
스물한 살은 어리다. 거짓
아흔 살은 어리다. 거짓

주어진 진술에 진릿값을 배정하는 이런 체계는 논리적으로는 일관성이 있을지 모르지만 살면서 경험하는 모든 일의 진위를 정확하게 판단해주지는 못한다. 나이만 해도 실제 세계에서는 너무나도 상대적이다. 열아홉 살은 은퇴자 모임에 들어가기에는 어리지만 대학에 입학하기에는 전혀 어린 나이가 아니다. 자동차가 빠르다는 기준도 상황에 따라 달라진다. 아이들이 노는 골목길이라면 시속 60킬로미터는 빠른 속도지만 고속도로에서는 아니다. 빨간 사과도 다양한 색이 있을 수 있다. 어떤 사과는 분홍빛이 돌고 어떤 사과는 진한 자주색일 수 있다. 온도계도 소수점까지 포함해 다양한 눈금을 가리킨다. 이 세상에는 미묘한 차이가 존재하는 것이다.

퍼지 논리fuzzy logic는 절대 진리와 부분 진리를 비롯해 다양한 가치를 포함하는 논리 체계이다. 예를 들어서 커피가 있다고 생각해보자.• 온도가 섭씨 38도 이상인 커피를 모두 '뜨거운' 커피라고 분류하는 대신에 따뜻한 정도를 3개 이상의 퍼지 집합으로 나누어보는 것이다. 예를 들어, 커피의 뜨거운 정도에 임의로 순서를 매겨 0부터

• 수학자들은 수학자란 커피를 정리(수학적으로 참인 명제)로 바꾸는 기계 장치라는 농담을 자주 한다.

1까지의 다섯 단계로 나눌 수 있다. 섭씨 5도 미만인 커피는 '차가운' 커피로 상태 0이고, 섭씨 5도에서 15도 미만인 커피는 '시원한' 커피로 상태 0.25, 섭씨 15도에서 38도 미만인 커피는 '상온' 커피로 상태 0.5, 섭씨 38도에서 93도 미만까지는 '따뜻한' 커피로 상태 0.75, 섭씨 93도 이상인 커피는 '뜨거운' 커피인 상태 1로 분류하는 것이다.

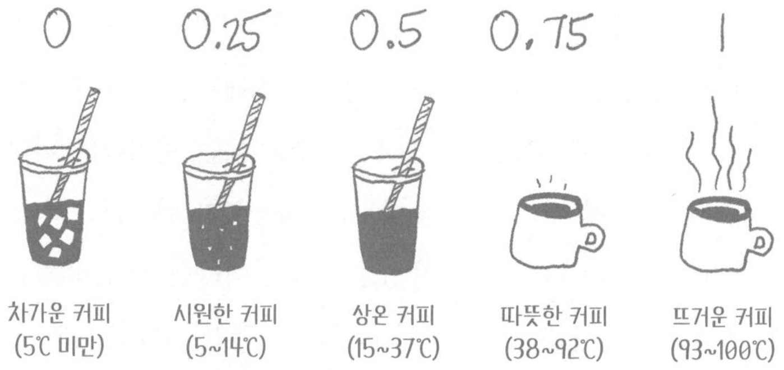

이 커피 비유를 0부터 1까지의 무한 연속체로 묘사할 수도 있다. 냉장고에 넣어 차갑게 식힌 커피(섭씨 5도 미만)에 0이라는 상태를 부여하고 팔팔 끓인 커피(섭씨 100도)에 1이라는 상태를 부여한 뒤, 그 사이에 존재하는 다양한 온도에 다양한 가치를 부여해보는 것이다. 무한 단계로 나누어 묘사할 때는 0부터 1까지를 다섯 단계로 나눈 것보다 훨씬 더 자세하게 미세한 차이를 설명할 수 있다.

컴퓨터 프로그램은 0과 1이라는 두 가지 값만을 주로 사용할 때가 많다. 예를 들어 무인 전기 기차의 제동 장치도 앞 기차와의 거리가 '너무 가깝다'와 '가깝지 않다'라는 두 상황을 근거로 '멈출 것'과 '멈추지 않을 것'이라는 두 값만을 가진다. UC 버클리의 로트피 자데

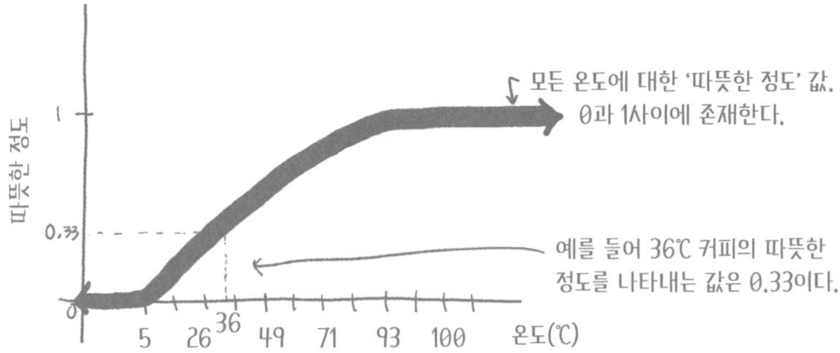

Lotfi Zadeh가 퍼지 논리를 개발하기 전까지는 전통적인 논리를 적용해 전기 시스템을 운영했다. 기차가 앞 기차에 '너무 가깝지 않으면' 브레이크는 작동하지 않지만, 기차가 앞 기차에 '너무 가까워지면' 브레이크에 압력을 최대로 가해 기차를 멈추는 것이다. 앞 기차와의 거리가 12미터가 되는 지점이 '너무 가깝다'와 '가깝지 않다'를 가르는 경계라고 생각해보자. 브레이크를 '작동하는 상황'과 '작동하지 않는 상황' 사이의 전환은 너무나도 급작스럽게 이루어져서 '두 기차 사이의 거리'(가로축)와 '브레이크 작동'(세로축) 사이의 관계는 다음 그래프처럼 극단적일 것이다.

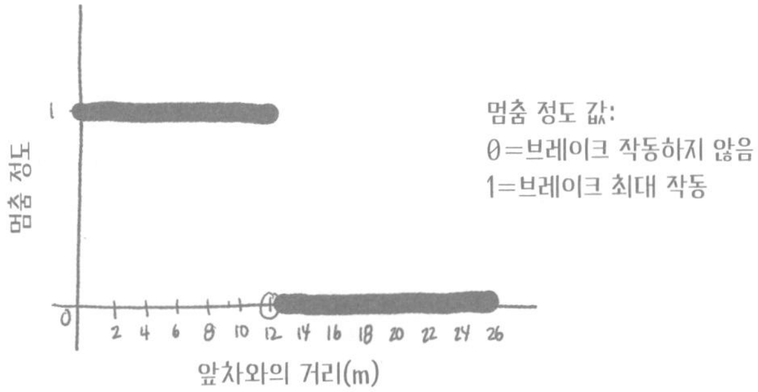

가로축 값이 12.01미터일 때 세로축 값은 0이다. 브레이크가 작동하지 않는다는 뜻이다. 하지만 잠시 뒤에 가로축 값이 11.99가 되면 세로축 값은 1이 된다. 브레이크가 최대로 작동했다는 뜻이다. 한순간에 브레이크를 최대로 작동하는 건 브레이크 장치와 승객 모두에게 좋지 않다. 퍼지 논리를 적용하면 컴퓨터 프로그램도 사람처럼 미세한 차이를 이해할 수 있고, 무인 전기 기차는 0과 1 외의 대안을 선택할 수 있다.

기차의 자동 브레이크 장치에 아래와 같은 퍼지 집합과 퍼지 규칙을 사용해 퍼지 논리를 적용해보자.•

퍼지 집합 (앞차와 뒤차의 간격)	퍼지 규칙 (브레이크 압력)
60m 이상	브레이크 압력 0(압력을 가하지 않음)
50~59.99m	브레이크 압력 0.2
40~49.99m	브레이크 압력 0.4
30~39.99m	브레이크 압력 0.6
20~29.99m	브레이크 압력 0.8
10~19.99m	브레이크 압력 1(최대 압력)

퍼지 집합과 퍼지 규칙을 정하는 방법은 아주 다양하다. 사람마다 다른 식으로 퍼지 집합과 퍼지 규칙을 정할 수 있다는 뜻이다. 앞의

• 수학자들은 퍼지 조절 시스템을 설계할 때 이 방법을 사용한다.

표처럼 퍼지 집합과 퍼지 규칙을 정하면 다음과 같은 그래프를 그릴 수 있다.

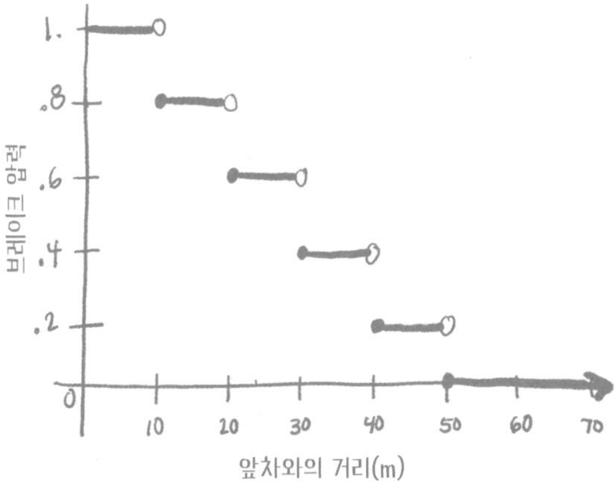

퍼지 규칙을 훨씬 촘촘하게 제공하는 연속 함수•를 활용해서 자동 브레이크 장치를 작동하게 할 수도 있다.

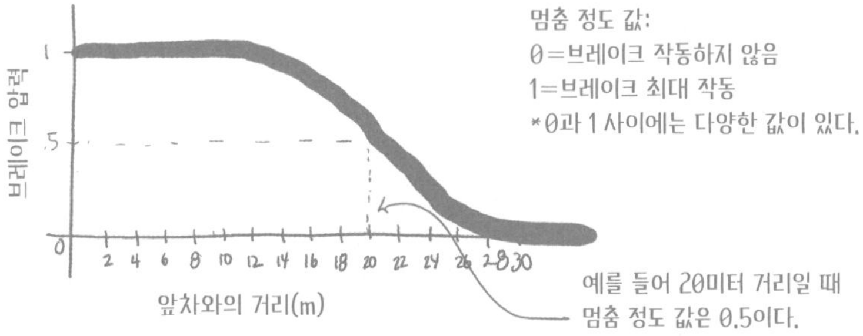

• 수학에서 '연속' 함수에는 명확한 개념이 있다. 하지만 여기서는 그저 종이에서 연필을 떼지 않고 한 번에 그래프를 그릴 수 있는 함수라고 생각하는 것으로 충분하다.

퍼지 규칙은 열차 간 거리 정보를 파악해 브레이크가 적절하게 반응할 수 있도록 설계한다.

퍼지 논리는 불명확한 특성을 0과 1 사이에 있는 수로 바꾸는 방법을 제시해준다. 퍼지 논리를 이용해 사람의 생각과 의사 결정 과정을 흉내 내는 컴퓨터를 프로그램할 수도 있다. 전기 기차뿐 아니라 식기 세척기, 디지털카메라, 전기밥솥처럼 다른 가전제품에도 퍼지 논리를 적용할 수 있다. 얼굴 인식 소프트웨어, 드론, 의료 장비 등에도 마찬가지다.

퍼지 논리의 잠재력은 실용적인 것 이상이다. 수학을 공부할 때나 인생을 살아갈 때 우리는 절대적인 '그렇다'와 절대적인 '아니다'가 최선의 결정이 될 수 없는 불확실한 상황을 만난다. 그럴 때는 선택할 수 있는 경우의 수가 많지 않다고 실망할 것이 아니라 미묘한 차이를 만들어 인생에 적용할 방법을 생각해야 한다. 퍼지 집합을 만들고 퍼지 규칙을 세워보는 것이다. 퍼지 논리를 활용하면 보송보송한 fuzzy 목욕 가운을 입고 욕실화를 신은 것만큼이나 평온함을 느낄 수 있다.

문제 36 당신은 정해진 시간 동안이 아니라 빨래가 깨끗해질 때까지 작동하는 인공 지능 세탁기를 만들려고 한다. 퍼지 논리를 어떻게 활용해야 할까?

37장

답이 있는 문제에 고마워하자

브라우어르의 부동점 정리

국립 공원, 도심지, 병원에 걸려 있는 안내 지도에는 '현재 위치'가 표시되어 있는 경우가 많다. 낯선 곳에서 이 표지를 발견할 때마다 나는 안심한다. 이 표지를 발견하면 산봉우리가 제대로 보이지 않아도 내가 있는 곳을 알 수 있고, 번잡한 도심지에서 어디 서 있는지 알 수 있고, 온갖 경보와 무선 신호가 울리는 병원에서도 가야 할 곳을 찾을 수 있다. 이 세상과 수학이 당신을 정신없이 휘감을 때는 브라우어르의 부동점 정리Brouwer's Fixed Point Theorem를 생각하면서 잠시 평온한 시간을 누려보자.

브라우어르의 부동점 정리에 따르면 '어떤 장소에 그 장소를 그린 지도를 들고 서 있으면, 그 지도 위에는 그 사람이 서 있는 위치를 표시한 점이 적어도 1개는 있다.' 지도를 든 사람이 원래 위치에서 벗어나지만 않는다면, 지도를 지면과 나란한 방향으로 들고 있어도, 수직으로 세워도, 뒤집고 기울여도, 잡아 늘이거나 수축시켜도, 심지어 마구 뭉친다고 해도 그 점은 지도를 들고 선 사람의 위치와 일치한다. 예를 들어서 당신이 미국 뉴햄프셔주에서 살고 있고 뉴햄프셔주 지도를 손에 들고 있다면 지도 위에는 '현재 위치'라고 부를 수 있는 점이 분명히 있다.

브라우어르의 부동점 정리는 아침에 마실 커피를 저을 때도 성립한다. 그 말은 컵 안에 든 커피 분자들의 위치를 모두 파악한 뒤에 커피를 젓고, 커피의 움직임이 멈출 때까지 기다리면 컵 안에 있는 분자 가운데 적어도 1개는 처음 있었던 원래 위치로 돌아간다는 뜻이

다.• 모든 커피 분자의 위치가 완전히 바뀌도록 커피를 섞는 일은 불가능하다. 원래 위치로 돌아간 커피 분자를 다른 곳으로 옮기면 또 다른 분자가 원래 위치로 돌아간다. 아무리 맹렬하게 오래 휘저어도 처음 위치에서 멈추는 분자가 적어도 1개는 있다.

부동점은 변화가 생긴 뒤에도 위치가 바뀌지 않는 점이다. 변화란 지형에 존재하는 실제 도로나 자연물을 지도에서는 줄이는 작업을 의미할 수도 있고, 아이들이 바람개비를 돌리며 가지고 노는 일처럼 간단한 행동을 의미할 수도 있다. 바람개비를 한 자리에 고정하고 바람을 불어 돌리다가 멈추면, 바람개비 위의 모든 점이 원래 있던 자리에서 벗어난 것처럼 보여도 가운데 한 점은 위치가 바뀌지 않은 부동점으로 존재한다. 바람개비의 부동점은 찾기 쉽지만 모든 부동점이 바람개비처럼 분명하게 보이는 것은 아니다.

예를 들어, 할머니가 손수 만들어주신 퀼트 이불을 침대 위에 깔끔하게 펼쳐두고 외출을 했다고 생각해보자. 집으로 돌아오자 당신이 없는 사이에 아이나 반려동물이 침대 위로 뛰어 올라가 마구 놀고는 퀼트 이불을 아무렇게나 돌돌 말아놓고 떠나버렸다. 이불을 헝클어뜨린 범인을 위해 변명을 해보자면, 헝클어진 퀼트 이불과 아침에 당신이 단정하게 펼쳐놓고 간 이불에는 위치가 바뀌지 않은 점이 적어도 1개는 있다. 그러니 너무 화내지 않았으면 좋겠다.

• 정확히 말하면, 분자는 일정한 부피가 있지만 브라우어르의 부동점 정리에 나오는 점은 부피가 없다. 따라서 미세한 오차 범위 내에서 커피 분자가 원래 자리로 돌아간다고 하는 것이 좀 더 정확한 표현이다.

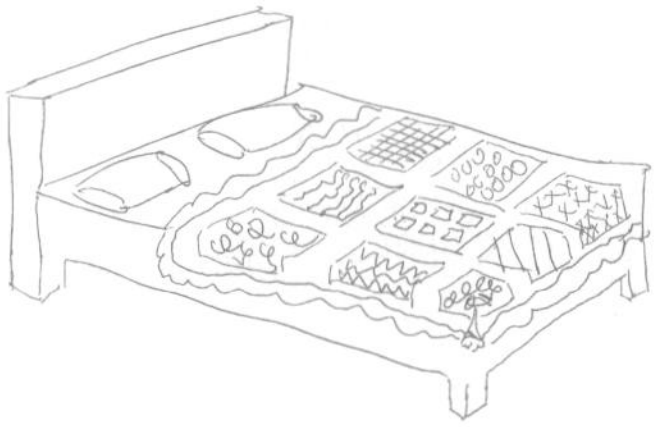

전: 퀼트 이불이 완벽하게 펼쳐져 있다.

후: 퀼트 이불이 마구 헝클어져 있다.

브라우어르의 부동점 정리를 적용하려면 세 가지 조건을 만족해야 한다. 첫째, 변형하는 물체나 장소는 반드시 경계가 있는 한정된 공간을 차지하고 있어야 한다. 뉴햄프셔주, 커피 컵, 바람개비, 퀼트 이불은 부동점 정리를 적용할 수 있지만 경계가 없이 펼쳐진 풍경에는 적용할 수 없다. 둘째, 변형하는 물체나 장소에는 구멍이 없어야 한다. 예를 들어서 프리스비에는 부동점 정리를 적용할 수 있지만 가운데 구멍을 뚫은 접시에는 적용할 수 없다. 만약에 버몬트주 킬링턴의 2004년 분리 독립 시도•가 성공했다면 버몬트주에서 버몬트주 지도를 가지고 서 있다고 해도 지도 위에는 '현재 위치'라고 확신할 수 있는 점이 없을 수도 있는 것이다. 셋째, 변화가 진행될 때는 모든 점이 연속적인 방식으로 움직여야 한다. 여기서 '연속적'이라는 건 지도를 펼치거나 접거나 비틀 수는 있지만 지도 일부만 잘라서 다른 곳에 붙일 수는 없다는 뜻이다. 처음 시작할 때 가까이 있던 점들은 변한 뒤에도 서로 가까이 있어야 한다.

• 세금이 높기로 유명한 버몬트주는 세금이 낮기로 유명한 뉴햄프셔주와 나란히 붙어 있다. 킬링턴 사람들은 버몬트주에서 분리되어 세금이 낮은 뉴햄프셔주에 소속되기를 바랐다.

구멍이 없는 유한한 물체나 장소를 연속적으로 변형해야 한다는 조건은 아주 중요하다. 세 조건 가운데 하나라도 만족하지 않으면 변형되는 동안 모든 점이 새로운 위치로 가버려 부동점이 남지 않을 수도 있다. 예를 들어서 모든 방향으로 무한히 확장하는 벽지 패턴을 오른쪽으로 2.5센티미터 이동시키는 변환은 부동점을 남기지 않는다.

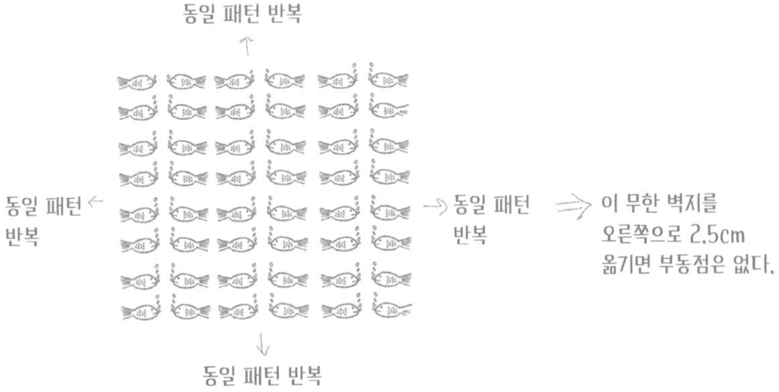

마찬가지로 반지(가운데에 구멍이 난 원반)를 90도 돌려도 부동점은 없다. 만약 원반이었다면 정중앙에 부동점이 있었을 것이다.

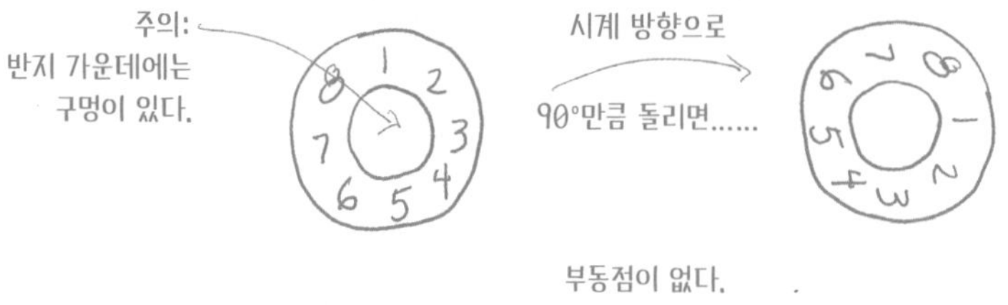

마지막으로 격자판을 살펴보자. 격자판 왼쪽의 7개 열(세로칸)을 모두 오른쪽으로 옮기고 마지막 열을 잘라 첫 번째 열 앞으로 옮겨 붙이는 비연속적인(물체를 자르는) 변형에도 부동점이 생기지 않는다.

브라우어르의 부동점 정리는 공학, 의학, 경제학 등 여러 분야에 폭넓게 적용할 수 있다. 존 폰 노이만John von Neumann은 1937년에 부동점 정리를 이용한 경제 모형을 제시하면서 "모든 상품은 공급과 수요가 같아지는 가격이 항상 존재한다"라고 했다.[46] 이 변형된 예시에서 가격은 부동점으로 작용한다. 부동점 정리는 우리에게 어떤 문제를 만족하는 답이 있음을 알려주지만, 그 답이 무엇인지는 알려주지 않는다.

수학을 공부하거나 인생을 살아가다 보면 귀찮은 문제를 해결해야 할 때가 생긴다. 그 문제에 답이 있다면, 해결하기까지 힘든 시간을 보내야 한대도 고마워하자. 해답도 없는 문제를 가지고 씨름하면서 시간을 낭비하고 싶은 사람은 없을 것이다. 자신의 노력이 헛되지 않을 것임을 알고 안심하자.

문제 37 수저로 커피를 휘젓는 것처럼 물고기도 헤엄치면서 바다(대양)를 휘젓는다. 바다 '휘젓기'에도 브라우어르의 부동점 정리를 적용할 수 있을까? 다시 말해서 바다를 구성하는 모든 물 분자의 위치를 파악한 뒤에 물고기 한 마리에게 바다를 '휘젓게' 하면 바닷물이 멈춘 뒤에 원래 있던 곳에서 멈추는 물 분자가 있을까? 그런 분자가 있다면, 바닷물이 브라우어르의 부동점 정리 조건을 어떤 식으로 만족하는지 설명해보자. 바닷물 휘젓기에 브라우어르의 부동점 정리가 성립하지 않는다면 어떤 조건을 만족하지 않아 그런 것인지 설명해보자.

38장

이해한 것을 계속 업데이트하자

베이즈 통계

한 번도 보지 못한 사람의 키를 추측해보라는 질문을 받고 당신은 당신 나라 사람들의 평균 신장인 172센티미터라고 대답했다. 평균으로 답하는 것이 안전하다고 생각했기 때문이다. 그런데 얼마 뒤에 당신은 그 사람이 남자라는 정보를 얻었다. 그래서 당신은 그 사람의 키를 남성 평균 신장인 175센티미터라고 높여 말했다. 그런데 조금 더 뒤에 당신은 그 사람이 장신인 남자들이 옷을 사는 상점을 이용한다는 이야기를 들었다. 조금 더 많은 정보를 얻은 당신은 기존 추측을 정정하고 그 사람의 키가 183센티미터라고 말했다. 베이즈 통계Bayesian Statistic는 자료를 근거로 하는 예측이나 해석, 혹은 믿음으로 시작한다. 그러다가 새로운 정보를 알게 되면 예측한 내용을 수정한다.

의료 통계 자료를 분석할 때 베이즈 통계법은 아주 유용하다. 예를 들어, 유방암 가족력이 없는 특정 여성이 특정한 해에 유방암 진단을 받을 확률이 1퍼센트라고 생각해보자. 이 여성은 그해에 유방 조영상을 촬영했다. 미국암협회에 따르면 유방암을 진단하는 유방 조영상은 정확도가 80퍼센트•에 달한다.[47] 그런데 이 여성이 유방 조영상을 찍은 해에는 유방 조영상을 찍은 여성 가운데 10퍼센트•• 정도가 유방암이 없는데도 유방암 진단을 받았다.[48] 이런 상황은 다음처럼 표로 나타낼 수 있다.

	유방암이 있는 여성 (전체 여성 인구의 1%)	**유방암이 없는 여성 (전체 여성 인구의 99%)**
유방 조영상 결과 양성	80%	10%
유방 조영상 결과 음성	20%	90%

이 이야기 속 여성이 유방 조영상 진단 결과 양성 판정을 받았다면,••• 자신에게 유방암이 생길 거라고 굳게 믿을 수도 있다. 하지만

• 유방 조영상 정확도가 80퍼센트라는 의미는 유방암이 있는 여성 100명을 검사하면 그 가운데 80명을 유방암이라고 진단하고 20명을 유방암이 아니라고 진단한다는 뜻이다. 20명에게도 유방암이 있는데 없다고 오진단을 내리는 것이다.

•• 《영국방사선학회지*British Journal of Radiology*》는 이 비율이 10.2~14.4퍼센트 사이라고 보고했으나, 이 책에서는 간단히 비교해볼 수 있도록 10퍼센트로 정했다.

••• 유방 조영상 결과는 단순 이분법이 아니라 0부터 6까지의 바이라즈BI-RADS(유방영상 보고 및 자료 시스템Breast Imaging Reporting and Data System) 점수로 분류한다. 하지만 미국암협회는 바이라즈 점수가 0과 1인 경우를 음성으로, 2부터 6까지를 양성으로 간주한다.[49]

정말 그럴까? 어떤 질환의 발병 상태와 발병 가능성 사이에는 중요한 차이가 있음을 기억해야 한다. 발병 상태는 유방암이 발병했거나 하지 않은 것, 이 두 가지밖에 없다. 그에 반해 발병 가능성은 0퍼센트에서 100퍼센트까지 다양한 값이 존재한다. 더구나 발병 가능성은 새로운 정보가 생기면 달라진다. 이 여성에게는 유방암이 발병한 가족이 없었기 때문에 유방 조영상을 찍기 전에는 발병 가능성이 낮았다. 하지만 이제는 유방 조영상 촬영 결과 양성이라는 새로운 정보를 추가해서 발병 가능성을 다시 생각해야 한다. 유방 조영상 결과를 근거로 발병 가능성이 1퍼센트 미만이라는 기존 추정치를 수정해야 하는 것이다. 이 여성의 유방암 발병 가능성을 몇 퍼센트라고 추정해야 할까? 90퍼센트? 80퍼센트? 20퍼센트? 10퍼센트? 아니면 전혀 다른 값일까?

추상적인 퍼센트 비율이 아니라 유한한 수로 이루어진 특정 여성 집단을 생각해보자. 예를 들어 1000명으로 이루어진 여성 집단의 유방암 진단 검사 결과를 생각해보는 것이다.

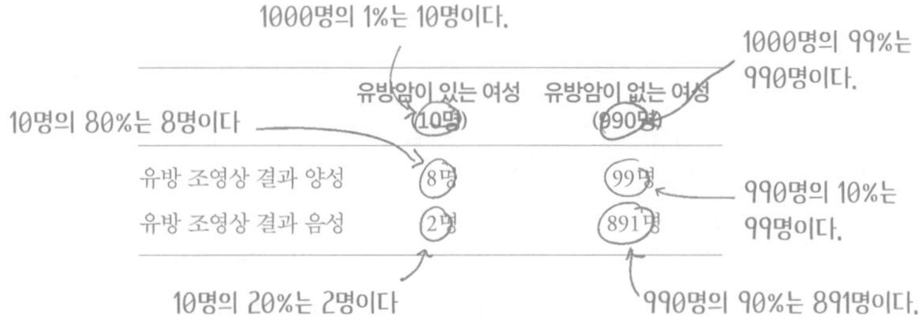

이 표를 깔끔하게 정리하면 다음처럼 쓸 수 있다.

	유방암이 있는 여성 (10명)	유방암이 없는 여성 (990명)
유방 조영상 결과 양성	8명	99명
유방 조영상 결과 음성	2명	891명

이 표를 이용하더라도 앞에서 언급한 여성의 발병 상태는 여전히 알 수 없지만, 이 여성의 '유방 조영상' 진단 결과가 '양성'임은 알고 있다. 유방 조영상이 양성인 여성 가운데 실제로 암이 있는 여성은 8명이고 검사 결과는 양성이라도 암이 없는 여성은 99명이다. 우리가 살펴보려는 여성의 현재 발병 가능성을 예측하려면 새로 얻은 이 정보를 기존 정보에 더해서 다시 판단해야 한다. 다시 말해서 유방 조영상 검사에서 양성 판정을 받은 여성들 가운데 실제로 암인 여성은 몇 명이나 되는지를 질문해야 한다. 이 문제는 두 수 가운데 한 수를 다른 수로 나누면 풀 수 있다. '양성 판정을 받았고 실제로도 암인 사람의 수'를 '양성 판정을 받은 사람의 수'로 나누면 된다.

$$\frac{\left(\text{양성 판정을 받았고 실제로도 암인 사람의 수}\right)}{\left(\text{양성 판정을 받은 사람의 수}\right)} = \frac{8}{8+99} = \frac{8}{108} \approx 0.074 = 7.4\%$$

8: 양성이면서 암인 사람　　99: 양성이면서 암이 아닌 사람

이 여성은 유방 조영상 검사를 하기 전에는 유방암에 걸릴 가능성이 1퍼센트 미만이었다. 하지만 유방 조영상 검사에서 양성이라는 결

과가 나왔기 때문에 이제 유방암 발병 가능성은 7.4퍼센트로 증가했다. 유방 조영상이 양성이라는 결과는 발병 가능성을 높였지만, 여전히 이 여성이 유방암에 걸릴 가능성은 아주 낮다.

수학을 공부하거나 인생을 살아갈 때면 불확실성과 씨름해야 할 때가 많다. 그런 불확실성은 '다음에 만날 사람은 키가 몇 센티미터일까?' 같은 사소한 문제일 수도 있고, '목숨을 위협하는 질병에 걸릴 가능성은 얼마나 될까?' 같은 심각한 문제일 수도 있다. 어떤 경우가 되었건, 불확실성을 마주했을 때는 베이즈 통계법을 기억하자. 자료를 근거로 얻은 믿음과 해석·예측으로 시작하되, 새로운 정보가 생기면 예측을 새롭게 수정하자.

문제 38 많은 남성이 전립샘 특이 항원PSA 수치를 검사하려고 혈액 검사를 받는다. 전립샘 특이 항원의 수치가 높아졌다는 건 전립샘암이 발병했을 수도 있다는 뜻이다. 전체 남성 가운데 3퍼센트가 전립샘암으로 사망하고,• 전립샘 특이 항원 검사법의 정확도는 80퍼센트라고 가정하자. 그리고 전립샘 특이 항원 검사는 전립샘암이 없는 남성의 75퍼센트에게도 전립샘암이 있다는 진단을 내렸다. 이 검사를 받은 남성의 전립샘 특이 항원 수치가 높다면 실제로 생명을 위협하는 전립샘암에 걸렸을 가능성은 얼마나 될까?

• 높은 비율의 남성이 전립샘암이라는 진단을 받지만, 그런 경우에도 별다른 전립샘암 증상이 나타나지 않다가 다른 원인 때문에 사망하는 경우가 많다.

39장

열린 마음을 유지하자

허수

고대 로마와 이집트의 수학자들은 0을 부정했다. 고대 그리스 수학자들은 음수가 없다고 했다. 피타고라스학파는 모든 수를 분수로 나타낼 수 있다고 생각했기에, 2의 제곱근은 분수로 나타낼 수 없다는 히파소스Hippasos를 바다에 던져버렸다(히파소스의 추론은 옳았다). 알렉산드리아의 헤론Heron of Alexandria은 $x^2=-1$ 같은 방정식을 풀려 했지만• 같은 수를 곱해서 음수가 되는 수를 상상하지 못했다. 헤론이 실수 선 너머를 보았다면 해결책을 발견했을지도 모른다.

1500년대에 이탈리아 수학자 라파엘 봄벨리Rafael Bombelli는 $x^2=-1$ 같은 방정식에도 해가 있을 수 있다고 생각했다. 1600년대에는 르네

• 헤론은 꼭짓점을 잘라낸 정사각 피라미드의 부피를 구하려고 했다.

데카르트Rene Descartes가 i라는 새로운 용어를 만들어 제곱하면 -1이 되는 수라고 정의했다. i는 '허수imaginary number'의 약자이다. '허수'라는 이름에서 데카르트가 i라는 개념을 불편하게 여겼음을 엿볼 수 있다.• i는 방정식 $x^2=-1$의 해이다. i는 다른 수와 곱해 $2i$, $100i$, $0i$, $\frac{1}{2}i$, $-1i$, πi 같은 다양한 수를 구성할 수 있다. 이런 수들은 실수 선에는 적을 수 없으므로, 일단 허수로만 꽉 찬 허수 선이 있다는 상상을 해야 한다.

그런데 허수 $0i$는 실수 0과 같으니까 허수 선과 실수 선의 $0i$와 0이 같은 점에 놓이도록 두 선을 배치할 수 있다.

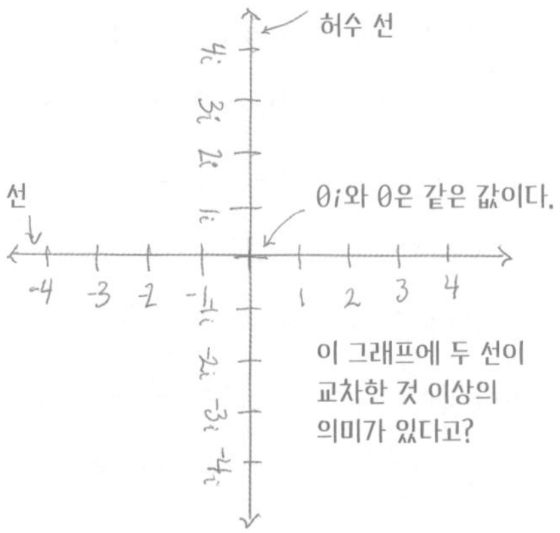

• 방정식 $i^2=-1$의 양변의 제곱근을 구하면 $i=\pm\sqrt{-1}$이다.

실수와 허수의 0을 같은 곳에 놓으면 그때부터 실수 선과 허수 선은 그저 2개의 선에 머물지 않는다. 가로축과 세로축이 만든 이 평면은 이 세상에 존재하는 모든 수를 나타낸다. 이 평면을 구성하는 수는 모두 실수 좌표와 허수 좌표를 더한 값으로 표현할 수 있다.

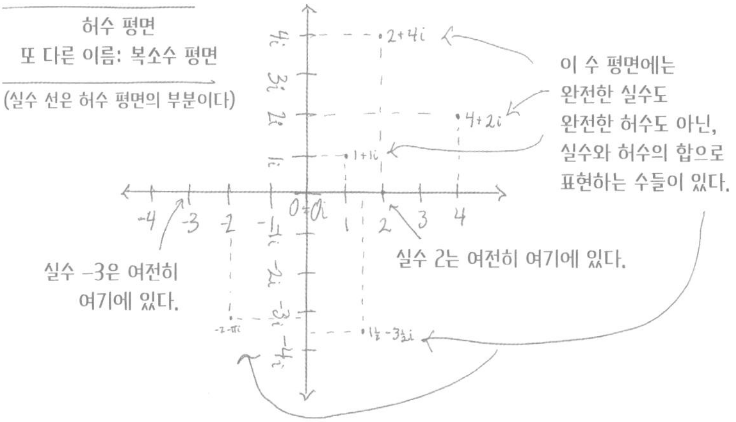

다시 말해서 허수•는 일반적으로 $a+bi$로 표현할 수 있다. a와 b는 실수이고 i는 $\pm\sqrt{-1}$이다. 변수 a는 옆에 i가 없기 때문에 허수의 '실수 부분'이라고 부르고, 변수 b는 옆에 i가 있기 때문에 허수의 '허수 부분'이라고 부른다. 수직선 위에 있는 실수는 모두 허수 평면(복소수 평면이라고도 한다)에 속한다. 예를 들어, 수직선 위에 있는 5는 복소수 평면 위에 있는 $5+0i$와 같은 수인데, $0i$는 허수 부분이 없다는 뜻이다. 허수 평면에는 그 어떤 선에도 머물지 않는 허수들도 있

• 보다 정확하게 말하면 복소수complex number를 의미한다. —옮긴이

다. 실수 부분인 2와 허수 부분인 4로 이루어진 $2+4i$ 같은 수이다. 실수 부분과 허수 부분은 반드시 양수일 필요도, 정수일 필요도 없다. 실수 부분이 $-\frac{1}{2}$이고 허수 부분이 π인 $-\frac{1}{2}+\pi i$ 같은 허수도 있다.

고집을 버리고 허수의 존재를 인정하자, 수학자들은 큰 보상을 받았다. 허수가 대수학과 기하학을 잇는 다리가 되어준 것이다. 허수 덕분에 공학자들은 비행기 날개를 설계할 수 있었고 지진이 날 때 건물이 흔들리는 이유를 알게 되었다. 허수 덕분에 전기 회로도 만들고 유체의 흐름도 파악할 수 있었다. 실수의 중요한 특징들을 공유하고 있는 허수는 덧셈, 뺄셈, 곱셈, 나눗셈 같은 연산을 할 수 있어 실생활에 다양하게 적용할 수 있다. 실수를 더할 때 순서가 중요하지 않은 것처럼($2+3=3+2$), 허수를 더할 때도 순서는 중요하지 않다. 두 허수를 더할 때는 두 실수 부분을 더해 답에서의 실수 부분을 구하고, 두 허수 부분을 더해 답에서의 허수 부분을 구하면 된다. 예를 들어, $-3+4i$라는 허수와 $5+6i$라는 허수의 합은 다음처럼 구한다.

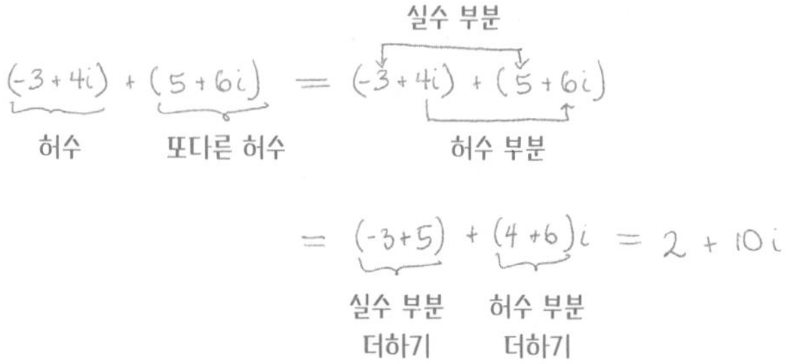

수학 공부를 하거나 인생을 살아가는 동안 이 세상에 존재하지 않았으면 하는 문제를 만나 당혹스러워도, 많은 사람이 같은 기분이라

는 걸 기억하자. 고대 로마인도, 이집트인도, 그리스인도, 피타고라스 학파 사람도 모두 당신과 같은 고통을 느꼈다. 수학 공부도, 인생도, 힘들게 노력해서 밝혀내야 할 신비로움이 있기에 흥미롭다는 걸 잊으면 안 된다. 계속 마음을 열고 노력하면 상상도 하지 못했던 새로운 사실을 발견하게 될 것이다.

문제 39 실수가 아닌 두 허수를 더했을 때 실수가 나오는 예를 찾아보자. 당신이 찾은 예를 보면 인생의 어떤 면이 떠오르는가?

40장

과정을 음미하자

무작위 걷기

대장균은 뇌도, 눈도, 귀도, 코도 없는 단세포 생물이지만 거뜬히 먹이를 찾아낸다. 먹이가 많은 곳으로 갈 확률을 높이려고 대장균은 부지런히 편모를 돌린다. 편모를 시계 반대 방향으로 돌리면 곧장 앞으로 '나아가고', 시계 방향으로 돌리면 제자리에서 빙글빙글 '돌면서' 몸이 향하는 방향을 바꾼다. 대장균은 앞으로 나가고 제자리를 도는 과정을 반복하면서 무작위로 움직인다.

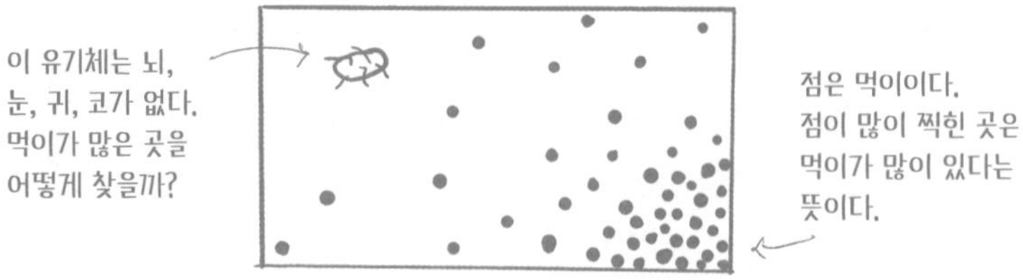

무작위 걷기random walk란 한 개체가 시작점에서 점점 멀어지는 경로를 수학적으로 설명하는 방식이다. 이름이 무작위 걷기라고 해서 늘 무작위인 것은 아니다. 전혀 무작위가 아닌 무작위 걷기도 있는데, 이를 '편향된' 무작위 걷기라고 부른다. 대장균이 앞으로 나아가는 거리는 정해진 규칙에 따라 다양하므로 대장균의 움직임도 '편향된' 무작위 걷기이다. 편모를 시계 방향으로 돌려 방향을 바꾼 대장균은, 먹이 농도가 낮으면 조금 움직이고 높으면 멀리 움직인다. 먹이 농도를 감지하고, 새로운 방향으로 몸의 방향을 바꾸고, 먹이 농도에 따라 나아가는 거리를 조정하는 세 단계 과정을 통해 대장균은 먹이를 찾는다. 단번에 먹이를 찾지는 못해도 이 과정을 반복하면 된다.

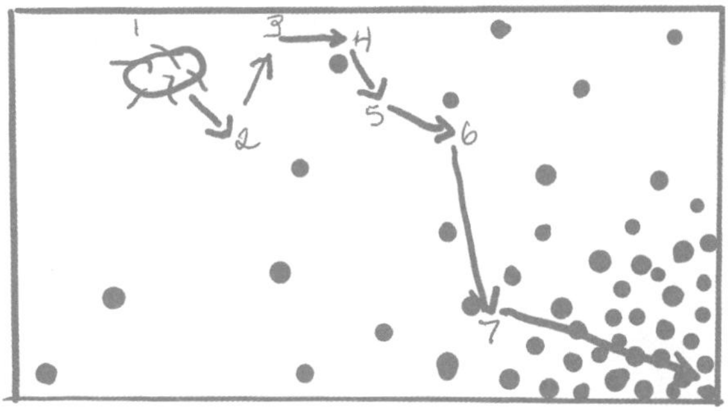

수학을 공부할 때나 인생을 살아갈 때면 정해진 방향 없이 무작위로 걷고 있다는 느낌을 받을 때가 있다. 그럴 때는 풍부한 영감이 있는 곳으로 갈 수 있도록 '편향된' 걸음을 걸어보자. 영감이 풍부한 상황이라면 좀 더 깊이 읽어보고, 더 멀리 오랫동안 달려보고, 좀 더 길게 대화하고, 훨씬 어려운 문제를 고민해보는 것이다. 영감이 부족한 상황이라면 새로운 책을 찾아 읽고, 새로운 사람과 대화하고, 다른 문제를 풀어보는 등 살짝 다른 방향으로 새롭고도 작은 발걸음을 내디뎌보는 것이다. 어딘가로 걸어가고 있다는 사실에 만족하자. 진정한 탐구는 답을 찾지 못했더라도 명예롭다. 완벽하게 무작위로 걷는 데 시간이 아주 많이 필요한 건 아니지만, 금방 해낼 수 있는 것도 아니다. 다행히도 우리에게는 딱 그만큼의 시간이 있다.

문제 40 사랑스러운 정원으로 가거나 괴물이 득실거리는 동굴로 이어지는 수직선 위를 걸어보자. (아이들 놀이처럼 보이지만 진지한 수학 문제이다.) 종이 한 장, 연필 한 자루, 동전 하나를 준비한다. 종이 위에 수직선을 하나 긋고 −10, 0, +10을 표시하자. −10 위에는 괴물들이 있다. 당신은 0에 있다. +10에는 꽃이 피고 나비가 날아다니는 아름다운 정원이 있다.

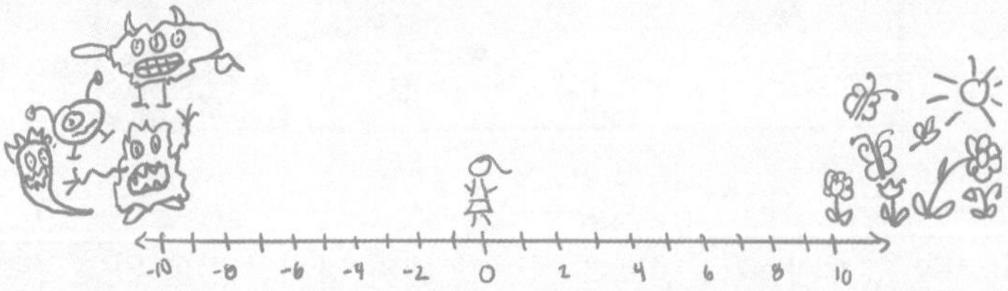

당신 목표는 괴물이 아니라 정원이 있는 쪽으로 가는 것이다. 이제 동전을 가지고 게임을 해보자. 먼저 동전을 던져서 나온 결과대로 수직선 위를 이동할 수 있도록 규칙을 정해야 한다. 무작위로 걷는 동안 결국에는 약간의 편향이 생겨서 정원에 도착할 수 있도록 규칙을 세우자. 동전의 앞과 뒤가 나왔을 때 모두 오른쪽으로 가는 규칙을 세우는 건, 결국 곧바로 정원으로 간다는 걸 의미하기 때문에 무작위 걷기라고 볼 수 없다. 앞이 나오면 '왼쪽으로 한 칸' 가고, 뒤가 나오면 '오른쪽으로 한 칸' 간다는 규칙도 정원과 괴물의 동굴로 갈 가능성이 같다는 의미에서 볼 때 '편향된' 무작위 걷기라고 할 수 없다. 정원에 도착하거나 동굴에 도착할 때까지 몇 번이고 동전을 던질 수 있다. 직접 만든 규칙대로 몇 번 게임을 해보자. 당신이 만든 규칙대로 게임을 하면 효율적으로 목표를 향해 갈 수 있는가? 아니면 자꾸 괴물 쪽으로 가게 되는가? 게임을 할 때마다 늘 같은 곳으로 가는가? 몇 번이나 게임을 해보아야 정원으로 더 많이 갈 수 있는 규칙을 세울 수 있을까? '편향'된 무작위 걷기가 될 수 있게 무작위로 걸으라는 건 어떤 의미일까? '편향'과 '무작위 걷기'라는 용어를 사용해서 설명해보자.

41장

실패를 두려워 말자

아인슈타인의 $E=mc^2$

알베르트 아인슈타인이 특수 상대성 이론과 $E=mc^2$이라는 공식을 발표했다는 사실은 널리 알려져 있다. 하지만 이 유명한 공식을 연구하면서 아인슈타인이 실패를 경험한 것도 알고 있는가?

$E=mc^2$은 에너지(E)와 질량(m)이 밀접한 관계를 맺고 있음을 말해준다. 질량은 에너지로 전환될 수 있고, 에너지는 질량으로 전환될 수 있다는 뜻이다. 질량은 일종의 **얼어붙은** 에너지이고, 에너지에는 질량이 있다. 질량과 에너지는 비례 상수로 연결되어 있다. 이 비례 상수는 빛의 속도(광속)를 제곱한 값(c^2)이다. 따라서 $E=mc^2$에 따르면, 책과 같은 물체가 갖는 에너지의 양은 책의 질량에 빛의 속도의 제곱을 곱하면 구할 수 있다. 그런데 빛의 속도는 초속 299,792,458미터라는 엄청나게 큰 수이므로 질량이 아주 작은 물

체도 사실 어마어마한 에너지를 간직하고 있다.

아인슈타인은 1905년에 $E=mc^2$임을 입증하는 논문을《물리학 연보*Annalen der Physik*》에 발표했다. 그 뒤 2년 동안 아인슈타인은 이 방정식의 증명을 세 번 더 발표한다. 수학에서 증명은 한 번으로 충분한데, 왜 아인슈타인은 계속 증명을 발표했을까? 앞선 증명에 실수가 있었다고 생각했기 때문이 아닐까? 막스 플랑크Max Planck는 1907년에 발표한 논문에서, 아인슈타인이 느린 속도로 움직이는 물체라는 특수한 경우에서 도출한 결과를 빠른 속도로 움직이는 물체를 포함한 모든 물체에 일반화하는 실수를 저질렀다고 지적했다.[50] 수학자들은 특수한 경우에서 참인 결론을 모든 경우에 적용하는 일을 결코 허용하지 않는다. 내가 찐 브로콜리를 좋아한다고 해서 이 세상 모든 사람이 찐 브로콜리를 좋아한다고 추론하면 안 되는 것처럼 말이다. 그러니까 아인슈타인이 제일 먼저 발표한 증명은 실제로는 증명이 아니었다.

실수를 하면 의기소침해질 수밖에 없지만, 수학을 할 때는 실수를 할 수밖에 없다. 자신의 이야기를 세계라는 무대 위에 올리면서 아인슈타인은 자신이 한 수학 실수를 바로잡아야 할 필요가 있었다. 자신의 실수를 고쳐나가면서 아인슈타인은 $E=mc^2$이라는 방정식을 조금 더 깊게 이해할 수 있었을 뿐 아니라 상대성에 관한 모든 것을 알게 되었다.

그로부터 많은 시간이 흐른 뒤에 아인슈타인은 바버라라는 중학생과 편지를 주고받았다.[51] 바버라는 자기가 수학에 재능이 없다고 걱정했다.

아인슈타인 선생님께,

아주 오래전부터 저는 선생님을 존경해왔어요. 이전에도 여러 번 편지를 썼지만 보내지 못하고 찢어버렸어요. 선생님은 정말 훌륭한 분이시고, 제가 읽은 책 내용대로라면 언제나 훌륭한 분이셨을 테니까요. 선생님에 비하면 저는 엘리엇 중학교 7A반에 다니는 평범한 열두 살 여자아이일 뿐이에요.

우리 반 아이들은 대부분 팬레터를 보낼 자기만의 영웅이 있어요. 저에게는 선생님과 해안 경비대에 근무하는 저의 삼촌이 영웅이에요.

제 수학 성적은 평균보다 조금 낮아요. 그래서 다른 아이들보다 훨씬 오래 공부해야 해요. 결국에는 성적이 오를 거라고 생각하지만, 사실 걱정이 (아주 많이) 되기는 해요.

언젠가 저녁에 가족들이랑 라디오에서 〈리더스 다이제스트 Readers Digest〉를 듣는데, 여덟 살 아이가 선생님에게 편지를 썼다는 이야기가 나왔어요. 그래서 엄마에게 나도 선생님에게 편지를 쓰고 싶다고 했더니, 엄마가 그러라고 하셨어요. 선생님이 답장을 주실 거라면서요. 아, 정말로, 선생님이 답장을 해주신다면 얼마나 좋을까요. 아래에 제 이름과 주소를 썼어요.

바바라 올림

1943년 1월 3일

바버라에게

친절한 편지 고맙구나. 내가 영웅이 될 수 있다는 생각은 정말 한 번도 해본 적이 없단다. 하지만 네가 나를 영웅이라고 해주니, 정말로 영웅이 된 것 같은 기분이 드는구나. 미국 대통령으로 뽑힌 사람이 이런 기분을 느끼지 않을까 싶단다.

수학이 어렵다고 너무 걱정할 필요는 없어. 아마도 내가 너보다 수학을 훨씬 어려워할 게 분명하니까 말이야.

알베르트 아인슈타인 교수

1943년 1월 7일

수학을 공부하거나 인생을 살아가면서 바버라처럼 좌절하는 순간은 누구에게나 있을 것이다. 다른 사람들은 당신보다 더 빨리, 더 많이 수학 실력이 늘고 있다는 기분이 드는 때 말이다. 아래에서 위로 올라가기 힘들다고 느낄 때, 자신에게 주어진 과제를 아주 잘 아는 친절한 사람과 대화해보기로 한 바버라는 정말 현명한 사람이다. 하지만 그런 바버라라고 해도 아인슈타인이 자신처럼 수학을 힘들어하고, 가끔은 실패한다는 사실을 예상할 수 있었을까?

"나에게는 특별한 재능이 없다. 그저 엄청난 호기심이 있을 뿐이다."[52] 언젠가 아인슈타인은 이렇게 말했다. 엄청난 호기심이 있다고 해서 실수를 하지 않는 건 아니다. 호기심 덕분에 새로운 영감을 얻을 수 있다고 해도, 호기심은 성공보다는 실패를 더 많이 불러온다.

수학 공부에 집중하되 수학이 어렵다고 걱정하지는 말자. 아인슈타인은 우리보다 수학을 훨씬 더 어려워했으니까.

문제 41 $E=mc^2$이라는 방정식을 들어는 봤지만 한 번도 다뤄본 적이 없다면, 이번에 활용해보자. 호기심이 당신을 이끌게 하자. 호기심을 따라 걷는 동안 가끔은 넘어질 수도 있다는 사실은 걱정하지 말자.

지금 당신이 들고 있는 책의 에너지가 더 많을까, 7월 한 달 동안 뉴욕시에서 사용한 에너지가 더 많을까?• 이 문제에 답하려면 먼저 다음과 같은 사실들을 알고 있는 게 좋다.

- 뉴욕경제개발공사는 2013년 7월 뉴욕시 전체 에너지 소비량이 10억 MMBtu라고 했다.[53]
- MMBtu는 '백만영국열량단위(1million British Thermal Units)'의 약자이다.
- $E=mc^2$이다.
- 1파운드는 약 0.452킬로그램이고, 1킬로그램은 약 2.21파운드이다(파운드를 2.21로 나누면 킬로그램이 된다).

• 이 질문은 2005년 9월 30일자 《뉴욕타임스》에 실린 브라이언 그린Brian Greene의 〈유명한 방정식과 당신That Famous Equation and You〉이라는 기사(https://www.nytimes.com/2005/09/30/opinion/that-famous-equation-and-you.html)에서 영감을 받았다. 이 기사는 해답을 함께 실었지만, 그 답이 나온 이유는 알려주지 않았다.

- 빛의 속도는 초속 299,792,458미터이다.
- 질량(kg)과 빛의 속도를 제곱한 수를 곱하면 열량(줄Joule)을 구할 수 있다.
- 1Btu는 1.06줄이다.

3부

영혼을 위한 수학

42장

방향 감각을 잃어보자

클라인 병

지구 위를 걸어서 한 바퀴 돌 때는 제자리로 돌아올 때까지 똑바로 서서 걸을 수 있다. 알고 있겠지만, 지구 생명체들은 언제나 머리 위에 하늘을 두고 움직인다. 하지만 지구가 클라인 병Klein bottle(곧 설명할 것이다)이라는 조금 특이하게 생긴 수학 물체라면 한 바퀴 돌아서 같은 자리로 돌아왔을 때는 거꾸로 매달려 있을 것이다. 클라인 병처럼 생긴 행성에서 사는 생명체는 지루할 틈이 없으리라.

클라인 병이 어떤 물체인지를 설명하기 전에, 사람은 클라인 병을 정확하게 볼 수 있는 능력이 없다는 사실을 미리 말해줘야겠다. 우리는 3차원 세상에서 살고 있는데 클라인 병은 4차원 물체이기 때문이다. 안타깝지만 3차원 세상에서는 4차원 물체를 완벽하게 묘사할 방법이 없다. 3차원 공간에서 4차원 클라인 병을 보려고 할 때 생기는 문제는 2차원 공간인 종이 위에서 3차원 물체인 정육면체를 '보려고' 시도할 때 생기는 문제와 같다. 종이 표면은 깊이가 없으므로 종이 위에 정육면체를 그릴 때는 깊이가 있는 것처럼 상상해야 한다.

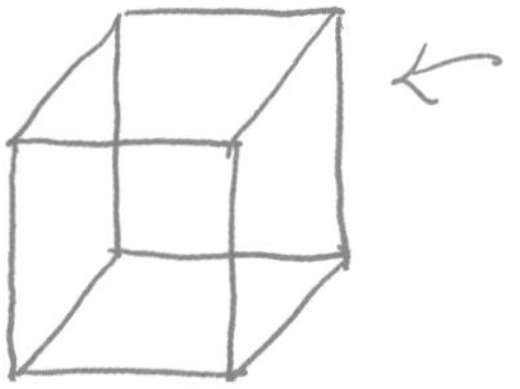

게다가 정육면체 그림에서 서로 교차하는 것처럼 보이는 선분 가운데 몇 개는 실제로는 교차하지 않는다는 것도 알아야 한다.

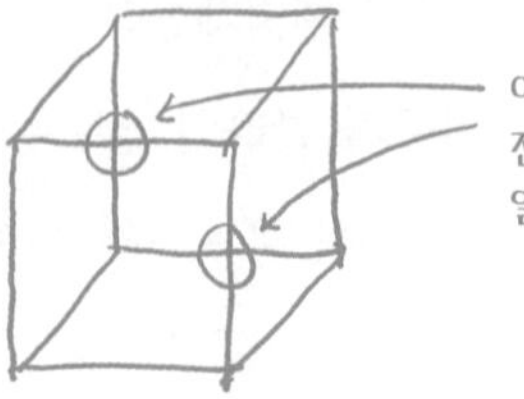

그와 마찬가지로 3차원 세상에서 4차원 물체인 클라인 병을 이해하려면 그림을 그리든, 3차원 모형을 만들든 어떤 선분과 평면이 교차하는 것처럼 보여도 실제로는 아니라는 사실을 명심해야 한다.

클라인 병을 만들고 싶다면 먼저 아래 그림처럼 가장자리에 표시한 직사각형을 준비하자.

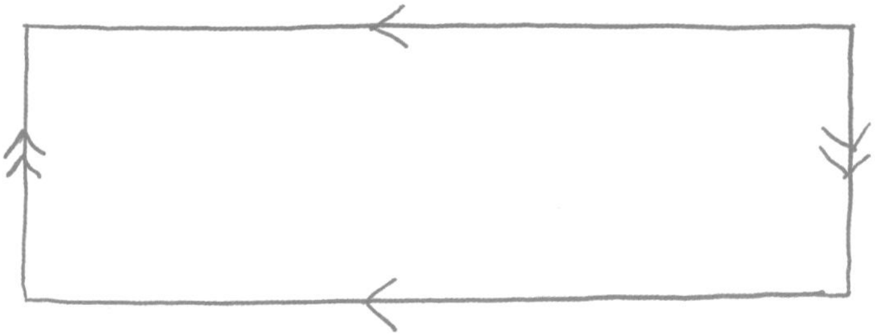

이 직사각형의 긴 변이 서로 만나도록 둥글게 말아서 풀로 붙이자. 그러면 긴 원기둥이 생길 것이다.

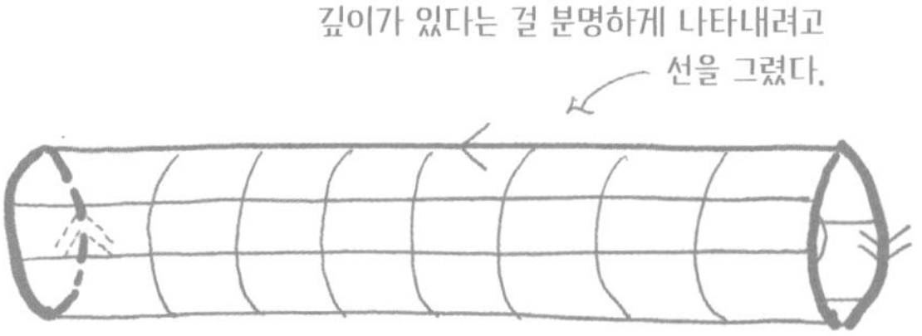

이제는 남은 가장자리를 서로 이어 붙여야 하는데, 그전에 먼저 원기둥의 한쪽 끝은 크게 넓히고, 다른 쪽 끝은 좁힌다.

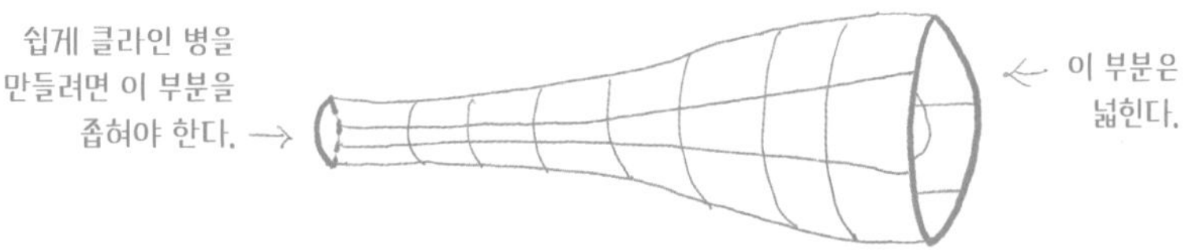

이제 좁힌 쪽을 넓힌 쪽을 향해 구부리자.

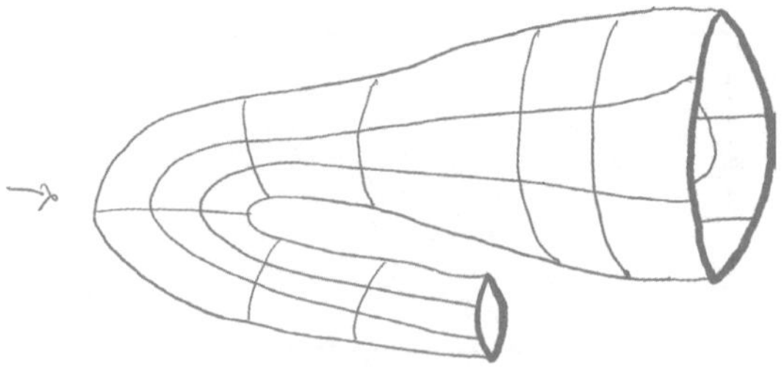

이제부터 신중하게 다음 과정을 해내야 한다. 좁은 끝이 넓은 끝에 맞닿을 정도로 구부리면 안 된다.

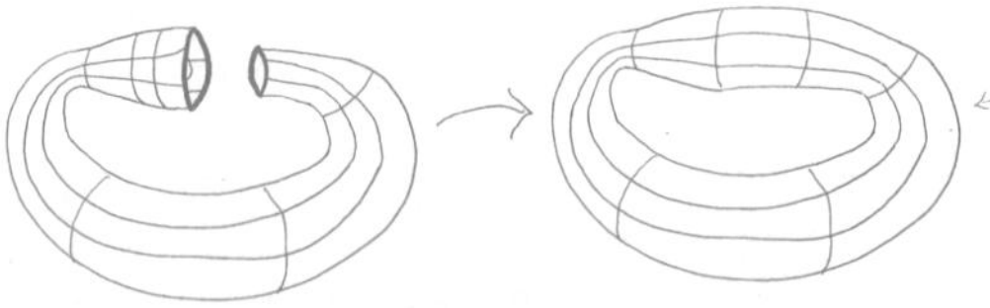

이 울퉁불퉁한 도넛은 3차원 물체로, 4차원 클라인 병하고는 아주 다른 물체이다. 도넛은 '방향성이 있다.' 그 물체 위를 한 바퀴를 돌아서 출발한 곳으로 돌아와도 거꾸로 뒤집힐 위험이 없다는 뜻이다.

마지막으로 좁힌 끝이 다시 원통 안으로 들어가 넓힌 끝과 '안쪽'에서 서로 맞붙을 수 있도록 붙여주면 클라인 병을 완성할 수 있다.

3차원 세상에서 짧은 가장자리로 들어간 클라인 병은 자가 교차된 것처럼 보인다. 하지만 실제로 클라인 병이 머무는 4차원 공간에서는 교차한 부분이 없다. 클라인 병을 만들었으니, 이제 펜으로 지나간 길을 표시하면서 그 위를 걸어보자

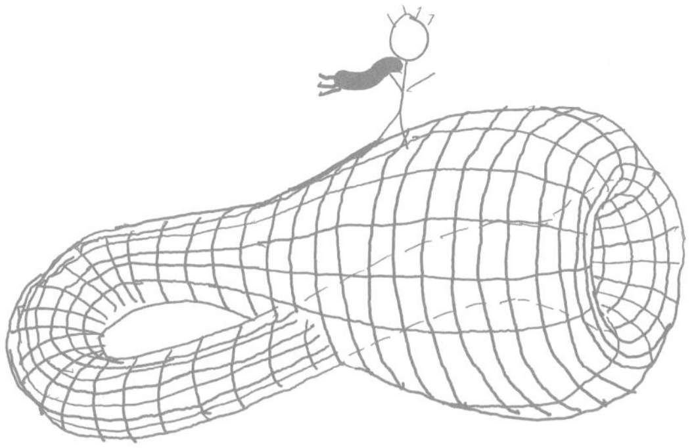

가자! 내가 만든 클라인 병을 탐험하러!

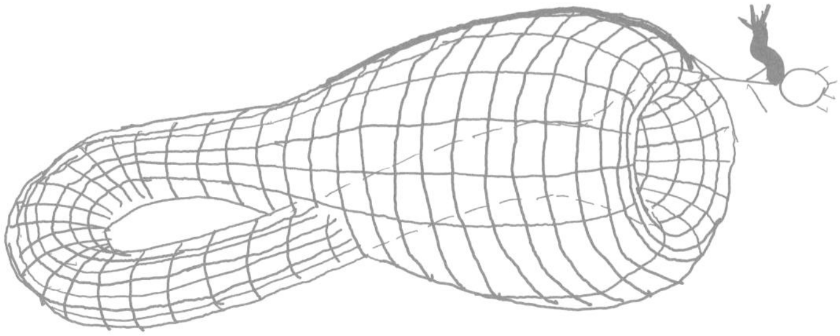

가장자리나 경계를 건너지는 않을 테지만, 이곳을 넘어서 '안'처럼 보이는 곳으로 들어갈 거야.

클라인 병은 안과 밖이 있는 것처럼 보이지만 사실은 가장자리가 없고 면이 1개인 물체이다. 클라인 병에는 안과 밖의 구분이 없다. 그저 연속적인 표면 1개만 있을 뿐이다.

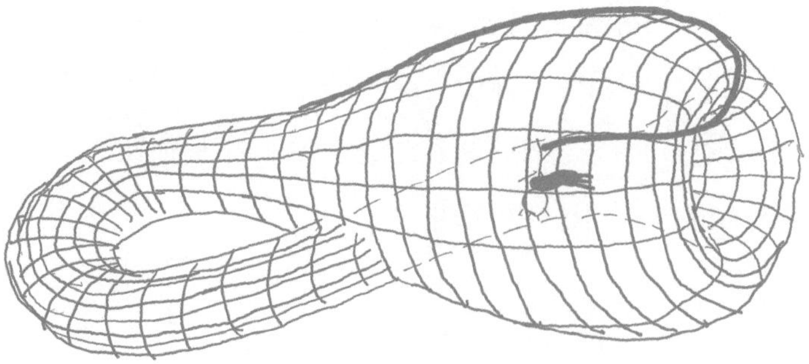

이상한데? 여전히 출발했던 '면'에 있잖아!

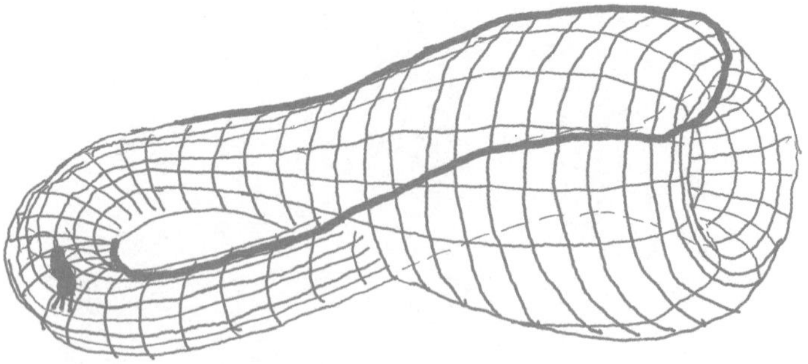

잠깐만, 출발했던 곳이 보여. 거기로 가고 있어!

클라인 병은 면이 1개이기 때문에 계속 걸으면 결국 출발한 곳으로 돌아온다. 그러나 당신은 거꾸로 매달려 있다.

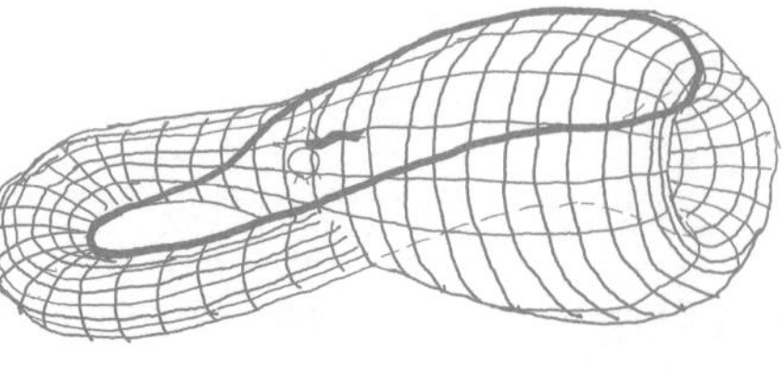

잠깐! 나는 가장자리를 건넌 적이 없으니까 출발했던 면과 같은 면에 있는 거야. 그러니까 나는 지금 출발점으로 돌아와 있는 거지. 문제는 거꾸로 매달려 있다는 거지만.

순수 수학자들은 클라인 병을 정말 좋아한다. 이런 추상적인 수학 물체는 예술, 과학, 심오함, 수학적 재치를 모두 담고 있다. 수학 애호가들은 재미있기도 하고 수학을 공부하기도 좋다는 이유로 책상 위에 작은 클라인 병을 올려놓는다. 순수 수학자에게 클라인 병은 흥미롭기도 하고 그 자체로도 완전한 물체이다. 존재를 입증하려고 응용을 해야 할 필요가 없기 때문이다. 하지만 응용 수학자들은 클라인 병을 좀 더 연구해야 하는 이유를 밝혀냈다. 스탠퍼드 대학교의 연구원들은 국립과학재단의 지원을 받아 진행한 인간 시력 연구에서, 인간의 뇌는 클라인 병에 적용하는 위상 수학을 이용해 고등 자료를 압축한다는 결론을 내렸다.[54] 이 같은 연구 결과 덕분에 시력을 조금 더 자세하게 이해하고, 더욱 강력한 자료 압축 기술을 개발할 가능성이 생겼다.

수학을 공부하거나 인생을 살아가면서 방향을 잃으면 당황스러울 수 있다. 하지만 방향을 잃었다는 것을 인생에 새로운 차원을 더할 가능성이 생겼다는 의미로 받아들일 수도 있다.

문제 42 '삼목 두기'는 두 사람이 번갈아 가면서 3×3 격자판 위에 'X'나 'O'를 표시하고, 연달아 같은 부호를 표시한 사람이 이기는 게임이다. 클라인 병을 만들 때 사용한 종이판을 삼목 판으로 사용한다면 승자는 어떤 경로로 움직이게 될까?

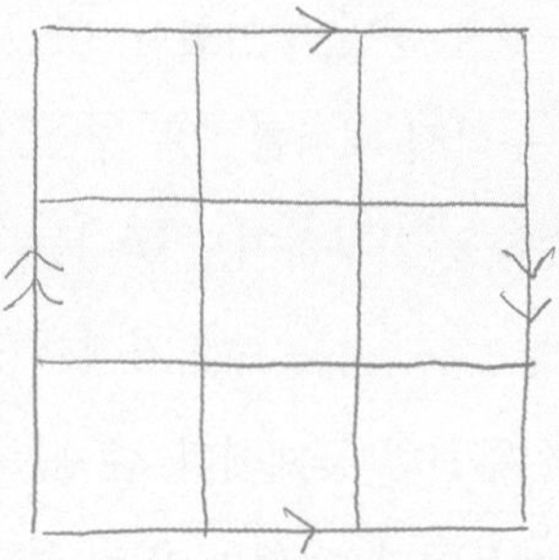

이 종이의 가장자리는 정해진 방법대로 서로 연결된다는 사실을 기억하자.

클라인 병을 만들었을 때 종이판에 그려진 아홉 칸의 배치 상태를 상상해보면 도움이 될 것이다. 아래 그림은 3×3 격자판으로 클라인 병을 만들었을 때, 서로 인접하는 가운데 부분과 가장자리 부분을 수로 나타낸 것이다.

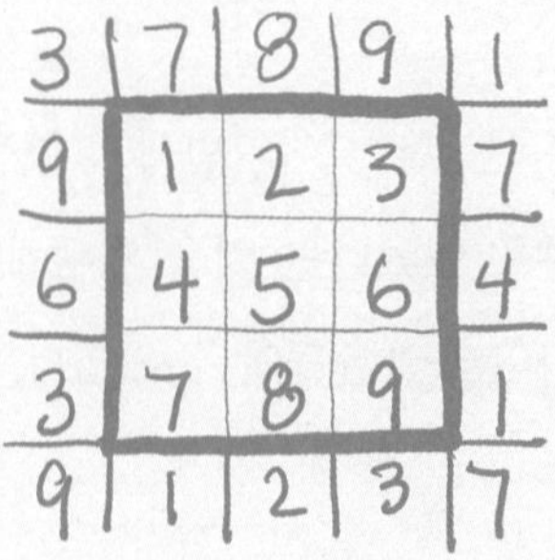

클라인 병 위에서는 2차원 삼목보다 이길 방법이 더 많다는 사실을 기억하자.

예를 들어

이렇게 움직이면 이긴다. 2, 4, 9번 칸에 있는 X는 클라인 병 위에서 나란하게 이어지기 때문이다.

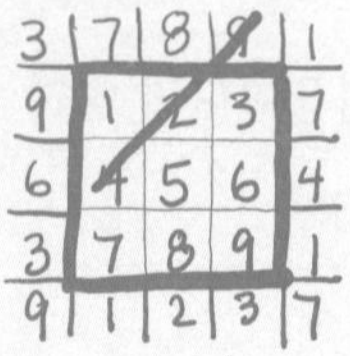

43장

경험의 영역을 벗어나라

초입방체

1975년에 스페인의 유명한 초현실주의파 화가 살바도르 달리Salvador Dali가 브라운 대학교의 수학 교수이자 미국수학협회 전 회장인 토머스 밴초프Thomas Banchoff에게 전화를 걸어서 자신을 만나달라고 했다. 밴초프의 친구는 그 전화가 '장난 전화'이거나 달리가 밴초프를 '고소'할 것 같다고 했다.[55] 밴초프는 얼마 전《워싱턴포스트 *Washington Post*》에 4차원 기하학 연구 결과를 발표하면서 자기 사진과 함께 달리의 그림 「십자가형(초입방체)Crucifixion(Corpus Hypercubus)」을 무단으로 실었던 참이었다. 밴초프는 전화를 받은 뒤에 곧바로 뉴욕으로 가서 달리를 만났고, 수학과 예술, 그리고 4차원에 관심이 많았던 두 사람은 좋은 친구로 오랫동안 우정을 나누었다.

달리의 「십자가형」 그림에서 예수는 십자가에 못 박혀 피를 흘리지 않는다. 다친 곳 없이 건강한 몸으로 그저 활짝 펼쳐져 있는 4차원 입방체(초입방체hypercube) 앞에 떠 있을 뿐이다. 3차원 정육면체를 평평한 2차원 정사각형 6개로 펼칠 수 있는 것처럼 4차원 초입방체는 8개의 3차원 정육면체로 펼칠 수 있다.

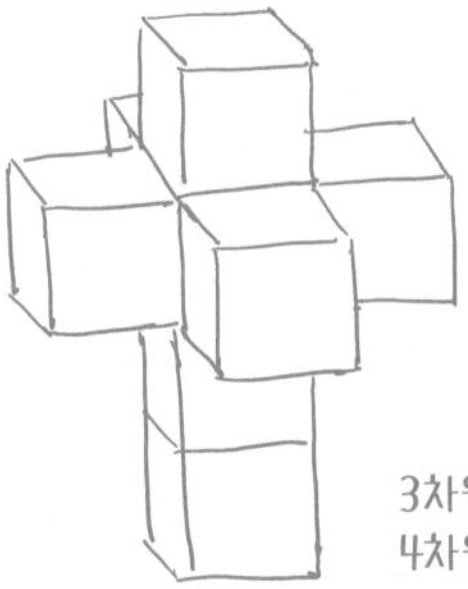

3차원 공간에서 펼쳐진
4차원 입방체

많은 이들이 입방체가 3차원 물체라고 생각하지만,* 수학자들은 모든 차원에서 입방체를 상상한다. 0차원에서 입방체는 그저 한 점이다. 0차원 입방체를 복사해, 복사한 입방체를 특정 방향으로 끌고 가면서 복사한 입방체들이 남긴 정점들을 연결하면 1차원 입방체를 만들 수 있다. 그렇게 만든 1차원 입방체는 길이가 있는 선분이다.

1차원 입방체 만들기

* 다행히 수학자들이 정의하는 3차원 입방체는 일반인이 알고 있는 3차원 입방체 정의와 일치한다.

1차원 입방체로 2차원 입방체를 만들려면 1차원 입방체를 복사해서 1차원 입방체의 가로 방향과는 수직인 방향으로 끌고 간 후 정점을 모두 연결하면 된다. 그렇게 만든 2차원 입방체는 가로와 세로가 있는 정사각형이다.

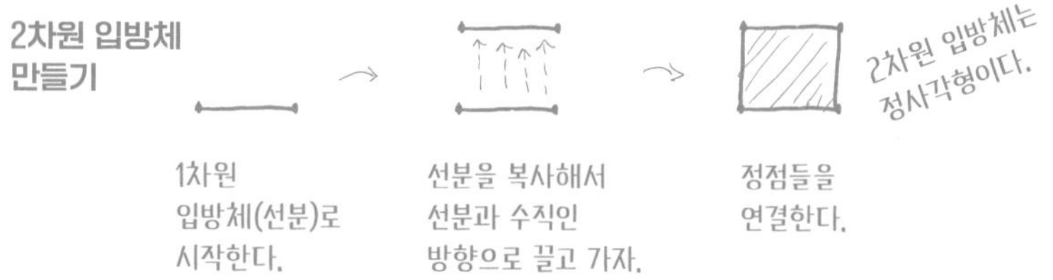

2차원 입방체로 3차원 입방체를 만들려면 2차원 입방체를 복사한 뒤에 2차원 입방체에 수직인 방향으로 입방체를 끌고 가야 한다. 그런 다음에 정점을 연결하면 사람들 대부분이 입방체 하면 떠올리는, 가로·세로·높이가 있는 상자처럼 생긴 3차원 입방체(정육면체)가 만들어진다.

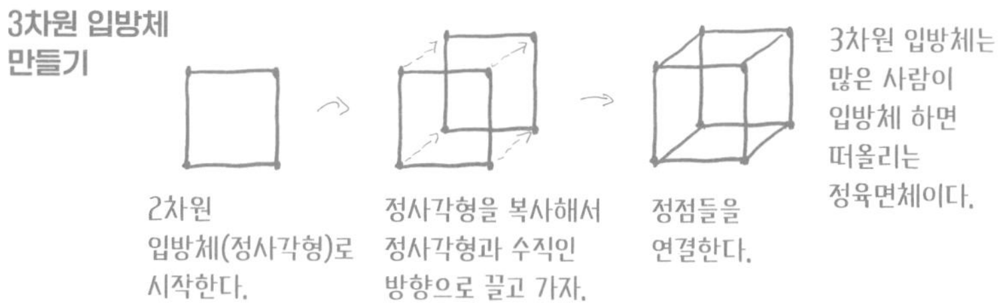

당신은 (사실 모든 사람은) 3차원 세상에 살고 있으므로 이제 더는

수직인 방향으로 입방체를 끌고 갈 수가 없다. 낮은 차원에 사는 우리가 높은 차원에 사는 물체의 모습을 고민할 때 실제 모습을 왜곡할 수밖에 없음을 분명히 이해하면서, 그래도 정해진 방법대로 4차원 입방체(초입방체)를 만들어보자. 일단 3차원 입방체를 복사해서 3차원 세상에는 존재하지 않는 방향으로 끌고 가는 것이다. 어차피 어느 방향인지 알 수 없으므로 어느 방향으로 끌고 가든 상관없다. 일단 3차원 입방체를 복사하고 한 방향으로 끌고 갔다면, 그 뒤에는 모든 정점을 연결하면 된다. 우리 목표는 4차원 입방체(초입방체)를 눈으로 볼 수 있게 만드는 것이다. 4차원 물체를 3차원 세상에서는 제대로 볼 수 없음을 분명히 알고 있다고 해도 말이다.

4차원 입방체 만들기

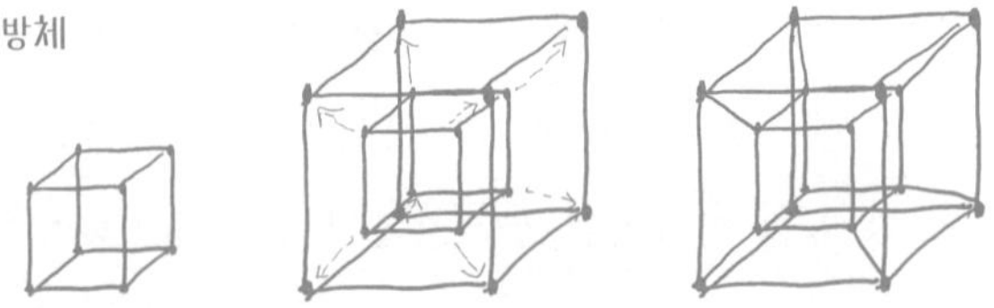

3차원 입방체(정육면체)로 시작한다.

정육면체를 복사해서 끌고 가자.

정점들을 연결한다.

초입방체를 이해하려면 경험의 영역에서 벗어나야 한다. 4차원 공간에 있는 초입방체로 도약하기 전에 먼저 3차원 입방체를 펼치면 어떤 일이 일어나는지부터 살펴보자. 펼쳐진 3차원 입방체는 2차원 공간에 속한다. 다시 말해서 3차원 입방체를 펼치면 2차원에 살면서 그 각각이 3차원 정육면체의 한 면인 2차원 입방체 6개가 나타나는 것이다.

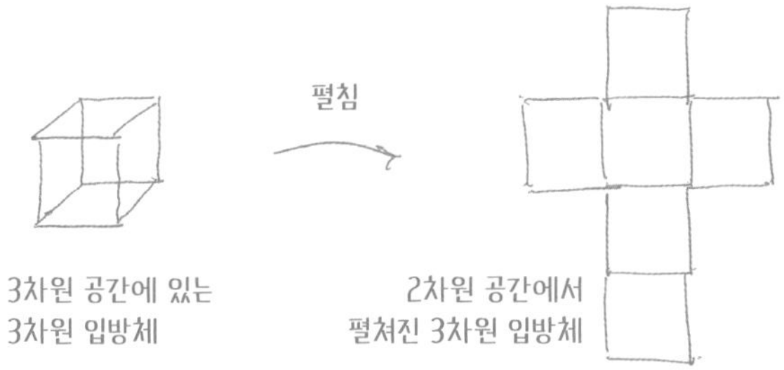

마찬가지로 초입방체도 펼치면 자신이 속한 차원보다 한 단계 낮은 차원으로 내려간다. 다시 말해서 펼친 초입방체는 3차원 세상에 속하는 것이다. 더구나 초입방체의 면들은 3차원 입방체로 이루어져 있다. 그렇다면 3차원 입방체 몇 개가 초입방체를 만드는 걸까? 초입방체 면의 윤곽을 그려보면 3차원 입방체들의 수를 확인할 수 있다.

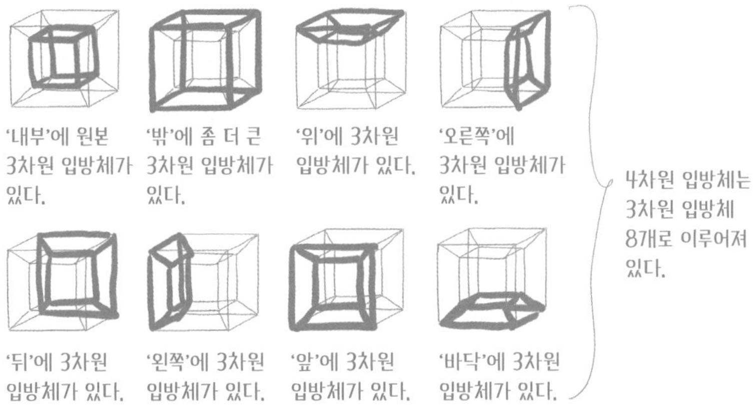

그림에서처럼 초입방체는 3차원 입방체 8개로 이루어져 있다. 초입방체를 펼치면 3차원 공간을 차지하는 입방체들이 나타난다.

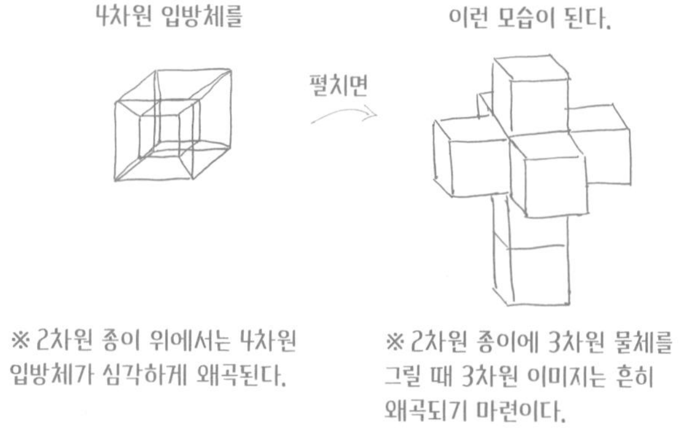

살바도르 달리는 차원을 넘는 문제를 생각하면서 펼쳐진 초입방체 위에 있는 예수를 그린 걸까?

초입방체는 흥미로운 사고력 향상 문제 이상의 의미가 있다. 빛은 모든 관찰자에 대해 일정한 속력으로 움직인다는 아인슈타인의 특수 상대성 이론은 4차원으로 가장 잘 표현할 수 있다. 우주의 구조를 연구하는 물리학인 끈 이론을 수학으로 설명하려면 10차원의 공간과 1차원의 시간이 필요하다. 수학과 주변 세상을 이해하려면 가끔은 경험의 영역을 벗어나야 한다.

문제 43 이번 장에서는 3차원 입방체를 복사해 3차원 세상에는 존재하지 않는 미지의 방향으로 끌고 가면 초입방체를 만들 수 있음을 보았다. 정점들을 모두 연결해서 만든 초입방체의 8개 면이 모두 3차원 입방체라는 사실도 알았다. 복사한 3차원 입방체를 끌고 가는 방향은 알려지지 않았기 때문에, 이번 장에서 초입방체를 만들 때 끌고 간 방향 외에도 다양한 방향으로 3차원 입방체를 끌고 갈 수 있다. 다음 예를 보자.

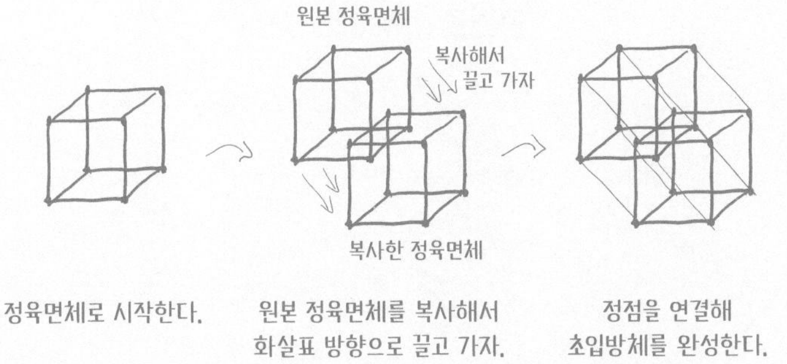

이 그림에서 초입방체의 면을 이루는 3차원 입방체를 찾아보자. 이런 방법으로 초입방체를 만들어도 초입방체를 구성하는 3차원 입방체가 8개일까?

44장

호기심을 쫓아가자

공간을 가득 채운 곡선

1800년대에 이탈리아 수학자 주세페 페아노Giuseppe Peano는 정사각형 같은 공간을 완전히 채우는 곡선•이 존재하는지 궁금했다. 수학적으로 봤을 때 곡선과 정사각형은 아주 다르다. 얼마나 다른지는 각각 한 점을 택해, 그 점 주위에 있는 이웃 점들을 살펴보면 알 수 있다. 곡선 위에 있는 점은 '앞'과 '뒤'라고 부를 수 있는 두 방향에만 이웃한 점들이 있다.

• 수학에서 '곡선'은 구부러지거나 물결치는 선과 직선을 모두 포함하는 용어이다.

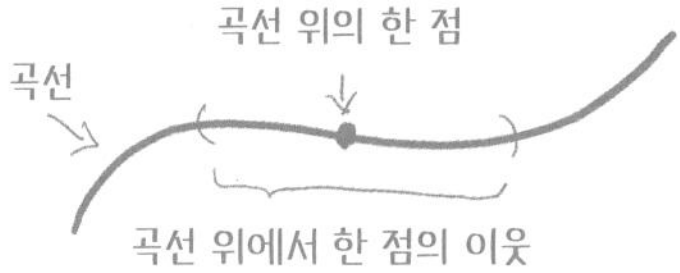

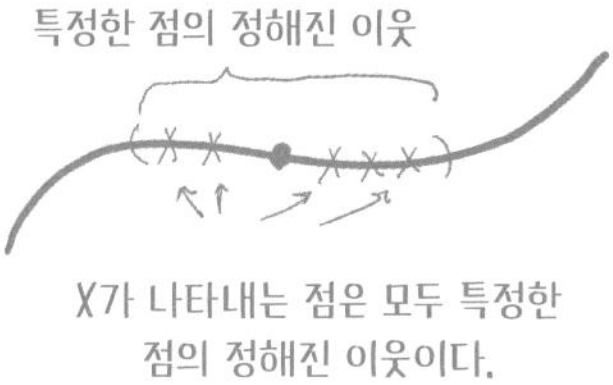

반면 2차원 정사각형 위에 있는 점은 좌, 우, 위, 아래 등 여러 방향에 이웃한 점이 있다.

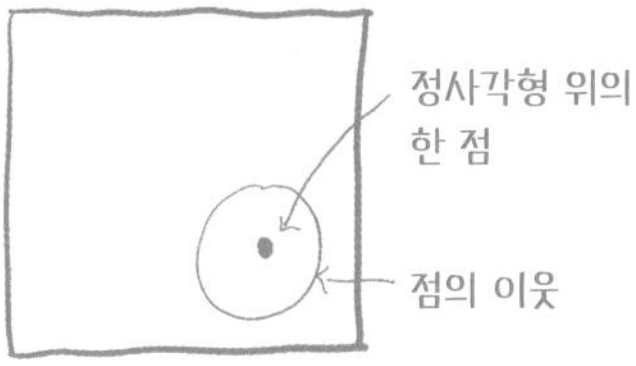

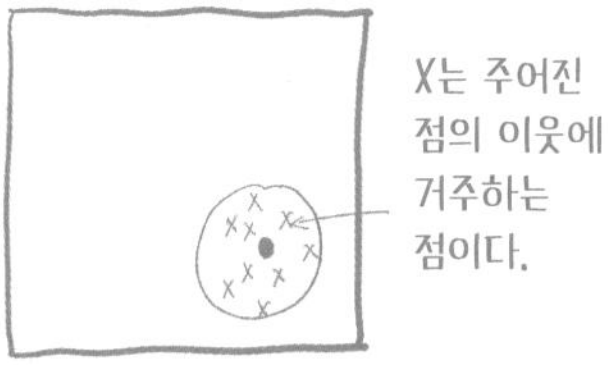

우리가 반드시 알아야 할 내용은, 선분은 길이는 있지만 너비는 없는 1차원 물체이고 정사각형은 길이와 너비가 있는 2차원 물체라는 것이다.

페아노의 의문을 들은 수학자 중에, 고민이나 연구도 해보지 않고 공간을 채우는 곡선이 없다고 대답한 사람도 있었다. 곡선을 접어 너비를 2배로 만든다고 해도 곡선의 최종 너비는 여전히 0이라는 게 이유였다(2×0=0이니까!). 그들은 페아노가 제시한 문제를 풀어보려고도 하지 않고 포기했다.

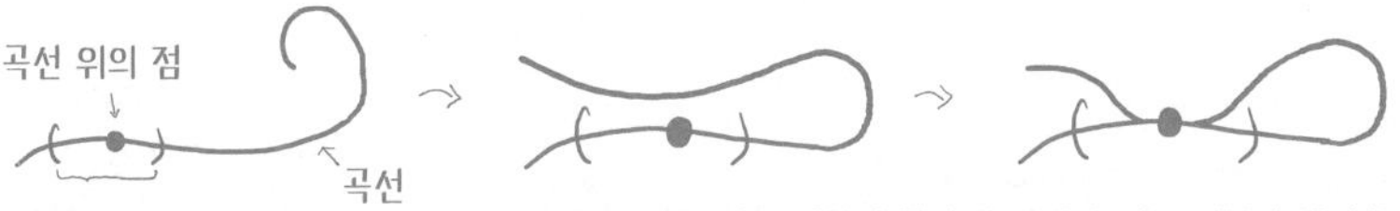

하지만 페아노는 이 문제를 다른 식으로 상상해볼 수는 없는지 궁금했다.

선분은 너비가 없기 때문에 우리가 사는 유한한 세상에서는 공간을 채우는 곡선이 존재할 수 없음을 페아노도 알았다. 하지만 무한 세상에서도 그런 곡선이 존재하지 않는지 알고 싶었다. 이제부터 잠깐 시간을 내어 무한 세상을 '볼' 방법을 살펴보자. 페아노는 종이 위에 선분 같은 유한 곡선은 그릴 수 있지만 무한 물체는 그릴 수 없음을 알았다. 무한 구조물을 '보려면' 먼저 기존 패턴이 지배하는 종이 위에 일련의 유한 물체를 그릴 필요가 있다. 그러고서 이 패턴이 무한히 이어진다는 상상을 해야만 무한 구조물을 마음으로 볼 수 있다. 다르게 말하면, 일련의 유한 구조물을 기반으로 만드는 무한 구조물은 존재하지만, 우리는 그 구조물을 직접 볼 수는 없고 마음속으로만 그려볼 수 있다는 뜻이다.

페아노는 점점 더 등분하는(세분하는) 선분(곡선)이 점점 더 등분하는 정사각형(곡선으로 완전히 채우고자 희망하는 '공간') 안에 배치될 수 있는 일련의 유한 그림에 관한 정의를 내리기로 했다. 페아노는 등분한 각 선분이 연속해서 더 작은 선분으로 나뉘어지고, 등분한 각 정사각형이 계속해서 더 작은 정사각형으로 나뉘어지는 일련의 유한 구조물을 상상했다.

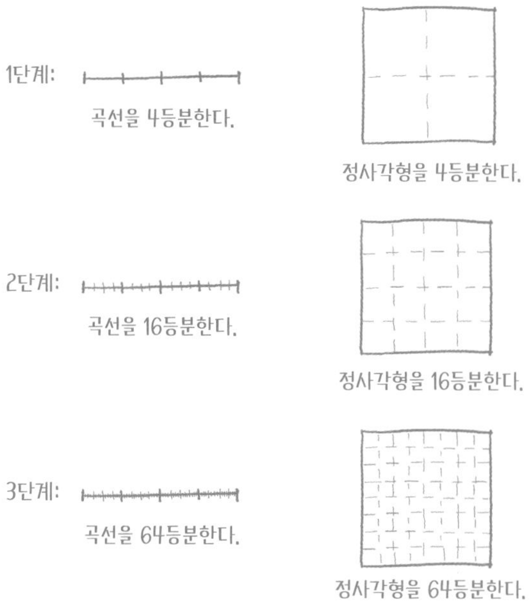

페아노는 그 뒤의 단계들도 분명해지도록 패턴을 만들었다. 예를 들어 4단계에서는 선분과 정사각형이 둘 다 256등분이 될 것이다.

그런 다음에 페아노는 아래 그림처럼 등분한 선분이 등분한 정사각형의 중심을 지나도록 배치했다. 선분은 원하는 만큼 늘렸다.

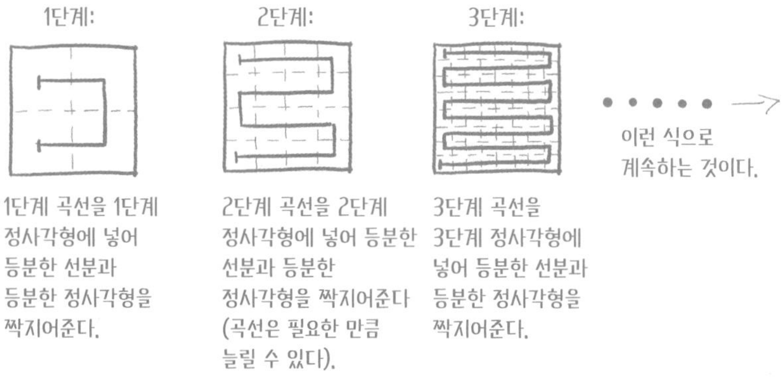

페아노는 열 번째 단계도, 100번째 단계도, 100만 번째 단계도 그리지 않고 알 수 있도록, 등분한 선분을 등분한 정사각형과 짝짓는 방법도 패턴화했다.

유한 물체를 무한히 그려 무한 구조물을 만들려면 단계마다 따라야 할 규칙이 있음을 페아노는 알았다. 첫째, 단계마다 선분은 필요한 만큼(원하는 만큼) 늘릴 수 있어야 한다. 그리고 정사각형 안으로 들어가기 전에 선분 위에서 '가까이' 있었던 점들은 정사각형 안으로 들어간 뒤에도 반드시 '가까이' 있어야 한다. 그리고 정사각형 안으로 들어가기 전에 선분 위에서 '멀리' 있었던 점들은 정사각형 안으로 들어간 뒤에도 '멀리' 있어야 한다.

그런데 안타깝게도 페아노의 모형에서 구부러진 곡선은 이 필수 규칙 가운데 최소한 하나를 어길 수밖에 없다. 예를 들어, 3단계에서 선분이 배치된 형태를 생각해보자. 아래 그림처럼 점 A와 점 B는 바깥에 있을 때도 정사각형 안으로 들어왔을 때도 변함없이 서로 '가까이' 있다.

A와 B는 서로 가까이 있다. C는 A, B와 먼 곳에 있다.　　A, B, C가 모두 가까이 있다.

하지만 점 A와 점 C처럼, 바깥에 있을 때는 '멀리' 있었던 많은 점이 정사각형 안으로 들어간 뒤에는 '가까이' 있게 된다. 구불구불한 곡선이 정사각형 안으로 들어간다는 상상은 흥미롭지만 중요한 규칙을 어긴다는 단점이 있다. 따라서 이런 식으로 구불구불한 무한 곡선은 존재할 수 없다. 페아노는 이 모형을 폐기하기로 했다.

그는 너무 늦지 않게 바깥에서 '가까이' 있는 점은 정사각형 안에서도 '가까이' 있고, 바깥에서 '멀리' 있는 점은 정사각형 안에서도 '멀리' 있는 연속적인 곡선을 발견했다. 그리고 얼마 뒤에는 선분을 정사각형에 무한 번 배치하면서 결국 공간을 가득 채우는 곡선이 무엇인지를 알아냈다. 하지만 그 곡선은 너무나도 복잡해서 제대로 이해하는 사람이 몇 명 되지 않았다.

독일의 수학자 다비트 힐베르트는 페아노의 곡선을 살펴보다가 조금 더 단순하고 정교한 곡선을 찾아냈다. '의사(가짜) 힐베르트 곡선 pseudo Hibert curve'이라고 알려진 다음 곡선을 그려보면 힐베르트 공간

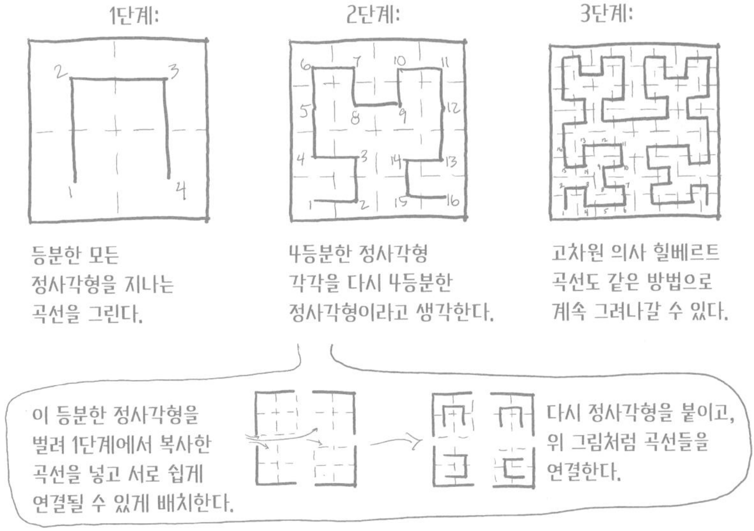

채움 곡선Hilbert space-filling curve을 이해할 수 있을 것이다.

의사 힐베르트 곡선은 10단계, 100단계, 100만 단계를 밟아도 공간을 채울 수 없다. 등분한 의사 힐베르트 곡선은 등분한 정사각형의 너비를 조금도 채우지 못하기 때문이다. 하지만 의사 힐베르트 곡선은 길이를 계속 늘려도 원래 '가까이' 있던 점들은 계속 '가까이'에, 원래 '멀리' 있던 점들은 계속 '멀리' 있다는 원칙을 거의 지키기 때문에 페아노의 구불구불한 곡선과 달리 무한 곡선이 될 수 있다. 즉, 의사 힐베르트 곡선을 무한히 확장하면 힐베르트 공간 채움 곡선이 될 수 있는 것이다.

뉴턴은 자신의 저서《프린키피아*Principia*》에서 공간을 채우는 곡선을 금하려고 했다. 1차원 선을 2차원 정사각형으로 변형한다는 생각이 뉴턴이 아는 기하학의 기반을 위태롭게 흔들었기 때문이다. 하지만 지금은 공간을 채우는 곡선(힐베르트의 공간을 채우는 곡선이 가장 유명하다)이 없다고 의심하는 수학자는 거의 없다. 수학을 탐험하려는 페아노의 생생한 호기심처럼, 공간 채움 곡선도 실제로 존재하는 현실이다.

문제 44 의사 힐베르트 곡선의 무한 형태 외에도 공간을 채우는 곡선이 또 있다. 다음과 같은 의사 공간 채움 곡선도 무한히 확장하면 또 다른 공간을 채우는 곡선이 될 수 있다.

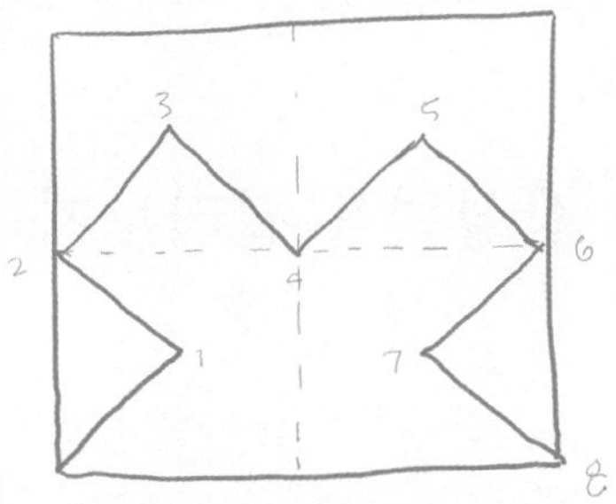

1단계 의사 곡선

이 곡선으로 만들 수 있는 두 번째 단계와 세 번째 단계의 의사 곡선을 만들어보자. 단계가 올라가도 의사 곡선 패턴이 유지되어야 한다.

45장

상상력을 길러보자

분수 차원

3차원 세상에 사는 우리는 1차원, 2차원, 3차원에 속한 물체를 쉽게 볼 수 있다. 상자는 서로 수직인 세 방향(가로, 세로, 높이)으로 확장되는 물체이다. 2차원인 종이 한 장은 가로와 세로가 있다.• 1차원인 머리카락은 길이(가로)밖에 없다.••

• 물론 정확히 말하면 종이도 높이가 있다. 하지만 여기서는 2차원을 고민하고 있으니까, 높이를 0이라고 생각하는 게 좋겠다.

•• 1차원 선분인 털도 아주 좁지만 너비(세로)가 있다. 그래도 1차원을 고민하기 위해서 여기서는 너비를 0이라고 볼 것이다.

3차원 상자 2차원 종이 1차원 털 한 가닥

그런데 이 세상에는 1, 2, 3 같은 정수로 표현할 수 없는 차원을 가진 물체도 존재한다. 예를 들어 코흐 곡선Koch curve은 1차원인 선과 2차원인 종이 사이에 놓인 차원에 존재한다. 다시 말해서, 코흐 곡선은 대략 1.26185차원에 존재한다. 정수가 아니라 분수 차원에 존재하는 것이다. 분수 차원의 물체도 상자나 종이처럼, 길 한 가운데 그린 선처럼 분명히 존재하는 실재이지만, 분수 차원의 물체를 보려면 상상력을 길러야 한다.

코흐 곡선을 보려면 먼저 똑바른 선분을 생각해야 한다. 첫 단계는 이 선분을 삼등분하는 것이다. 두 번째로 해야 할 일은 삼등분한 선분의 가운데 부분을 '산'처럼 높이 솟아오르게 하는 것이다. 산을 이루는 두 선분은 처음 등분한 가운데 선분과 길이가 같아야 한다.

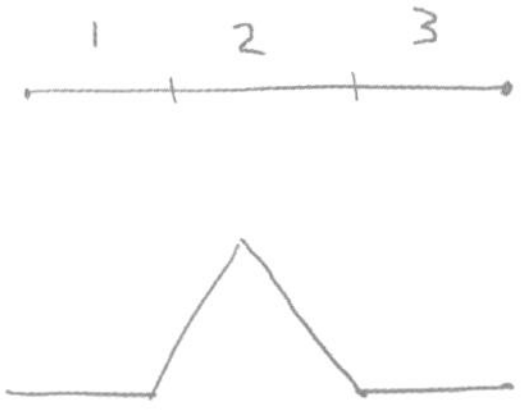

1단계 선분을 그리고 삼등분한다.

2단계 삼등분한 선분의 가운데 부분을 산처럼 높이 세운다. 산을 이루는 두 선분은 원래 있던 가운데 선분과 길이가 같아야 한다.

이제 또 네 선분을 각각 삼등분해서 1단계와 2단계를 반복한다.

각 선분을 삼등분한다. 가운데 선분을 산처럼 높이 세운다.

또다시 각 선분을 삼등분하고 가운데 선분을 세우는 과정을 반복한다.

또다시 각 선분을 삼등분하고 가운데 선분을 세우는 과정을 반복한다.

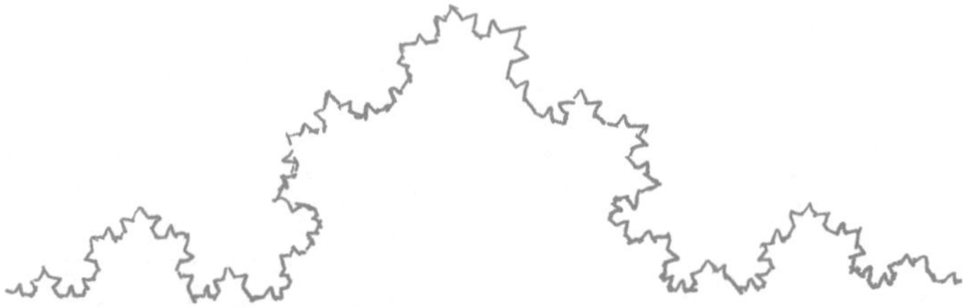

이 과정을 끊임없이 반복해야 한다. 무한 번 반복하는 것이다. 마

지막 그림조차도 **실제** 코흐 곡선이 아니다. 실제 코흐 곡선을 그리려면 계속 작은 산을 그려나가야 한다. 그래도 마지막 그림을 보면 코흐 곡선을 어느 정도는 시각적으로, 촉각적으로 이해할 수 있을 것이다. 코흐 곡선 위를 걸을 때 곡선의 전체 길이를 걷는 동시에 너비 개념의 **일부**를 걸을 수 있다. 너비 개념을 완전하게 탐험할 수는 없다.

대략 1.26185차원이라는 코흐 곡선을 이해하려면 일단 오래전부터 우리가 알았던 차원에 관한 정보를 표로 만들어보는 게 좋다.

물체	차원
선	1
종이	2
상자	3

한 물체의 차원을 결정하려면 일단 그 물체를 몇 번 복사해야 길이는 2배이고 모양은 같은 물체를 만들 수 있는지를 알아봐야 한다. 예를 들어, 1차원 선분은 2개가 있어야 길이가 원래 길이의 2배이고 모양이 같은 선분을 만들 수 있다.

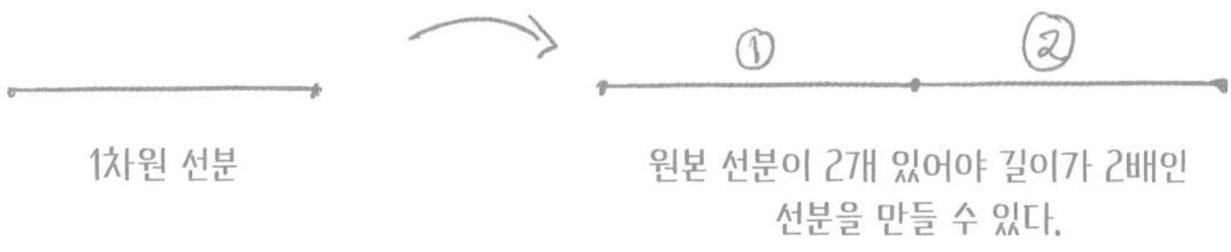

2차원 정사각형의 길이를 2배로 늘리려면 원본 정사각형이 4개 있어야 한다.

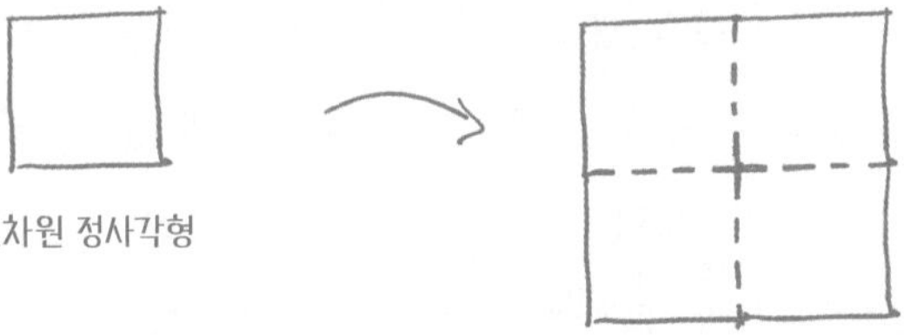

2차원 정사각형

원본 정사각형이 4개 있어야 길이가 2배인 정사각형을 만들 수 있다.

3차원 정육면체의 길이를 2배로 늘리려면 원본 정육면체가 8개 있어야 한다.

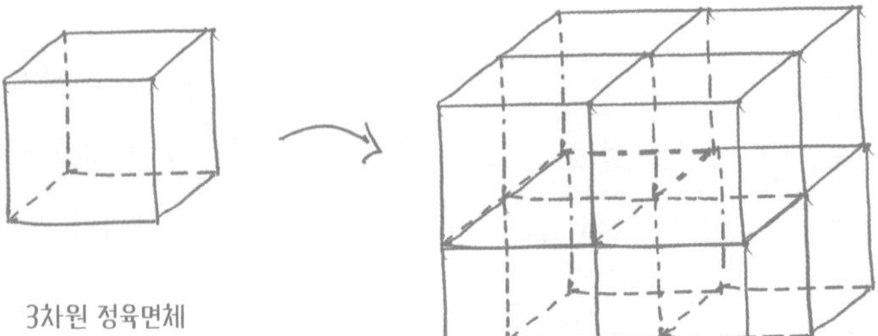

3차원 정육면체

원본 정육면체가 8개 있어야 길이가 2배인 정육면체를 만들 수 있다.

이 결과들을 표로 정리하면 다음과 같다.

물체	차원	원본 물체의 길이를 2배로 늘리는 데 필요한 물체 수
선	1	2
종이	2	4
상자	3	8

이 표는 다음처럼 표기할 수도 있다.

물체	차원	원본 물체의 길이를 2배로 늘리는 데 필요한 물체 수
선	1	2^1
종이	2	2^2
상자	3	2^3

마지막 열에 적힌 지수에 주목하자. 한 물체의 차원은 그 지수와 똑같다. 다시 말해서 n차원 물체의 길이를 2배로 늘리려면 그 물체가 2^n개 필요하다.

물체의 길이를 3배로 늘릴 때도 지수로 필요한 물체 수를 알 수 있다.

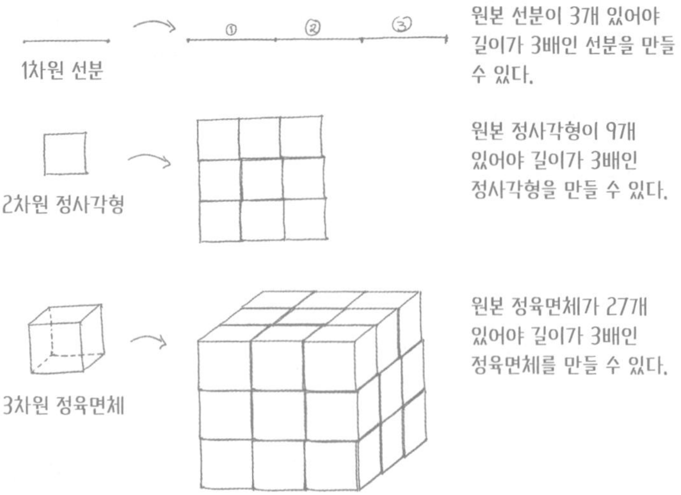

이 결과를 표로 정리하면 다음과 같다.

물체	차원	원본 물체의 길이를 3배로 늘리는 데 필요한 물체 수
선	1	$3=3^1$
종이	2	$9=3^2$
상자	3	$27=3^3$

즉, n차원의 물체의 길이를 S배로 늘리려면 그 물체가 S^n개 있어야 한다. 차원에 관한 이 정의는 1차원 선, 2차원 종이, 3차원 상자뿐 아니라 코흐 곡선의 차원을 결정할 때도 적용할 수 있다. 그러니까 코흐 곡선의 차원을 알고 싶다면 원본 코흐 곡선이 몇 개 있어야 특정 길이 배만큼 코흐 곡선을 늘릴 수 있는지를 알아봐야 한다.

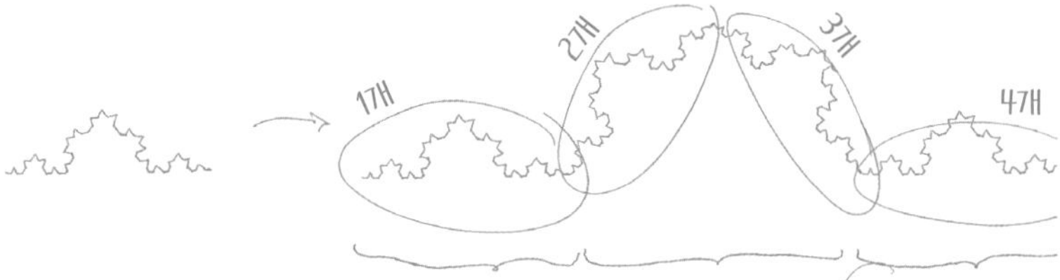

원본 곡선의 길이를 3배 늘리려면 4개가 필요하다.

원본 코흐 곡선의 길이를 3배 늘리려면 원본 코흐 곡선이 4개 있어야 한다. 코흐 곡선 4개면 원본 코흐 곡선보다 3배 길고, 모양은 같은 코흐 곡선을 만들 수 있다. 따라서 지수를 d로 표기한 다음과 같은 방정식을 세울 수 있다.

$$3^d = 4$$

이 방정식의 해는 무엇일까? d는 1일까? 아니다. 3^1은 3이지 4가 아니니까. 그렇다면 d는 2일까? 아니다. 3^2은 4가 아니라 9이다.

우리는 $3^d = 4$를 풀어야 한다. d는 1보다는 크고 2보다는 작은 게 분명하다. 1과 2 사이에는 정수가 없으니까, d는 분명히 정수는 아니다. 따라서 코흐 곡선의 차원은 분수 차원이어야 한다. d의 값은 대략 1.26185이다.

$$d \approx 1.26185$$

물결무늬 부호는 '대략 같다'라는 뜻이다. 계산기로 $3^{1.26185}$를 계산하면 대략 4라고 나올 것이다.

코흐 곡선을 통해 우리는 신기한 분수 차원의 세상을 살짝 들여다봤다. 분수 차원을 볼 수 있는 상상력을 기르면 독특한 가능성을 향해 마음을 활짝 열 수 있을 것이다. 혹시라도 언젠가 수학을 공부할 때도, 인생을 살아갈 때도 선택지가 정해져 있다고 말하는 사람을 만나면 이렇게 대답해주자. "아, 당신은 그렇게 생각하는군요. 하지만 나는 코흐 곡선이 알려준 교훈을 기억할 거예요!"

문제 45 시어핀스키 삼각형Sierpinski triangle의 대략적인 (분수) 차원을 구해보자. 시어핀스키 삼각형은 다음과 같은 방법으로 상상할 수 있다.

1단계, 똑바로 서 있는 정삼각형(모든 변의 길이가 같은 삼각형)을 그리자.
2단계, 정삼각형의 세 변의 가운데에 각각 점을 찍자. 이 점들을 연결하면 뒤집힌 작은 정삼각형이 만들어진다.

똑바로 서 있는 모든 정삼각형에 1단계와 2단계 과정을 반복하면, 다음과 같은 삼각형이 만들어진다.

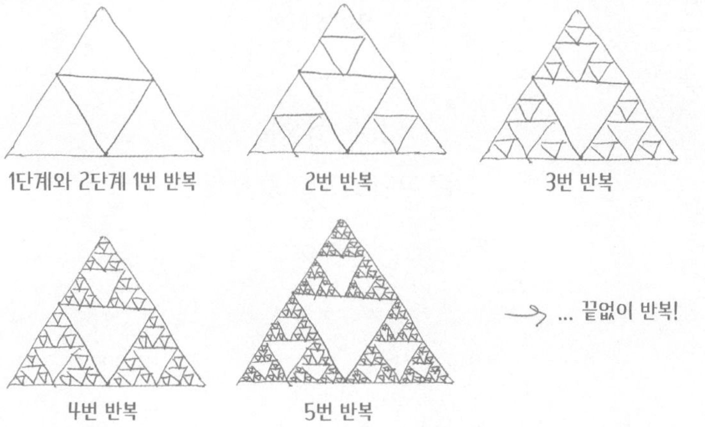
1단계와 2단계 1번 반복
2번 반복
3번 반복
4번 반복
5번 반복
... 끝없이 반복!

46장

신중하자

다른 무한보다 더 큰 무한

무한 집합의 크기가 모두 같다고 생각하는 사람들도 있을 것이다. 하지만 다른 무한 집합보다 크기가 큰 무한 집합도 있다. 도대체 어떻게 해야 무한 집합의 크기를 비교할 수 있을까? 두 유한 집합의 크기를 비교하려면 각 집합을 이루는 원소의 개수를 세고, 그 수를 비교하면 된다. 원소의 개수가 많은 집합이 더 큰 유한 집합이다. 예를 들어 1년을 이루는 달들로 이루어진 유한 집합의 원소 개수는 12개이고 일주일을 이루는 날들로 이루어진 유한 집합의 원소 개수는 7개이다. 12는 7보다 크기 때문에 1년을 이루는 달들의 집합이 일주일을 이루는 날들의 집합보다 더 크다. 하지만 무한 집합은 두 집합의 크기를 비교할 수 있는 정해진 원소의 개수가 없으므로 유한 집합과는 다른 방법으로 크기를 비교해야 한다.

가장 작은 무한 집합은 '가산countable' 무한 집합이다. '가산'은 셀 수 있다는 뜻이지만, 사실 무한 집합의 원소를 셀 수는 없다. 따라서 가산 무한 집합의 원소들을 남김없이 세기보다는 원소들을 빠뜨리지 않고 체계적으로 표기할 방법을 찾는 것이 더 현명하다. 예를 들어 가장 유명한 가산 무한 집합인 자연수의 집합은 순서대로 이렇게 적을 수 있다. 1, 2, 3, 4, 5…. '…'는 5 뒤로도 1씩 증가하는 수가 무한히 이어진다는 뜻이다. 이런 식으로 원소를 표기하면 집합 안에 모든 자연수를 집어넣을 수 있다. 예를 들어 17은 1부터 열일곱 번째 되는 곳에 존재하고, 4592는 4592번째 되는 곳에 있는 것이다. 자연수를 크기 순서대로 쭉 나열했기 때문에 그 어떤 자연수도 빠뜨리지 않고 자연수 집합에 포함할 수 있다.

무한 집합의 크기를 비교하는 방법을 배우려면 먼저 집합들 사이에 존재하는 일대일 대응이라는 개념을 알아야 한다. 일대일 대응이란 두 집합의 원소들을 하나도 남김없이 서로 짝지어준다는 뜻이다. 일대일 대응은 두 유한 집합으로도 할 수 있고, 두 무한 집합으로도 할 수 있다. 다음 그림에서 왼쪽 첫 번째 두 집합은 일대일 대응하고 있지만 두 번째, 세 번째 있는 두 집합은 일대일 대응하지 않는다.

그와 마찬가지로 일주일을 이루는 날들의 집합과 1년을 이루는 달들의 집합도 일대일 대응하지 않는다.

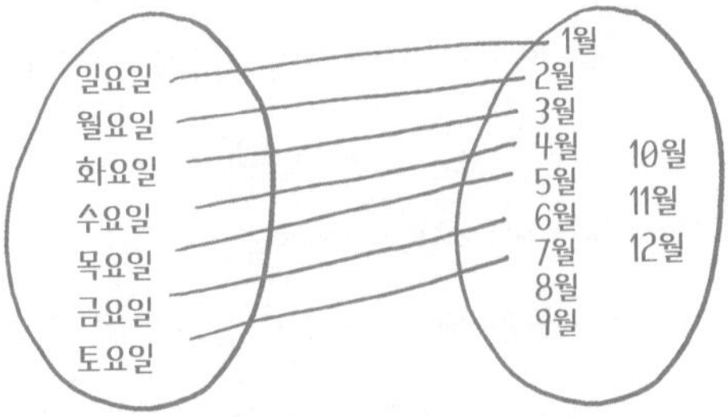

8월, 9월, 10월, 11월, 12월은 짝이 없다. 두 집합은 일대일 대응하지 않는다.

두 집합이 일대일 대응한다는 사실을 확인할 수 없다면, 두 집합을 구성하는 원소의 수를 모두 알지 않는 한 두 집합의 크기가 같다고 확신할 수 없다. 그에 반해 두 집합이 일대일 대응한다는 사실을 알면 두 집합을 구성하는 원소의 수를 알지 못해도 두 집단의 크기가 같음을 확신할 수 있다. 예를 들어, 다음 그림에 나와 있는 것처럼 한 손을 구성하는 손가락들의 집합은 한 발을 구성하는 발가락들의 집합과 일대일 대응한다.

손을 구성하는 손가락들과 발을 구성하는 발가락들이 일대일 대응한다는 사실을 알고 있으므로, 두 집합의 원소 수를 직접 세지 않아도 두 집합의 크기가 같음을 확신할 수 있다. 물론 손가락 5개와 발가락 5개를 각각 세고 두 수를 비교하는 일은 어렵지 않다. 하지만 무한 집합처럼 원소의 수를 세기가 어렵거나 불가능한 경우에 두 집단의 크기를 비교하려면 두 집합의 원소가 일대일 대응하는지를 확인할 방법을 찾아야 한다.

가장 작은 무한 집합인 가산 무한 집합은 자연수(1, 2, 3…)의 집합과 크기가 같음을 기억해야 한다. 다시 말해서 가산 무한 집합은 자연수의 집합과 일대일 대응한다는 뜻이다. 그렇다면 자연수 무한 집합(1, 2, 3, 4…)과 **짝수**인 자연수들의 무한 집합(2, 4, 6, 8…)은 어떨까? 두 집합은 크기가 같은 무한 집합일까? 얼핏 보기에는 자연수이자 짝수인 수들의 집합을 이루는 원소들은 모두 자연수 집합에 속한 것 같다. 자연수는 짝수와 홀수로 이루어져 있으니까 말이다. 따라서 짝수인 자연수들의 집합은 자연수 집합의 부분 집합이라고 보일지도 모른다.

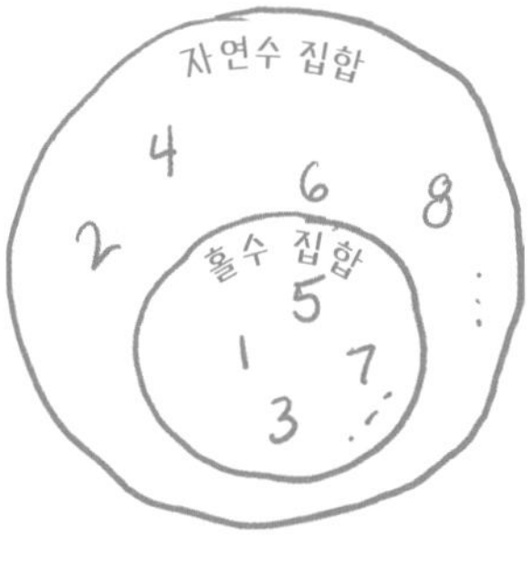

무한 집합의 크기를 고민할 때는 직관이 틀릴 수도 있음을 고려하고 신중하자. 자연수의 집합과 짝수인 자연수의 집합을 일대일 대응할 때, 어쩌면 당신은 두 집합에서 같은 수를 짝지어야 한다고 생각할지도 모른다.

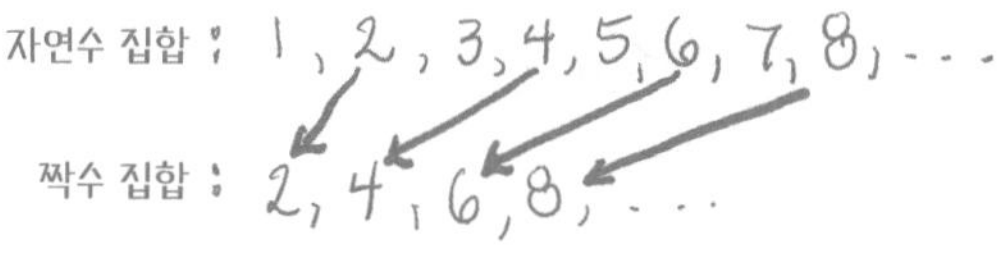

이런 식으로 짝을 지으면 자연수 집합에서 홀수가 짝을 이루지 못하고 모두 남기 때문에 두 집합은 일대일 대응 관계가 아니다. 하지만 두 집합은 사실 일대일 대응을 하는 집합이다. 우리는 자연수 집합의 모든 원소가 짝수인 자연수 집합의 모든 원소와 대응하는 방법을 생각해야 한다.

자연수 n과 짝수인 자연수 $2n$을 짝지어보자

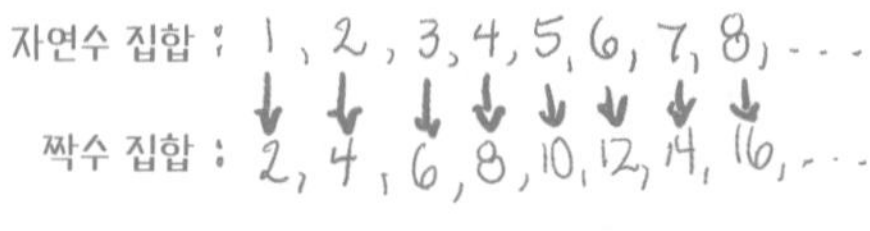

자연수와 짝수인 자연수는 서로 일대일 대응하기 때문에, 두 집합의 크기는 같다. 다시 말해서 자연수의 집합과 짝수인 자연수의 집합은 둘 다 가산 무한이다.

분수(유리수라고도 한다)의 무한 집합과 자연수의 집합은 어떤 식으로 크기를 비교할 수 있을까? 두 집합의 원소를 나타내는 벤 다이어그램•을 그려보면 자연수는 모두 분수로 나타낼 수 있지만, 분수 중 자연수가 아닌 수도 있음을 알 수 있다.

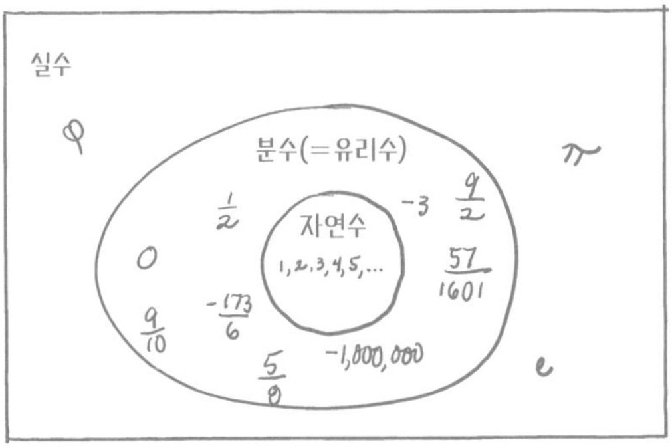

※ 벤 다이어그램의 모든 구간은 원소가 무한대로 존재한다.
여기서는 몇 가지 원소만 적었다.

하지만 앞에서 이미 우리는 무한 집합에 원소를 몇 개 더해도 집합의 크기가 커지지 않는다는 사실을 확인했다. 두 무한 집합의 크기를 비교하려면 두 집합이 일대일 대응하는지를 반드시 알아내야 한다. 그러려면 먼저 모든 분수를 하나도 빠뜨리지 않고 나열하는 방법을 찾아야 한다. 그래야만 모든 분수의 집합이 자연수의 집합과 일대일 대응하는지 알 수 있다. 모든 분수를 순서대로 나열하려면 다음과 같은 방법을 써볼 수 있다.

• 분수의 집합과 자연수의 집합은 모두 무한 집합이기 때문에 벤 다이어그램 안에 두 집합의 모든 원소를 나타낼 수는 없다. 몇 개의 수를 대표적으로 적어놓았다.

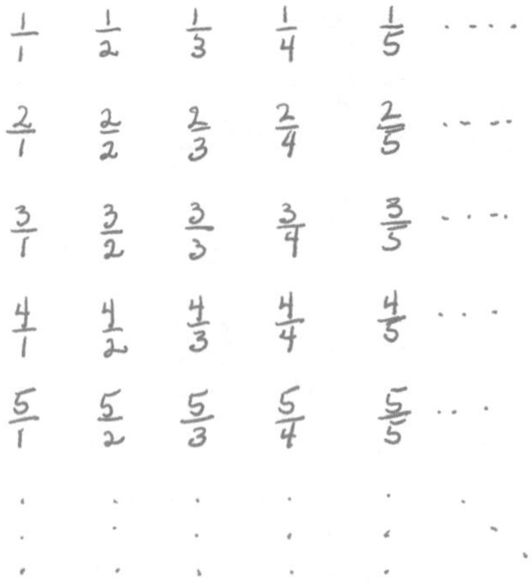

이 세상에 존재하는 분수를 모두 나열할 방법은 없다. 하지만 일부 구간의 분수들을 나열하는 방법은 살펴볼 수 있다. 그런데 어떤 구간에서 중복으로 나타나는 분수들도 있다. 예컨대 $\frac{2}{1}$과 $\frac{4}{2}$은 같은 수이다($\frac{4}{2}$를 약분하면 $\frac{2}{1}$이다). 따라서 다음과 같이 중복되는 수는 1개만 남기고 모두 없앤다.

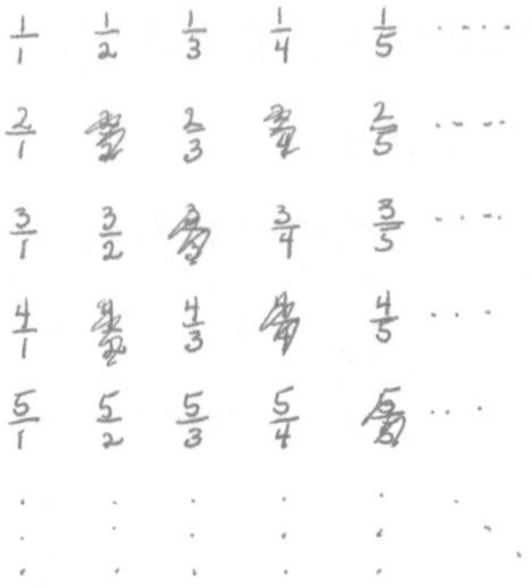

중복되는 수는 지운다.
예를 들어 $\frac{1}{1}$, $\frac{2}{2}$, $\frac{3}{3}$, $\frac{4}{4}$, $\frac{5}{5}$는 모두 1이니까 $\frac{1}{1}$만 남긴다.

중복되는 수를 모두 지워버리면 다음처럼 분수를 나열할 수 있다.

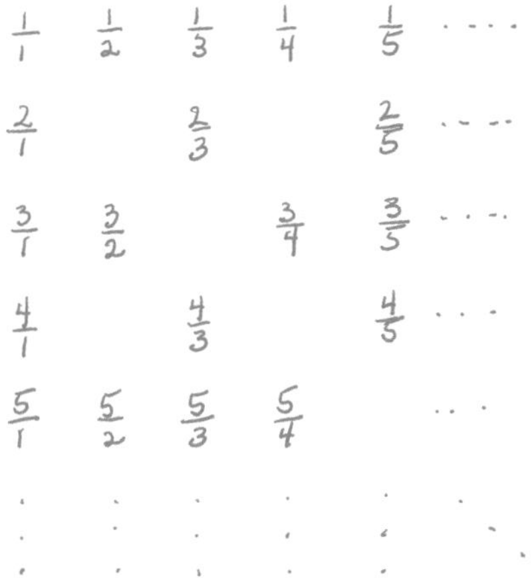

이제 남은 분수를 아래에서 위로 그은 지그재그로 묶어보자. 이 선은 중복되지 않는 분수를 모두 지난다. 이 선이 지나가는 순서대로 분수를 쭉 나열하면 중복 없이 모든 분수를 나열할 수 있다.

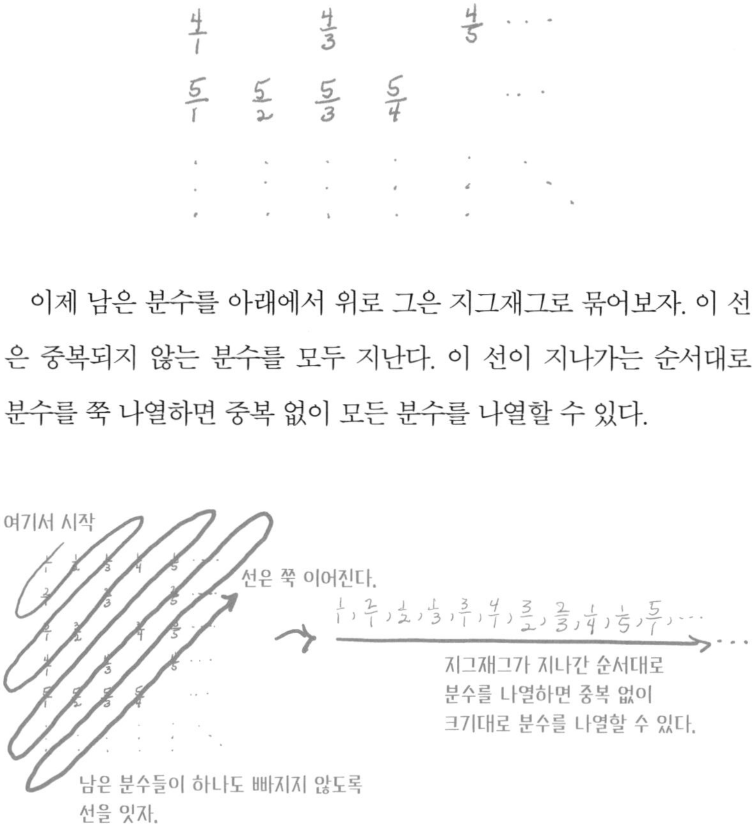

이제 중복되지 않은 (모든) 분수로 이루어진 무한 목록이 자연수의 무한 목록과 일대일 대응한다는 사실을 확인할 수 있다.

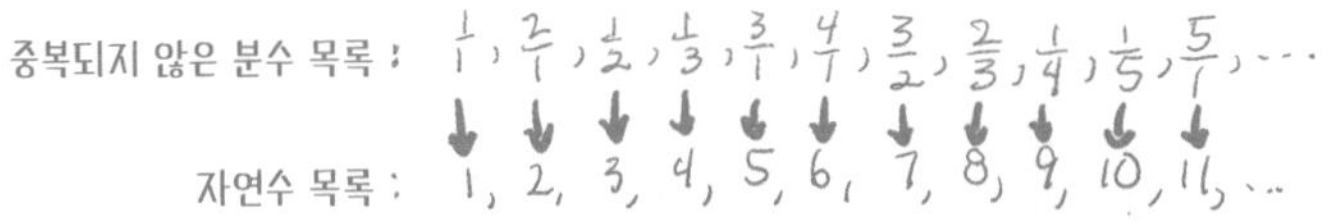

두 무한 집합은 일대일 대응하니까, 분수의 집합과 자연수의 집합은 크기가 같다. 다시 말해서 두 집합 모두 가장 작은 무한 집합인 가산 무한 집합이다.

지금쯤이면 분명히 자연수 무한 집합보다 더 큰 무한 집합이 있는지 궁금해질 것이다. 자연수와 일대일 대응**하지 않는** 무한 집합 말이다. 지금까지 우리는 자연수 집합, 짝수 집합, 분수 집합이 모두 크기가 같음을 확인했다. 세 집합 모두 가산 무한 집합이었다. 사실 어떤 집합은 다른 집합의 부분 집합이었는데도 집합의 크기가 서로 같았다. 아주 아주 큰 무한을 살펴보고 싶다면 실수real number를 살펴봐야 한다. 실수는 수직선을 이루는 모든 수를 포함한다. 자연수와 유리수뿐 아니라 반복되지 않는 수가 무한히 계속되는 소수인 무리수까지 포함하는 수가 실수이다. 예를 들어 파이라고 발음하는 π는 3.14159⋯ 뒤로도 아주 많은 수가 끝나지 않고 이어지는 무리수이다. 피•라고 발음하는 φ의 제곱(φ^2)은 1.618033⋯ 뒤로 아주 많은 수가 이어지는 무리수이다. 2.71828⋯ 뒤의 수가 끝없이 이어지는 자연 상수 e도 무리수이다. 이런 이름 지어진 무리수 외에도, 수직선 위에는 소수점 아래 수가 반복되지 않고 끝없이 이어지는 이름 없는 소수들이 많다.

• φ는 황금 비율이라고 알려져 있다. φ에 관해 더 많은 걸 알고 싶다면 31장을 읽어보자.

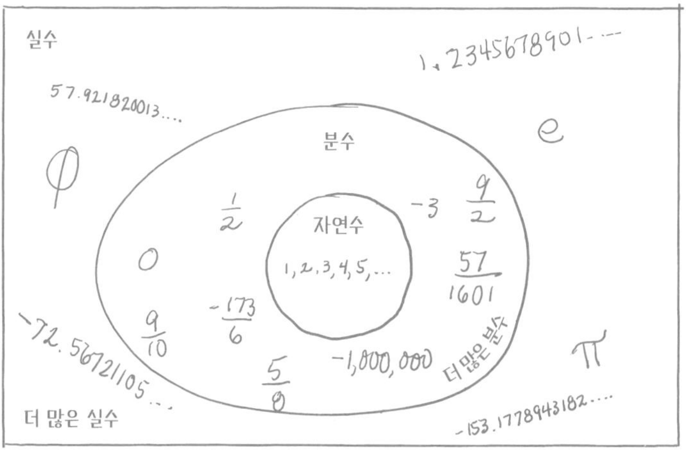

일상에서는 무리수에 관해 이야기할 기회가 거의 없다. 그래서 어쩌면 이런 무리수는 아주 예외적인 수라고 생각할 수도 있다. 식료품점에 가서 스위스 치즈를 φ그램 사는 경우도, 점심값으로 e원을 내는 경우도, 파이를 π개만큼 나누는 일도 없으니까. 하지만 무리수들은 예외적인 변칙이 아니다. 오히려 그 반대이다. 소가 몇 마리인지 셀 때, 빚진 돈을 기록할 때, 파이를 나눌 때 쓰는, 우리가 잘 알고 사랑하고 매일 사용하는 3, -10, $\frac{1}{2}$ 같은 수들이야말로 수직선에 있는 모든 수에 비하면 진귀하고, 괴짜이고, 드물다. 무리수의 무한 집합은 유리수의 무한 집합보다 훨씬 크다. 더 정확하게 말하면 무리수의 무한 집합은 너무나도 커서 불가산 무한 집합이라고 부른다. 자연수와 무리수를 일대일 대응하려는 시도가 모두 실패하는 건 그 때문이다.

무리수가 자연수보다 훨씬 많다는 사실을 확인하려면 다음처럼 생각해보자. 누군가 자연수와 실수를 일대일 대응하는 방법을 찾았다고 주장한다. 그들은 아마도 이런 식으로 수를 짝지었을 것이다.

자연수 → 실수
1 → 1.23948234…
2 → 94.92384976…
3 → 87.67865698…
4 → 2,340,777.000309…
5 → 4.66203856…
6 → 0.56231222…
7 → 17.33339333…
⋮

이 사람이 어떤 식으로 자연수와 실수를 짝지었는지는 알 수 없지만, 그 사람에게 분명하게 실수인 수가 이 목록에는 없다고 이의를 제기해볼 수 있다. 그 사람은 당신을 믿을 수 없다고 말할 테지만, 당신은 이 목록을 이용해서 목록에 적지 않은 실수를 찾아낼 수 있다. 이미 목록에 있는 수와는 다른 수를 만들어 놓친 수가 있음을 보여주는 것이다. 좀 더 정확하게 말하면 목록에 있는 첫 번째 수와는 다른 놓친 수를, 두 번째 수와는 다른 놓친 수를, 세 번째, 네 번째 수와는 다른 놓친 수를 만들어나가는 것이다. 목록에서 빠진 실수는 다음과 같은 방법으로 찾을 수 있다.

• 목록의 첫 번째 실수에서 소수점 첫째 자릿수를 택해 기존 수와

는 다른 수를 적는다.

- 목록의 두 번째 실수에서 소수점 둘째 자릿수를 택해 기존 수와 는 다른 수를 적는다.
- 목록의 세 번째 실수에서 소수점 셋째 자릿수를 택해 기존 수와 는 다른 수를 적는다.

이런 식으로 차례대로 기존 수를 바꾸는 것이다. 앞에 나온 목록을 활용해 다음처럼 바꿀 수 있다.

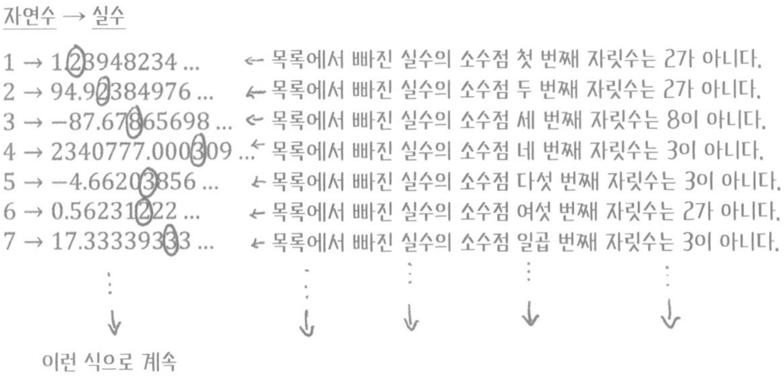

다음처럼 직접 수를 만들 수도 있다.

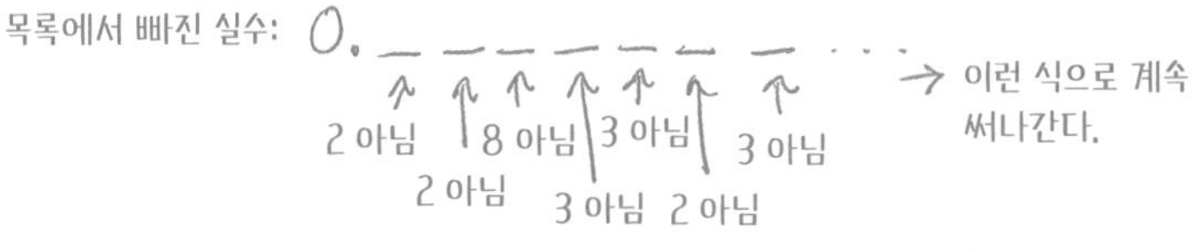

이제 목록에서 빠진 수를 만들어보자. 빈칸에 넣을 수 있는 수는 아주 많다. 각 칸의 조건을 생각하고, 그 칸에 쓰면 안 되는 수보다 1 큰 수를 선택할 수도 있을 것이다. 만약에 1 큰 수를 선택한다면 목록에서 빠진 실수는 다음처럼 쓸 수 있다.

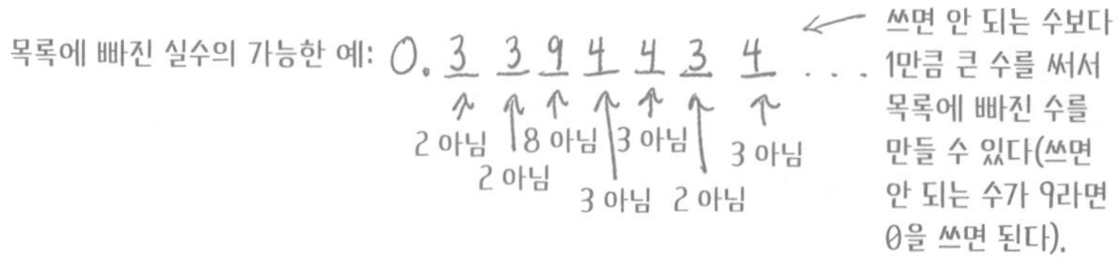

이런 방법으로 만든 수 0.3394434…는 목록에 있는 첫 번째 수의 소수점 첫 번째 수와 다르고, 두 번째 수의 소수점 두 번째 수와 다르고, 세 번째 수의 소수점 세 번째 수와 다르다. 이런 식으로 계속 각 자릿수를 기존 수와 다르게 바꿈으로써 기존 목록에 없는 실수를 계속 만들 수 있다. 심지어 이 목록에 빠진 수를 실수 목록의 가장 처음 부분까지 소급 적용해 모든 실수를 이루는 수를 1씩 바꾸어도 같은 방법으로 목록에서 빠진 **또 다른** 실수를 찾아낼 수 있다. 실제로 실수 목록을 모두 작성하기는 불가능하므로 우리는 **계속해서** 목록에서 빠진 실수를 찾아낼 수 있다. (앞에서 실수 목록을 만들 때, 그 목록에 이 세상 모든 실수를 모두 담았다고 확신했다는 점을 기억해야 한다.) 실수 목록은 완벽하게 만들 방법이 전혀 없어서, 자연수 집합과 실수 집합이 일대일 대응하는지 알 방법은 없다. 자연수 집합은 완전한 목록을 만들 수 있지만 실수 집합은 완전한 목록을 만들 수 없으므로 자연수의 무한 집합보다 실수의 무한 집합이 훨씬 더 크다. 다시 말해서 자연수의 집합과 분수의 집합은 가산 무한이지만 실수의 집합은 불가산 무한이다. 실수는 너무나도 많아서 남은 평생을 실수만 세어도 절대로 다 세지 못할 것이다.

거트루드 스타인Gertrude Stein의 시 「성스러운 에밀리Sacred Emily」에는 '장미가 장미인 것은 장미가 장미이기 때문이다(Rose is a rose is a rose is a rose)'라는 구절이 있다. 사람들은 이 문장을 '장미가 장미인 것은 장미이기 때문이다(a rose is a rose is a rose)'로 줄여, 사물은 대부분 보이는 그대로라는 뜻으로 인용하곤 한다. 그런데 가끔은 장미가 장미가 아닐 때가 있다. 이 책에서는 무한이 무한이 아닐 때가 있다고 말하는 게 좋겠다. 가산 무한은 자연수의 집합과 완벽하게 일치하는, 완벽하게 관리할 수 있는 일상적인 무한이다. 하지만 불가산 무한은 헤아릴 수 없으므로 어떤 것이든 질서를 찾아보겠다는 시도는 헛될 수밖에 없다. 수학을 공부할 때나 인생을 살아갈 때, 그저 큰 것과 헤아릴 수 없을 정도로 큰 것을 혼동하지 않도록 신중을 기하자.

문제 46 '자연수 집합'과 '음의 정수와 자연수를 합한 집합'의 크기는 같을까?

결론

이 책은 당신의 수학 여정에서 끝일까, 중간일까, 시작일까?

이 책에서 당신은 다양한 주제의 수학을 접했다. 하지만 이 세상에는 탐험해봐야 할 수학이 훨씬 많다. 파국 이론, 중국인의 나머지 정리, 조합론, 복소 해석학, 등가 관계, 유클리드 원론, 오일러 공식, 필즈 메달, 4색 정리, 갈루아 이론, 도박사의 오류, 지오데식 돔, 시공간 기하학, 군론, 햄 샌드위치 정리, 동형, 선형 대수학, 망델브로 집합, 수학적 귀납법, 행렬, 괴물 군, 평행선 공준, 파스칼 삼각형, 완전수, 치환 군, 파이, 푸앵카레 추측, 사영 기하학, 공개 키 암호화, 피타고라스 정리, 사원수, 회귀 분석, 집합론, 원의 정사각형화, 초현실 수, 진리표, 터닝 머신, 구 뒤집기, 벤 다이어그램, 파형 요소, 0…. 그야말로 무궁무진하다.

수학을 공부하다가 찾은 효과적인 방법은 인생의 다른 일에도 적용할 수 있다. 취약함을 받아들이고, 상식에 반론을 던지고, 솔직하게 질문하고, 인내를 가지고, 자신을 믿고, 성공을 축하하고, 있을 수 없는 일을 생각하고, 열심히 연습하고, 앞으로 돌아가고, 한 자리에 갇혀보고, 신념을 갖고, 즐기고, 다른 사람들에게 배우고, 귀를 기울이고, 엉망인 상황을 해결하고, 잠시 멈추고, 읽고, 좌절하고, 회복하고, 어색함을 극복하고, 더 어려운, 가장 어려운 문제를 찾고, 건설적인 피드백을 받고, 목표를 세우고, 명확하게 말하고, 느긋해지고, 노력하고, 독학하고, 책상에 앉아 생각하고, 세상에 나가 숙고하고, 메모를 많이 하고, 불안을 지우고, 경계를 넘어 모험을 하고, 방랑하고, 침묵을 즐기는 등…. 인생에 도움이 되는 기술도 무궁무진하게 익힐 수 있다.

이 책의 분량은 유한하지만, 수학에 관한 대화와 수학 공부는 무한히 해나갈 수 있다. 이 책을 수학 여정의 시작(이미 수학을 많이 알고 있다면 중간 과정)으로 활용하자.

이제부터는 어디로 가야 할까?

인생에 수학을 더 채우고 싶다면 교실 안과 밖에 있는 자원을 최대한 활용하자. 학생이라면 반드시 들어야 하는 수학 수업 외에 선택 과목으로도 수학 수업을 들어보자. 필수 과목과 선택 과목을 듣는 학생들의 성향이 다르다는 걸 알게 될 것이다. 수업을 제대로 들을 수 있도록 푹 쉬자. 적극적으로 질문하자. 다음 수업 시간을 준비할 수 있도록 늦지 않게 숙제를 하자. 도전적이고 열정적인 선생님들을 찾아내자. 당신은 수학을 잘하는 학생일 수도 있고, 못하는 학생일 수도 있다. 그런 건 상관없다. 그저 선생님을 찾아가 수학에 관해 이야기해 보자. 친구들과 공부 모임을 만들어 수업 시간이 끝나도 수학을 공부해보자. 당신의 안내자가 되어 특정 주제를 집중적으로 공부할 수 있는 짧고도 귀중한 기회를 주는 학교에 감사해야 한다. 시간과 자원을, 그리고 특히 그런 환경을 만들어주는 사람들을 소중하게 여기자.

교실 밖에서는 도서관이 훌륭한 자원을 제공해줄 것이다. 책장 사이를 돌아다니며 수학 책을 찾아보거나 사서에게 오랫동안 인기를 얻은 책을 추천해달라고 부탁해보자. 미국수학학회 홈페이지에서 '뉴스와 단행본(news and public outreach)'• 메뉴에 들어가 흥미로운 책을 찾아보고 도서관에서 빌려 읽어도 좋다. 가까운 서점도 수학 책과 과학 책을 찾아볼 수 있는 재미있는 장소이다. 좋아하는 출판사에서 발행한 수학 책과 과학 책 목록을 살펴보는 것도 좋다. 몇 년 전부터 우리 딸과 나는 매년 12월 한 달 동안 옥스퍼드 대학교 출판부가 발행하는 수학과 과학 추천 도서를 읽기로 정했다(딸아이는 화학을 사랑한다). 전혀 알지 못하는 주제를 알려주고 우리 마음을 활짝 열어줄 책들을 읽게 될 것이므로, 우리는 12월의 휴가를 늘 고대한다.

수학 이야기가 실리기 마련인 신문 과학면도 읽어보자. 리얼클리어사이언스RealClearScience•• 웹페이지는 해마다 수학 소식을 비롯해 과학 소식을 접할 수 있는 가장 좋은 웹사이트 목록을 발표한다. 얼

• www.ams.org/publicoutreach/publicoutreach

•• www.realclearscience.com

마 전에 올라온 목록에는 《이언*Aeon*》, 《애틀랜틱*Atlantic*》, 《디스커버*Discover*》, 《네이처 뉴스*Nature News*》, 《뉴 사이언티스트*New Scientist*》, 《퀀타》, 《사이언스 매거진*Science Magazine*》, 《사이언스 뉴스*Science News*》, 《사이언티픽 아메리칸》, 《스미소니언*Smithsonian*》, 《STAT》 등 내가 좋아하는 사이트가 잔뜩 소개되었다. 일반인을 위한 과학 뉴스를 소개하는 사이트들은 수학을 담은 과학 이야기를 알려줄 뿐 아니라 수학 소식도 들려준다. 과학과 수학 이야기는 SNS로도 접할 수 있다. 얼마 전에는 코끼리가 수를 셀 수 있다는 트위터 글을 보았다.

영화나 텔레비전에서 수학이 나오면, 그 수학이 맞는지를 알아보는 것도 좋다. 영화 〈뷰티풀 마인드A Beautiful Mind〉는 노벨상을 받은 경제학자 존 내시의 삶을 소개하면서 잘 알려진 내시 균형•의 틀린 예를 다루었다. 나사에서 아폴로 우주선을 쏘아 올릴 수 있도록 인간 컴퓨터이자 수학자로 활동한 아프리카계 미국 여성들을 다룬 블록버스터 영화 〈히든 피겨스Hidden Figures〉에는 오일러 방법이 정확하게 소개된다(이 영화는 당연히 수학자의 자문을 구했다). 인기를 끌었던 시트콤 〈빅뱅 이론The Big Bang Theory〉에서처럼 TV 프로그램은 자신도 모르는 사이에 풀어야 할 문제를 제시하기도 한다. 〈빅뱅 이론〉의 주인공인 물리학자는 이렇게 주장했다. "이 세상 최고 수는 73이야. 왜냐고? 73은 스물한 번째 소수이고, 73을 거꾸로 한 37은 열두 번째 소수이며, 12를 거꾸로 한 21은 7과 3을 곱한 수이고…, 이진법에서 73은 앞으로도 1001001이고 뒤로도 1001001인 회문 수이기 때문

• 내시 균형은 29장에서 살펴보았다.

이지."[56] 〈빅뱅 이론〉을 본 두 수학자는 73이 정말로 시트콤에서 말한 거울상을 가지고 있는지, 회문이라는 독특한 특징을 갖는 숫자인지를 알아보는 연구를 했다. 두 사람이 연구한 결과는 저명한 잡지에 실렸을 뿐 아니라 〈빅뱅 이론〉의 새 에피소드에 슬며시 등장했다.

가까운 곳에 있는 과학관도 좋은 정보처가 될 수 있다. 그런 곳에서는 수학을 주제로 한 여러 전시회가 열리고 관련 활동을 많이 한다. 과학 센터의 상주 안내인은 멋진 지식을 전해줄 때가 많다. 대학교도 일반인을 상대로 수학과 과학 강연과 전시회를 열곤 한다. 대학교 소식지를 받아보는 것도 좋겠다.

마지막으로 말하고 싶은 건, 매일 만나는 사람들과 우연히 하게 되는 수학에 관한 대화의 가치를 과소평가하면 안 된다는 것이다. 식료품 직원에게 효과적으로 포장하는 방법을 물어보고, 의사와 약사에게 혈관으로 들어간 약이 처음 양의 반으로 줄어드는 반감기를 물어보고, 실내 디자이너에게 패턴에 관해 물어보고, 소방관에게 불이 퍼져나가는 속도를 물어보고, 농부에게 곡식 수확량을 물어보고, 건축가와 건설 노동자에게 기하학에 관해 물어보고, 예술가에게 원근법을 물어보고, 운동 애호가에게 통계에 관해 물어보자. 그런 사람들은 자신의 전문 분야에서 수년간 수학 지식을 익혀 왔다. 그 사람들이 당신의 수학 선생님이 되어줄 것이다.

마지막으로 기억해야 할 사실이 있다. 수학은 지금 당장을 위해 공부하는 것도 아니고, 시험 성적을 받으려고, 학점을 따려고, 학위를 얻으려고 공부하는 것도 아니다. 물론 자격증은 직장을 찾을 때 도움이 된다. 하지만 주변 어디에나 있는 수학에 스스로 집중하는 습관을 들여야 한다는 걸 잊지 말자. 교실 안에서건, 교실 밖에서건, 수학을 이해하려는 노력을 적극적으로 성실하게 하고 있다면 자신을 자랑스럽게 생각해도 좋다. 내면의 수학자가 마음껏 재능을 발휘할 수 있도록 오늘도, 그리고 앞으로도 쭉, 수학이라는 렌즈를 통해 인생을 관찰해나가자.

감사의 글

내가 가라앉아 있을 때마다 기운을 북돋아주고 내가 해낸 일을 언제나 진심으로 기뻐해주는 남편 에스터밴 루벤스, 당신과 함께 일생을 보낼 수 있어서 정말 기쁩니다. 우리 아이들, 마르코와 소피아. 풍만한 지적 호기심으로 일상을 충실하게 살아가는 너희는 엄마에게 많은 영감을 준단다. 너희의 엄마여서 정말 행복해!

나의 형제들, 잔 톰프슨과 존 다고스티노. 각자의 인생 항로를 찾을 때도, 아이들을 기를 때도, 생의 마지막 시간을 보내는 부모님을 도울 때도 우리는 서로에게 너무나도 큰 힘이 되어주었어. 부모님, 모린과 비토, 시부모님 델리아와 미구엘, 남편의 형제들 리즈와 메리, 나의 대부모님 모린과 마이클, 모두 감사합니다.

수십 년 동안 믿을 수 없는 우정과 사랑을 준 멜리사 비어스톡, 정말 고맙습니다. 사생활에서도, 수학자로서의 여정을 헤쳐나갈 때도 중요한 순간마다 지지해주고 응원해준 나의 친구들, 메리피에르 애스티어, 메리 백룬드, 배리 발로프, 벳시 보그단프니와 스티븐 보그단프니, 에이미 버크먼, 세라 브라이언트, 앨리슨 커밍스, 레이첼 데코스테, 에밀리 드라이든, 카렌 에릭슨, 젠니나 에스퀴벨, 미셸 권, 리오나 해리스, 애니 힐, 보니 마커스, 샌디 미콜라이티스, 셸리 모건, 마샤 파커, 폴 파켓, 대프니 로스, 코리나 타나사, 데버라 바라트, 모두 고맙습니다.

존 다고스티노, 낸시 로드, 데이브 미콜라이티스, 존 오브라이언, 에스터밴 루벤스, 소피아 루벤스, 댄 타버를 비롯해 많은 분이 원고를 읽고 의견을 주셨습니다. 컴퓨터와 전자 스케치 패드에 문제가 생기면 밤낮을 가리지 않고 언제든지 달려와서 해결해준 마르코 루벤스, 정말 고마워요! 첫 원고를 읽어준 바버라 카우치, 캐런 에릭슨, 캐서린 타울러, 조시 진에게도 감사를 전합니다.

모교들이 현재의 저를 만들어주었을 뿐 아니라 이 책을 쓸 수 있게 도와주었습니다. 바드 대학교, 스미스 대학교, 다트머스 대학교, 존스 홉킨스 대학교, 모두 감사합니다. 이 책을 쓸 수 있도록 금전적으로 정신적으로 지원해준 EDGE 프로그램, 과학 글쓰기 발전 협회, 하이델베르크 수상자 포럼 재단, 모두 감사합니다.

여러 수학 스승에게 빚을 졌습니다. 모두 소중한 분들입니다. 다트머스 대학교의 캐럴린 고든, 데이비드 웹, 톰 셰만스크. 스미스 대학교의 크리스토프 골, 루스 하스, 짐 헨레, 패트리샤 사이프, 브린마워 대학교의 론다 휴즈, 포모나 대학교의 아미 라둔스카야, 바드 대학교의 이선 블로흐, 피터 돌란, 마크 할시에게 감사를 표합니다.

글 쓰는 삶을 살 수 있게 해준 스승들, 크레이그 차일즈, 에이미 어바인, 조 놀스, 낸시 로드, 에밀리 멀린, 벤 뉴전트, 마크 선딘, 캐서린

타울러, 로빈 와서먼, 고맙습니다.

많은 영감을 주신 HOPE 재단의 이사장 바버라 카우치, 뉴햄프셔 통신대학교 학장 로스 지텔, 다트머스 대학교 학장이자 공학과 교수인 조지프 헬블, 뉴햄프셔 STEM 태스크포스 팀장 마사 파커, 뉴햄프셔 대학교 임시 학장이자 학사관리과 부학과장이며 화학공학과 교수인 바수 바수데반에게도 감사의 말씀을 전합니다.

이 책의 가능성을 믿어준 옥스퍼드 대학교 출판부 편집팀 팀장 댄 타버와, 이 책이 세상에 나올 수 있게 도와준 편집팀 부팀장 캐서린 워드에게도 불가산 무한•의 고마움을 전합니다.

마지막으로 나에게 수학을 가르치는 방법을 가르쳐준 모든 학생, 감사합니다.

• 불가산 무한은 46장을 참고하라.

해답

1장

골드바흐의 이 주장은 '골드바흐의 추측'이라는 이름으로 널리 알려져 있다. 골드바흐의 추측이 옳은지는 아직 정확히 밝혀지지 않았다. 이 문제를 고민한다는 건, 매미의 생애 주기에 나타나는 소수의 예측 불가능성을 이해하려고 연구하거나 골드바흐의 추측 같은 소수의 수수께끼를 풀어보려 하는 수학자와 수학 애호가 들의 노력에 동참하겠다는 다짐이다. 현재 수학자들에 따르면 4부터 2×10^{10}까지의 모든 짝수를 두 소수의 합으로 나타낼 수 있다. 하지만 2×10^{10}보다 큰 어떤 짝수는 두 소수의 합으로 나타낼 수 없을지도 모른다는 가능성을 배제하지 않고 있다. 이 세상에는 답을 모르는 매혹적인 수학 문제도 많다는 사실을 기억하자.

2장

지도를 얼마나 정확하게 그리느냐에 따라 다양하게 풀 수 있다.

나는 미국에서 살고 있다. 그래서 미국 본토만 포함하는 단순한 지도를 그렸다(알래스카와 하와이는 그리지 않았다! 두 곳의 주민들에게 미안하다는 말을 전한다). 일단 나는 각 주의 수도가 있는 지점에 대충 점

미국 본토 지도를 그리고
각 주의 주도가 있는
지점에 점을 찍었다.

직선을 긋기 전에 두 점
사이가 가장 가까운 곳의
절반쯤 되는 곳에 직선을
그었다.

눈을 가늘게 뜨고 그 직선들을
연결해 다각형을 만들었다.
완벽하고 정확한 다이어그램은
아니지만 어떻게 해야
하는지는 알 수 있을 것이다.

을 찍었다.

다각형 안에 있는 모든 점이 외부 지점보다 내부 지점에 더 가까이 있도록 하려면, 지도 위에 반복적으로 원을 그려보자. 일단 컴퍼스로 지점(내가 그린 지도에서는 각 주의 주도가 지점이다)을 중심으로 하는 작은 원을 그리자. 서로 겹치는 원이 있으면 안 된다. 다 그렸으면 이제 조금 더 큰 원을 다시 그리자. 원의 반지름을 늘려서 원을 그리는 과정을 몇 번이고 반복하는 것이다. 그러다 보면 결국 한 점에서 하나 이상의 원이 만나는 순간이 온다. 한 점에서 만나는 원이 많아질수록 점은 길이가 있는 선이 되고 뚜렷한 경계선이 나타난다. 이 과정을 여러 번 반복하면 결국 원은 변이 3개 이상인 닫힌 도형(다각형)이 된다. 이 다각형들의 집합이 바로 보로노이 다이어그램이다. 컴퓨터를 이용하면 훨씬 정확하게 그릴 수 있다. 인터넷에 검색해도 멋진 보로노이 다이어그램을 찾을 수 있겠지만 직접 그리면 보로노이 다이어그램의 기능을 조금 더 자세하게 이해할 수 있다. 경험을 과소평가하면 안 된다.

3장

오전 8시 n분일 때 전체 곰팡이 포자 수는 2^n개가 된다. 다음 표는 증가하는 포자의 수를 보여준다. 9시에 존재하는 전체 포자 수를 100%라고 하면 8시 이후부터 1분당 존재하는 포자 수의 비율을 계산할 수 있다.

$$\frac{\text{8시 이후 } n\text{분이 지났을 때의 포자 수}}{\text{9시 정각의 포자 수}}$$

시간	생성된 포자 수(2^n)	생성된 포자 수(전체 개수)	9시 정각의 포자 수 1,150,000,000,000,000,000과 비교한 포자 수의 비율
오전 8시 00분	2^0	1개	1% 미만
8시 01분	2^1	2개	1% 미만
8시 02분	2^2	4개	1% 미만
8시 03분	2^3	8개	1% 미만
8시 04분	2^4	16개	1% 미만
8시 30분	2^{30}	≈1,000,000,000개	1% 미만
8시 45분	2^{45}	≈35,000,000,000,000개	약 3%
8시 59분	2^{59}	≈58,000,000,000,000,000개	약 50%
오전 9시 00분	2^{60}	≈1,150,000,000,000,000,000개	100%

4장

최다 득표제 투표에서는 A가 이긴다.

결선 투표제에서는 B가 이긴다.

순차 결선 투표제에서는 C가 이긴다.

점수 투표제에서는 D가 이긴다.

투표 방법이 승자를 결정한다.
이제부터 투표 방법에 따라 승자가 결정되는 이유를 살펴보자.

최다 득표 투표제. A를 1지망으로 선택한 유권자가 가장 많으므로 최다 득표 투표제의 승자는 A이다.

결선 투표제. 모두 55명이 투표를 했지만 압도적인 표를 받은 후보는 없다. 따라서 결선 투표를 해야 한다. 결선 투표의 승자를 고르려면 일단 1지망에서 가장 많은 표를 받은 두 후보를 뽑아야 한다. 바로 A와 B 후보이다. 이제 A와 B 후보를 놓고 결선 투표를 해야 하는데, 그 전에 먼저 1지망으로 A와 B를 뽑지 않은 유권자가 어떤 선택을 했는지를 살펴봐야 한다.

- 유권자 10명은 (C, B, E, D, A) 순으로 순위를 매겼다. 이 경우에는 B 후보가 A 후보보다 순위가 높으므로 이 유권자 10명의 표는 B의 합계에 더해져야 한다.
- 유권자 9명은 (D, C, E, B, A) 순으로 순위를 매겼다. 이 경우에도 B 후보가 A 후보보다 순위가 높으므로 이 유권자 9명의 표는 B의 합계에 더해져야 한다.
- 유권자 4명은 (E, B, D, C, A) 순으로 순위를 매겼다. 이 경우에도 B 후보가 A 후보보다 순위가 높으므로 이 유권자 4명의 표는

B의 합계에 더해져야 한다.

- 유권자 2명은 (E, C, D, B, A) 순으로 순위를 매겼다. 이 경우 역시 B 후보가 A 후보보다 순위가 높으므로 이 유권자 2명의 표는 B의 합계에 더해져야 한다.

추가 집계에서 A 후보는 단 한 표도 얻지 못했지만 B 후보는 10+9+4+2=25표를 얻었다.

따라서 최종 득표수는 아래와 같다.

- A 후보=첫 투표 18표+결선 투표 0표=총 18표
- B 후보=첫 투표 12표+결선 투표 25표=총 37표

따라서 결선 투표의 승자는 B이다.

순차 결선 투표제. 모두 55명이 투표를 했지만 압도적으로 많은 표를 받은 후보는 없다. 따라서 첫 번째로 탈락할 후보를 선택해야 한다. 그러려면 먼저 각 후보가 1지망으로 받은 표를 비교해야 한다.

후보	1지망 득표수
A	18
B	12
C	10
D	9
E	4+2= 6

E 후보가 가장 적은 표를 얻었기 때문에 첫 번째 결선 투표 탈락자는 E이다. 이제 유권자들이 매긴 순위표에서 E를 빼고 나머지 수를 따져보자.

후보자 순위(1등부터 4등까지)	해당 순위를 선택한 투표자 수
(A,D,C,B)	18
(B,D,C,A)	12
(C,B,D,A)	10
(D,C,B,A)	9
(B,D,C,A)	4
(C,D,B,A)	2

두 번째 결선 투표에서 1지망 투표수는 A 18표, B 12+4=16표, C 10+2=12표, D는 9표이다. 어떤 후보도 압도적으로 많은 표를 받지 못했기 때문에 가장 적은 표를 받은 D를 빼고 세 번째 결선 투표를 진행해야 한다. 득표수에서 D를 빼면 세 번째 결선 투표 결과는 다음과 같다.

후보자 순위(1등부터 3등까지)	해당 순위를 선택한 투표자 수
(A,C,B)	18
(B,C,A)	12
(C,B,A)	10
(C,B,A)	9
(B,C,A)	4
(C,B,A)	2

세 번째 결선 투표에서 A 18표, B 12+4=16표, C는 10+9+2=21표를 받았다. 이번에도 압도적으로 이긴 후보가 없으므로 네 번째 결선 투표를 해야 한다. 가장 표를 적게 받은 B를 빼고 세 번째 결선 투표 결과를 정리하면 다음과 같다.

후보자 순위(1등부터 2등까지)	해당 순위를 선택한 투표자 수
(A,C)	18
(C,A)	12
(C,A)	10
(C,A)	9
(C,A)	4
(C,A)	2

네 번째 결선 투표에서 A는 18표, C는 12+10+9+4+2=37표를 받았다. C가 압도적으로 많은 표를 받았기 때문에 순차적 결선 투표에서는 C가 이겼다.

점수 투표제. 점수 투표제에서는 모든 후보가 자신보다 더 낮은 순위인 후보의 수를 곱한 점수를 받았다.

- 18표를 얻은 (A, D, E, C, B)의 경우 A 밑에 후보가 4명 있다.
- (A, D, E, C, B)에서 A는 자신보다 순위가 낮은 후보가 4명이고, 그 외에는 그런 경우가 없으므로 A가 받은 점수는 18×4=72점이다.

- 12표를 얻은 (B, E, D, C, A)에서 B는 자신보다 순위가 낮은 후보가 4명이고, 10표를 얻은 (C, B, E, D, A)에서 3명, 9표를 얻은 (D, C, E, B, A)에서 1명, 4표를 얻은 (E, B, D, C, A)에서는 3명, 2표를 얻은 (E, C, D, B, A)에서는 1명이다. 따라서 B의 총점은 $(4\times12)+(3\times10)+(1\times9)+(3\times4)+(1\times2)=101$점이다.
- 같은 방법으로 C의 점수를 계산하면 $(1\times18)+(1\times12)+(4\times10)+(3\times9)+(1\times4)+(3\times2)=107$점이다.
- 같은 방법으로 D의 점수를 계산하면 $(3\times18)+(2\times12)+(1\times10)+(4\times9)+(2\times4)+(2\times2)=136$점이다.
- 같은 방법으로 E의 점수를 계산하면 $(2\times18)+(3\times12)+(2\times10)+(2\times9)+(4\times4)+(4\times2)=134$점이다.

따라서 점수 투표제의 결과는 다음과 같다.

후보	A	B	C	D	E
점수	72점	101점	107점	136점	134점

따라서 점수 투표제의 승자는 D이다.

5장

노를 저어 물을 뒤로 밀면, 물은 노가 가한 힘과 크기는 같고 방향은 반대인 힘으로 보트를 앞으로 민다.

6장

(1) 십진수 141은 이진수 10001101과 같다.

(2) 이진수 111100111은 십진수 487과 같다.

푸는 법: 2의 배수를 적은 전구를 순서대로 배열하고, 각 전구 밑에 이진수를 하나씩 적자.

- 0이라고 적은 전구의 불은 끄자.
- 남은 전구에 적힌 수를 모두 더하면 십진수를 구할 수 있다.

256+128+64+32+4+2+1=487

7장

이 문제에 답하려면 전체 사람 수 중 특정한 앞자리 수의 팔로워를 가진 사람이 차지하는 비율을 구하면 된다. 예를 들어 맨 앞자리 수가 1인 사람 2만 5892명이 전체 조사 인원인 7만 8304명의 몇 퍼센트에 해당하는지를 계산해야 한다. 맨 앞자리 수가 1인 사람의 비율은 다음과 같이 구할 수 있다.

$$\frac{25,892}{78,304} \approx 0.331 = 33.1\%$$

이제 각 경우의 퍼센트 비율을 계산하고 그 결과를 벤포드의 법칙과 비교해보자.

첫 번째 수	벤포드의 법칙의 예측	실제 비율(반올림 값)
1	30.1%	33.1%
2	17.6%	17.5%
3	12.5%	12.5%
4	9.7%	9.5%
5	7.9%	7.5%
6	6.7%	6.5%
7	5.8%	5%
8	5.1%	4.5%
9	4.6%	4%

벤포드의 법칙이 예상하는 비율과 실제 자료의 비율이 거의 비슷하다. 따라서 트위터 사용자들의 팔로워 수는 벤포드의 법칙을 만족한다.

연도	A 무리 개체 수	비고	B 무리 개체 수	비고
0년	20	20마리 모두 2년에 기대 수명에 도달한다.	22	22마리 모두 2년에 기대 수명에 도달한다.
1년	20+20=40	개체 수는 0년 때의 2배이다. 올해는 기대 수명에 도달하는 생쥐가 없다. 올해 태어난 20마리는 3년에 기대 수명에 도달한다.	22+22=44	개체 수는 0년 때의 2배이다. 올해는 기대 수명에 도달하는 생쥐가 없다. 올해 태어난 22마리는 3년에 기대 수명에 도달한다.
2년	40+40=80	개체 수는 1년 때의 2배이다.	44+44=88	개체 수는 1년 때의 2배이다.
	80-20=60	0년에 태어난 20마리가 기대 수명에 도달했다. 올해 태어난 40마리는 4년에 기대 수명에 도달한다.	88-22=66	0년에 태어난 22마리가 기대 수명에 도달했다. 올해 태어난 44마리는 4년에 기대 수명에 도달한다.
3년	60+60=120	개체 수는 2년 때의 2배이다.	66+66=132	개체 수는 2년 때의 2배이다.
	120-20=100	1년에 태어난 20마리가 기대 수명에 도달했다. 올해 태어난 60마리는 5년에 기대 수명에 도달한다.	132-22=110	1년에 태어난 22마리가 기대 수명에 도달했다. 올해 태어난 66마리는 5년에 기대 수명에 도달한다.
4년	100+100=200	개체 수는 3년 때의 2배이다.	110+110=220	개체 수는 3년 때의 2배이다.
	200-40=160	2년에 태어난 40마리가 기대 수명에 도달했다. 올해 태어난 100마리는 6년에 기대 수명에 도달한다.	220-44=176	2년에 태어난 44마리가 기대 수명에 도달했다. 올해 태어난 110마리는 6년에 기대 수명에 도달한다.

연도	A 무리 개체 수	비고	B 무리 개체 수	비고
5년	160 + 160 = 320	개체 수는 4년 때의 2배이다.	176 + 176 = 352	개체 수는 4년 때의 2배이다.
	320 - 60 = 260	3년에 태어난 60마리가 기대 수명에 도달했다. 올해 태어난 160마리는 7년에 기대 수명에 도달한다.	352 - 66 = 286	3년에 태어난 66마리가 기대 수명에 도달했다. 올해 태어난 176마리는 7년에 기대 수명에 도달한다.
6년	260 + 260 = 520	개체 수는 5년 때의 2배이다.	286 + 286 = 572	개체 수는 5년 때의 2배이다.
	520 - 100 = 420	4년에 태어난 100마리가 기대 수명에 도달했다. 올해 태어난 260마리는 8년에 기대 수명에 도달한다.	572 - 110 = 462	4년에 태어난 110마리가 기대 수명에 도달했다. 올해 태어난 286마리는 8년에 기대 수명에 도달한다.
7년	420 + 420 = 840	개체 수는 6년 때의 2배이다.	462 + 462 = 924	개체 수는 6년 때의 2배이다.
	840 - 160 = 680	5년에 태어난 160마리가 기대 수명에 도달했다. 올해 태어난 420마리는 9년에 기대 수명에 도달한다.	924 - 176 = 748	5년에 태어난 176마리가 기대 수명에 도달했다. 올해 태어난 462마리는 9년에 기대 수명에 도달한다.
8년	680 + 680 = 1,360	개체 수는 7년 때의 2배이다.	748 + 748 = 1,496	개체 수는 7년 때의 2배이다.
	1,360 - 260 = 1,100	6년에 태어난 260마리가 기대 수명에 도달했다. 올해 태어난 680마리는 10년에 기대 수명에 도달한다.	1,496 - 286 = 1,210	6년에 태어난 286마리가 기대 수명에 도달했다. 올해 태어난 748마리는 10년에 기대 수명에 도달한다.
9년	1,100 + 1,100 = 2,200	개체 수는 8년 때의 2배이다.	1,210 + 1,210 = 2,420	개체 수는 8년 때의 2배이다.

연도	A 무리 개체 수	비고	B 무리 개체 수	비고
	2,200−420=1,780	7년에 태어난 420마리가 기대 수명에 도달했다. 올해 태어난 1100마리는 11년에 기대 수명에 도달한다.	2,420−462=1,958	7년에 태어난 462마리가 기대 수명에 도달했다. 올해 태어난 1210마리는 11년에 기대 수명에 도달한다.
10년	1,780+1,780=3,560	개체 수는 9년 때의 2배이다.	1,958+1,958=3,916	개체 수는 9년 때의 2배이다.
	3,560−680=2,880	8년에 태어난 680마리가 기대 수명에 도달했다. 올해 태어난 1780마리는 12년에 기대 수명에 도달한다.	3,916−748=3,168	8년에 태어난 748마리가 기대 수명에 도달했다. 올해 태어난 1958마리는 12년에 기대 수명에 도달한다.
10년 뒤 총 마리 수	그룹 A 2880마리		그룹 B 3168마리	

9장

이번 문제는 창의적으로 생각하는 연습을 독려하려고 낸 문제로 특별한 답은 없다. 일상생활을 하는 동안 수학적으로 사고하는 습관을 꾸준히 들이고 그 시간을 즐긴다면 당신이 바로 창의적인 사람이다.

10장

램지, 필, 온챈, 더글러스, 캐슬타운 사이에 놓인 도로를 그래프로 그리면 서로 연결된 그래프를 그릴 수 있다. 일단 오일러 회로가 될 수 있는 한 가지 조건은 만족한 것이다. 그럼 이제 각 꼭짓점과 이어진 변의 개수를 세어봐야 한다.

- 램지: 2개
- 필: 4개
- 온챈: 4개
- 더글러스: 4개
- 캐슬타운: 4개

그래프가 모두 연결되어 있고 꼭짓점에 연결된 변의 개수가 모두 짝수이기 때문에 이 그래프는 오일러 회로라고 확신할 수 있다. 다시 말해서 램지, 필, 온챈, 더글러스, 캐슬타운을 연결하는 도로를 모두 한 번만 지난 뒤에 다시 출발점으로 돌아올 수 있는 경로가 존재한다.

11장

(1) 이 매듭은 교차점이 없다. 따라서 풀린 매듭이다.

(2) 이 매듭은 교차점이 3개이다. 따라서 세잎 매듭이다.

12장

(1) 지나간다.

(2) 북쪽.

(3) 라호르보다 몬테비데오가 더 가깝다.

13장

데이지에는 시계 방향 나선이 21개 있고 반시계 방향 나선이 34개 있다. 두 수는 연속하는 피보나치 수이다.

시계 방향 나선 21개　　반시계 방향 나선 34개

보너스 식료품 가게에서 사온 파인애플에서도 시계 방향 나선의 수와 반시계 방향 나선의 수가 피보나치 수를 이루어야 한다.

14장

적절한 길이는 지도 위에 표시된 40마일과 110마일이라는 길이를 참고해서 정하면 된다. 일단 직사각형 하나를 이용해 넓이의 최소 근삿값과 최대 근삿값을 찾고, 그 차이가 300제곱마일 이하인지 확인하자.

직사각형이 1개일 때 넓이의 최소 근삿값은 80x25=2,000제곱마일이다.

직사각형이 1개일 때 넓이의 최대 근삿값은 110x40=4,400제곱마일이다.

넓이의 최대 근삿값인 4400제곱마일과 최소 근삿값인 2000제곱마일의 중간값을 찾으려면 두 수를 더한 뒤에 2로 나누어야 한다. $\frac{(4400+2000)}{2}=3200$제곱마일이다. 따라서 푸에르토리코의 실제 넓이는 3200 ± 1200제곱마일이라고 추정할 수 있다. 푸에르토리코의 실제 넓이와 계산 결과의 오차 범위가 300제곱마일보다 훨씬 큰 1200제곱마일이기 때문에 이는 답이 될 수 없다.

지도를 더 많은 직사각형으로 나누어서 오차 범위를 줄여보자. 가로 길이가 10마일인 직사각형으로 지도를 좀 더 작게 나누어보는 것이다.

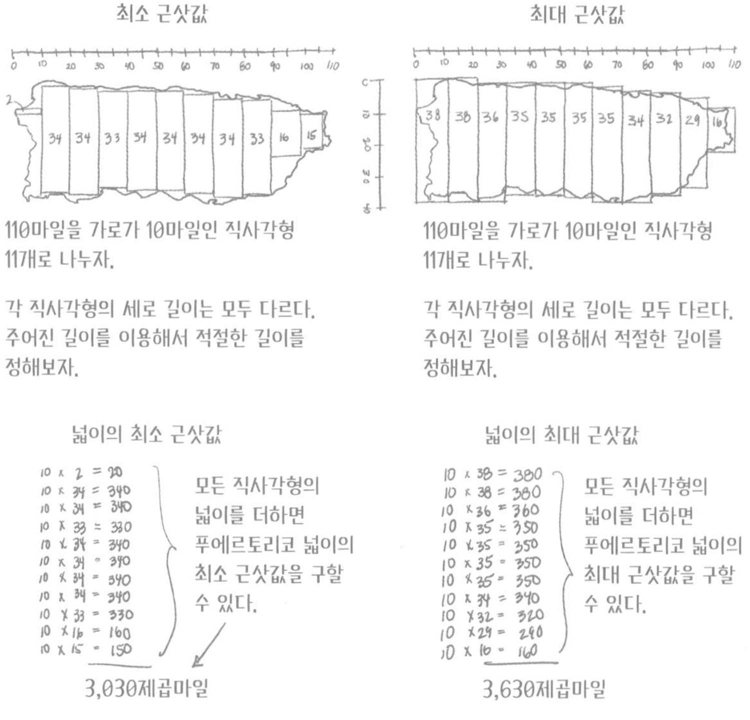

넓이의 최대 근삿값인 3630제곱마일과 최소 근삿값인 3030제곱마일의 중간값을 찾으려면 두 수를 더한 뒤에 2로 나누어야 한다. $\frac{(3630+3030)}{2}=3330$제곱마일이다. 따라서 푸에르토리코의 실제 넓이는 3330±300제곱마일로 추정할 수 있다. 이 계산대로라면 실제 넓이와 계산 결과의 오차 범위는 300제곱마일이다. 오차가 300제곱마일 이하이므로 우리는 답을 찾은 것이다.

15장

이 문제를 풀려면 (평평한 지면에 그린 도형에 적용하는 유클리드 기하학이나 공에 그린 도형에 적용하는 비유클리드 기하학 모두) 사각형은 삼각형 2개로 이루어져 있고 오각형은 삼각형 3개, 육각형은 삼각형 4개로 이루어져 있다는 사실을 기억해야 한다.

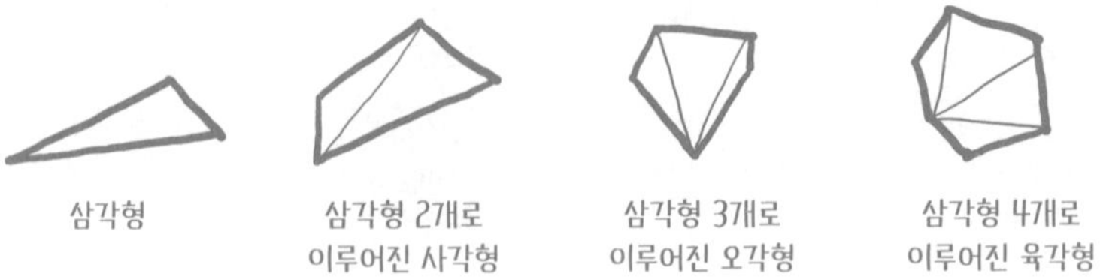

유클리드 기하학에서는 삼각형에 또 다른 삼각형을 추가할 때마다 내각의 합에 180도를 더하면 도형의 전체 내각의 합이 된다. 하지만 비유클리드 기하학에서는 또 다른 삼각형을 추가할 때마다 180도보다 더 큰 각이 더해진다. 따라서 구 위에 그린 비유클리드 기하학의 모형에서 사각형의 내각의 합은 360도보다 더 크고, 오각형의 내각의 합은 540도보다 더 크고, 육각형의 내각의 합은 720도보다 더 크다.

16장

이 세상에는 모두 195개 나라가 있고, 나라마다 지도자가 한 명씩 있을 것이다. 사람의 수명은 150년을 넘지 않는다. 따라서 1세부터 150세까지를 문 앞에 적은 방(비둘기 집)이 150개가 있다고 생각해보자. 각국 지도자는 자기 나이가 적힌 방으로 들어가야 한다. 방의 수보다 나라의 수가 더 많으니까 두 지도자가 들어가는 방이 적어도 한 방은 있을 것이다. 그 방에 있는 지도자들은 서로 나이가 같다.

17장

3개, 4개, 5개, 6개, 7개, 8개, 9개 동전을 최적의 방법으로 쌓을 수 있는 방법은 다음과 같다.[57]

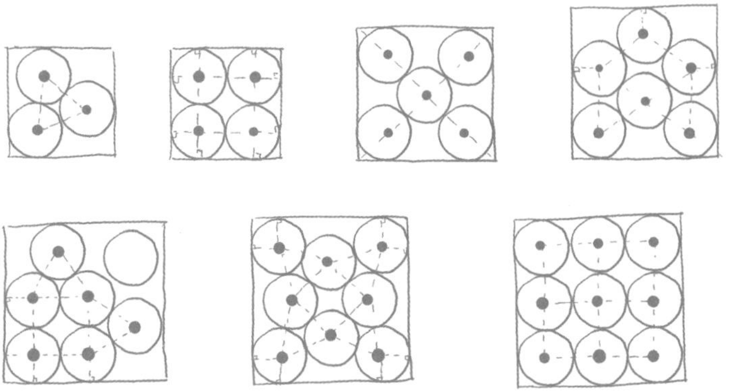

점선은 원의 둘레에서 중심까지의 상대적 위치를 나타내고 있다. 점선으로 이루어진 삼각형은 내각이 모두 같은 정삼각형이다. 점선으로 이루어진 사각형은 정사각형이다. 직각에는 직각 표시를 해두었다. 중심점이 없는 원은 남은 공간에서 이리저리 움직여도 상관없다는 뜻이다.

18장

(1) 악당1을 잡으려면 제임스 본드는 몸이 받는 공기의 저항을 줄여야 한다. 그러려면 팔과 다리를 활짝 편 X자 형태로 떨어지면 안되고 수영장에서 다이빙할 때처럼 다리와 팔을 모두 옆에 붙이고 몸을 일자로 만들어야 한다. 그러면 낙하 속도가 빨라져서 악당1을 붙잡을 수 있다(단, 악당1은 팔다리를 모두 편 X자 형태로 낙하해야 한다).

(2) 악당2에게 물리지 않으려고 낙하산을 펴면 제임스 본드의 낙하 속도는 느려지지만 위로 솟구쳐 오르지는 않는다. 영화에서 카메라가 비추는 인물은 제임스 본드가 아니라 이미 종단 속도에 도달한 악당2이다. 낙하산을 편 제임스 본드의 속도는 느려지지만 카메라는 종단 속도로 떨어지는 악당2에 고정되어 있으므로 관객에게는 제임스 본드가 위로 올라간 것처럼 보인다.

19장

어떤 과일을 사 왔느냐에 따라 답이 달라질 것이다. 내가 사는 지역에서 사 온 과일 모양은 이랬다.

구: 사 온 과일 가운데 완벽한 원이라고 분류할 수 있는 과일은 하

나도 없었다.

옆으로 볼록한 회전 타원체: 호박이나 귤.

위아래로 볼록한 회전 타원체: 호박, 포도, 수박, 멜론, 패션 프루트.

세 경우 모두에 해당하지 않는 과일: 배, 바나나, 딸기, 아보카도.

20장

이 장에서 밑면과 높이는 같지만 부피가 다른 두 사면체가 있음을 확인했다.

1번 사면체의 좌표: (0, 0, 0), (1, 0, 0), (0, 1, 0), (0, 0, 1)

2번 사면체의 좌표: (0, 0, 0), (1, 0, 0), (0, 1, 0), (0, 1, 1)

이 좌표를 참고하면 밑면과 높이는 같지만 부피가 다른 두 사면체의 예를 무한히 들 수 있다. 다음처럼 좌표에서 0이 아닌 수만 계속 바꾸면 된다.

1번 사면체의 좌표: (0, 0, 0), (2, 0, 0), (0, 2, 0), (0, 0, 2)

2번 사면체의 좌표: (0, 0, 0), (2, 0, 0), (0, 2, 0), (0, 2, 2)

21장

1000보다 작은 수 가운데 각 자릿수가 모두 소수인 소수는 2, 3, 5, 7, 23, 37, 53, 73, 223, 227, 233, 257, 277, 307, 337, 353, 373, 503, 523, 557, 577, 727, 733, 757, 773이다.

1000보다 작은 수 가운데 순환 소수는 2, 3, 5, 7, 11, 13, 17, 37, 79, 113, 197, 199, 337이다.

1000보다 작은 수 가운데 회문 소수는 2, 3, 5, 7, 11, 101, 131, 151, 181, 191, 313, 353, 373, 383, 727, 757, 757. 797, 919, 929이다.

1000보다 작은 수 가운데 사원 소수는 11, 101, 181이다.

22장

입부터 항문에 이르는 소화관이 몸에 뚫린 유일한 구멍인 소는 도넛 모양으로 바꿀 수 있다. 도넛처럼 구멍이 있는 도형은 위상 수학적으로 공과는 다른 도형이다. 따라서 소화관이 있는 소에게는 털북숭이 공 정리를 적용할 수 없다. 조금만 조사하면 털북숭이 도넛은 완벽히 빗을 수 있다는 걸 알 수 있다. 소화관이 있는 소에게는 삐죽 서는 털이 없다.

23장

콜라츠 추측은 옳다는 증명도 그르다는 증명도 되지 않았다(입증하려면 모든 수에서 1이 나온다는 증거를 제시하거나 1이 되지 않는 실제 수를 찾아낸 뒤에 당신 나라에서 가장 큰 수학 단체에 연락해야 한다). 하지만 콜라츠 추측과 씨름하는 목적은 단순히 추측이 옳은지 그른지를 밝히는 데 있지 않다. 콜라츠 추측을 생각하는 동안 수가 갖는 새로운 특성을 발견할 수도 있으므로 그 문제에 달려드는 것이다. 만약 당신이 수의 새로운 특성을 발견했다면 어떤 특성을 발견했는지 진술하고, 그 진술을 뒷받침할 수 있는 주장을 해보자.

24장

(1) 이 벽지는 수평, 수직, 대각선 병진 대칭성을 보이는 자기 유사성이 특징이다. S를 옆으로 눕힌 것 같은 덩굴 중심부에 있는 한 점을 기준으로 180도를 회전시키는 자기 유사성도 보인다.

(2) 이 벽지는 수평, 수직, 대각선 병진 대칭성을 보이는 자기 유사성이 특징이다. 작은 원들을 수직으로 가로지르는 보이지 않는 선을 기준으로 반사 대칭성도 보인다.

(3) 이 벽지는 별의 가운데 있는 점을 중심으로 회전 대칭성을 보이는 자기유사성이 있다. 원은 360도이고 별은 꼭짓점이 6개이기 때문에 이 벽지의 자기 유사성 회전 각도는 360도÷6=60도이다. 따라서 이 벽지는 별의 가운데 있는 점을 중심으로 60도, 120도, 180도, 240도, 360도 회전하는 자기 유사성이 특징이다.

(4) 이 벽지는 중심점을 기준으로 90도, 180도, 270도로 회전하는 자기 유사성이 있다.

25장

$x=99.999\cdots$라고 하자. 이 x를 100으로 나누면 다음 식이 성립한다.

$$\frac{x}{100}=\frac{99.999\cdots}{100}=0.999\cdots$$

$x=99.999\cdots$에서 $\frac{x}{100}=0.999\cdots$를 빼면

$x-\frac{x}{100}=99.999\cdots-0.999\cdots$이고

$\frac{99}{100}x=99$이다.

이 식의 양변에 100을 곱하면 다음과 같다.

$99x=9900$

이 식을 99로 나누면 x는 다음과 같다.

$x=100$

앞에서 $x=99.999\cdots$이라고 했다. 따라서 $99.999\cdots$는 100임이 분명하다.

26장

정삼각형이 아니라면 세 수직선을 더한 길이의 값은 시작점에 따라 달라진다. 다음 그림처럼 밑변은 아주 좁고 높이는 아주 긴 삼각형이 있다고 생각해보자. 이 삼각형 내부에 꼭대기와 아주 가까운 점과 밑변에 아주 가까운 점을 하나씩 찍어보자. 그리고 각 점에서 세 변을 향해 수직선을 긋는다. 각 점에서 그은 세 수직선의 길이의 합은 분명히 다를 것이다. 이런 식으로 정삼각형이 아닌 삼각형에서도 비비아니의 정리가 성립한다는 주장의 반례를 찾았다. 반례가 단 하

나만 있어도 '정삼각형이 아닌 삼각형에서도 비비아니의 정리가 성립한다'라는 주장이 틀렸음을 입증할 수 있다.

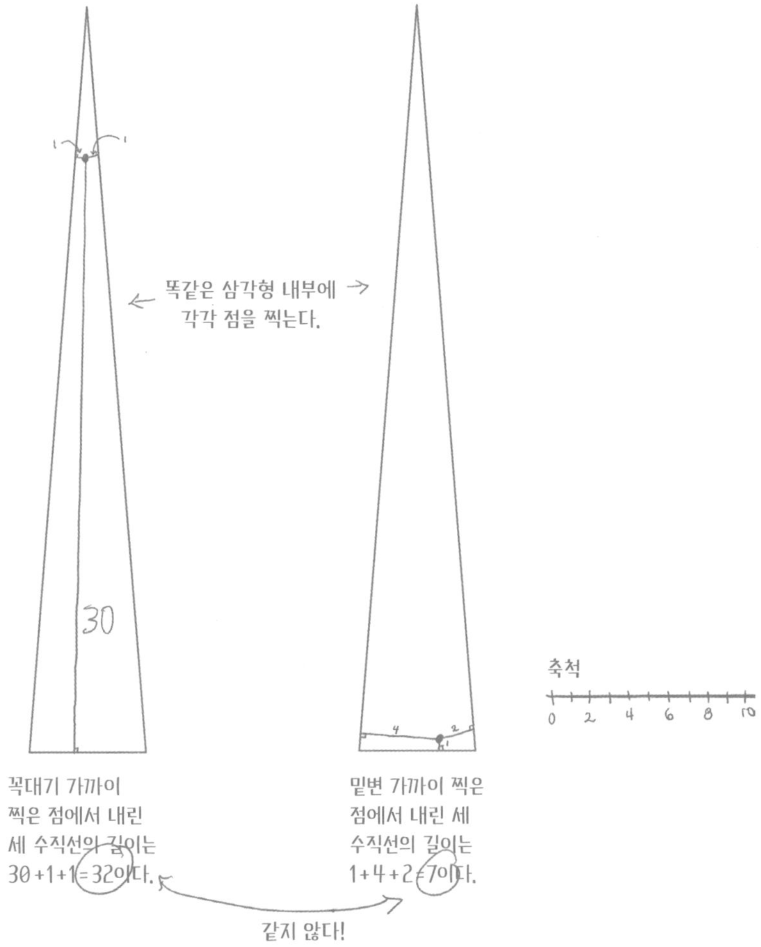

27장

고리의 가운데 부분을 자르면 면도 2개, 가장자리도 2개인 고리 2개가 생긴다.

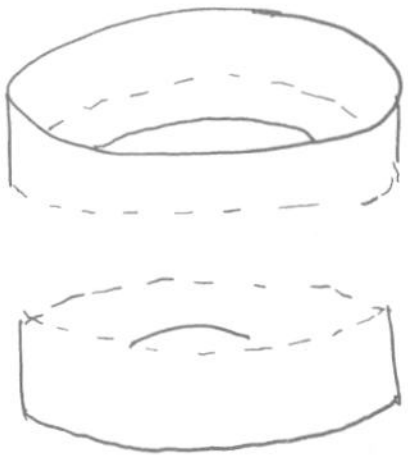

뫼비우스의 띠의 가운데를 자르면 면이 2개이고 가장자리도 2개인 물체가 생긴다. 이 물체는 고리도 아니고 뫼비우스의 띠도 아니다. 고리처럼 꼬인 부분이 없는 것도 아니고 뫼비우스의 띠처럼 꼬인 부분이 한 곳인 것도 아닌, 꼬인 부분이 두 곳 있는 새로운 띠가 된다.

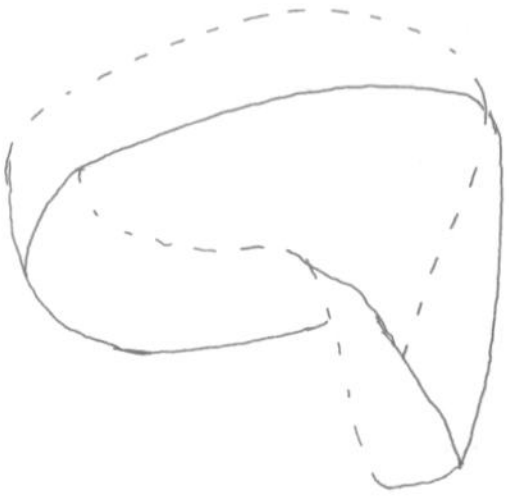

28장

맞다. 소수가 아닌 수는 무한히 있다. 그 사실을 증명하는 방법은 아주 많다. 예를 들어 5보다 큰 5의 배수로 이루어진 무한 집합을 생각해보자.

{10, 15, 20, 25, 30, 35, 40, 45, 50, 55…}

이 무한 집합의 원소는 모두 1과 5라는 공통 약수를 갖기 때문에 모두 소수가 아니다. 따라서 소수가 아닌 수도 무한히 존재한다.

29장

게임 규칙을 적용하면 다음처럼 승패를 판가름하는 표를 만들 수 있다.

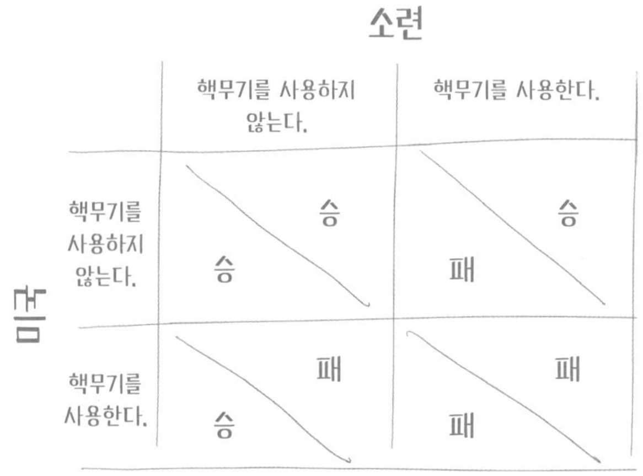

두 나라가 협력하지 않을 때. 한 나라가 핵무기를 사용하면 그 라운드는 핵무기를 사용한 나라가 이긴다. 하지만 그 나라는 다음 라운드에서 다른 나라가 핵무기를 사용해 자기 나라를 이기리라는 것을 분명

히 안다. 경쟁은 결국 두 나라 모두 수많은 패배를 경험할 때까지 계속된다. 두 국가 모두 유한한 수만큼만 패배할 수 있으므로 두 나라 모두 (최상의 경우) 일부가 파괴되거나 (최악의 경우) 완전히 파괴될 것이다.

두 나라가 협력할 때. 두 나라는 먼저 핵무기를 사용하지는 않겠다고 약속했다. 따라서 라운드를 거듭해도 일부나 전부가 파괴되는 경쟁이 벌어지지 않았다. 두 나라가 협력할 때는 두 나라 모두 핵무기를 사용하지 않기 때문에 둘 다 이길 수 있다.

30장

첫 번째 곡선은 단일 폐곡선이기 때문에 조르당 곡선 정리가 성립한다. 오리와 곡선 밖에 있는 점을 연결한 직선이 곡선과 만나는 횟수가 짝수이므로 오리는 곡선 밖에 있다. 어느 방향으로 선을 긋느냐에 따라 직선과 곡선이 만나는 횟수는 달라진다. 다음 그림처럼 직선과 곡선이 교차하는 횟수는 2번일 수도 있고 14번일 수도 있다.

두 번째 곡선은 폐곡선이지만 곡선을 이루는 선들이 교차하기 때문에 단일 곡선이 아니다. 조르당 곡선 정리는 오직 단일 폐곡선에만 적용할 수 있다. 따라서 이 곡선에서는 조르당 곡선 정리가 성립하지 않는다.

31장

크기에 상관없이 황금 삼각형의 72도인 내각을 이등분하면 좀 더 작은 새로운 황금 삼각형을 그릴 수 있다. 새로 만든 황금 삼각형으로도 같은 방법을 이용해 새로운 (더 작은) 황금 삼각형을 만들 수 있다. 황금 나선을 그리려면 가장 큰 황금 삼각형의 정점에서 작은 황금 삼각형을 만들려고 이등분한 각이 있는 꼭짓점까지 호를 그려야 한다. 큰 삼각형에서 시작해 작은 삼각형으로 이 과정을 계속 반복하면 황금 나선을 만들 수 있다.

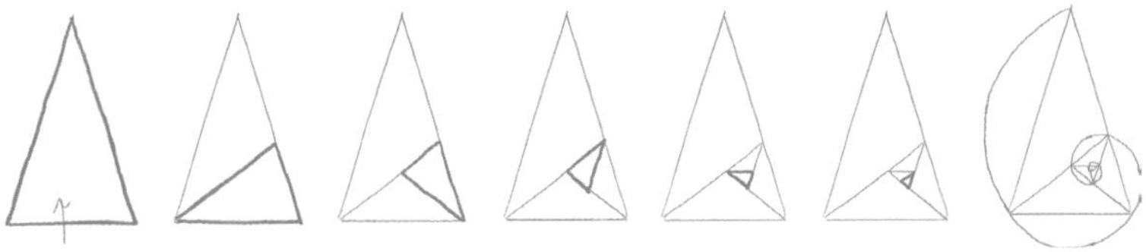

황금 삼각형

32장

전체 합은 무한히 커질 것이다. 이 수열은 모든 항이 $\frac{1}{2}$ 이상이다. 따라서 다음과 같이 바꿔 쓸 수 있다.

$$\frac{1}{2}+\frac{2}{3}+\frac{3}{4}+\frac{4}{5}+\frac{5}{6}+\cdots>\frac{1}{2}+\frac{1}{2}+\frac{1}{2}+\frac{1}{2}+\frac{1}{2}+\frac{1}{2}+\cdots$$

$$=\left(\frac{1}{2}+\frac{1}{2}\right)+\left(\frac{1}{2}+\frac{1}{2}\right)+\left(\frac{1}{2}+\frac{1}{2}\right)+\cdots$$

$$=1+1+1+\cdots$$

33장

아래 그림처럼 정육면체의 쌍대 다면체는 정팔면체이다.

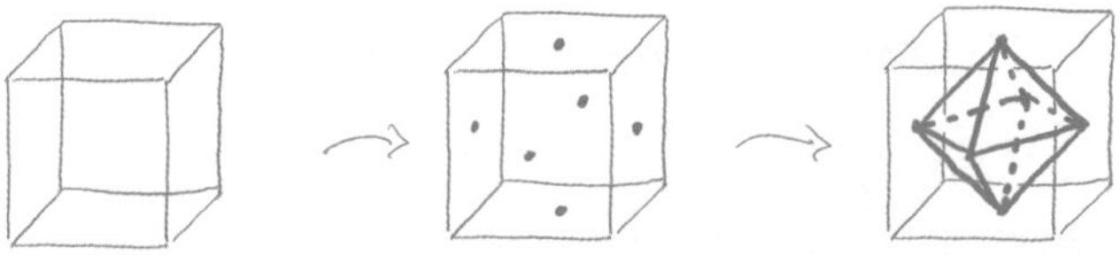

정육면체로 시작한다.

정육면체 모든 면의 가운데에 점을 찍는다(네모난 상자를 이용해도 된다).

점을 모두 연결한다.

마찬가지로 정팔면체의 쌍대 다면체는 정육면체이다. 정십이면체와 정이십면체도 서로 쌍대 다면체이다. 앞에서 정사면체의 쌍대 다면체는 정사면체라고 했다. 따라서 플라톤 입체의 쌍대 다면체들은 모두 플라톤 입체이다.

34장

(1) 이 질문에 답하려면 열세 번째 숫자인 체크 기호가 옳은지 알아봐야 한다. 그러려면 먼저 첫 번째 공식에 맞는 답을 찾아야 한다.

$$9+3(7)+8+3(0)+2+3(9)+8+3(8)+4+3(3)+6+3(9)$$
$$=9+21+8+0+2+27+8+24+4+9+6+27$$
$$=145$$

이제 이 145를 10으로 나누어 몫과 나머지를 구해야 한다.

$\frac{145}{10}=14$ 나머지 5

이제 10에서 5를 뺀다.

$$10-5=5$$

계산 결과대로라면 이 책의 체크 기호(열세 번째 숫자)는 5여야 한다. 하지만 실제 ISBN의 열세 번째 기호는 7이다. 따라서 서점 직원은 독자가 적어 온 ISBN이 틀렸음을 알았을 것이다.

(2) 이 질문에 답하려면 열세 번째 숫자인 체크 기호가 옳은지 알아봐야 한다. 그러려면 먼저 첫 번째 공식에 맞는 답을 찾아야 한다.

$$9+3(7)+8+3(0)+0+3(9)+8+3(8)+4+3(3)+6+3(9)$$
$$=9+21+8+0+0+27+8+24+4+9+6+27$$
$$=143$$

이제 이 143을 10으로 나누어 몫과 나머지를 구해야 한다.

$$\frac{143}{10} = 14 \text{ 나머지 } 3$$

이제 10에서 3을 빼야 한다.

$$10 - 3 = 7$$

계산 결과대로라면 이 책의 체크 기호(열세 번째 숫자)는 7이어야 한다. 실제 ISBN의 열세 번째 기호도 7이다. 따라서 서점 직원은 독자가 적어 온 ISBN이 틀렸음을 알지 못할 것이다. 이 문제는 ISBN이 오류를 감지할 수 있는 암호라고 해도 모든 오류를 감지할 수는 없음을 보여준다. 두 군데에 생긴 작은 오류들이 서로를 상쇄해 전체 오류를 감춘 것이다. 방정식에서 3을 곱해야 하는 항은 단 한 곳도 오류가 생기지 않았다. 다섯 번째 숫자는 원래 숫자보다 1 작아졌고 열한 번째 숫자는 원래 숫자보다 1 커져서, 체크 기호를 구하는 방정식을 계산한 값은 143으로 처음과 달라지지 않았다. 따라서 ISBN은 오류를 찾아내는 능력이 뛰어나지만 모든 오류를 찾아낼 수는 없는 암호이다.

(3) 1번 문제에 따르면 ISBN이 오류를 감지할 수 있다. 2번 문제에 따르면 ISBN이 모든 오류를 감지할 수는 없다.

(4) ISBN은 오류를 교정할 수 있는 암호는 아니다. ISBN을 구성하는 숫자 가운데 1개 이상이 바뀐다고 해도 원래 암호를 찾아낼 방법은 없다.

35장

이번에는 조금 다르게 그려보자. 점이 아니라 수를 써보는 것이다. 이 그림에서는 서로 짝을 이루는 수를 화살표로 연결하는 것이 중요하다.

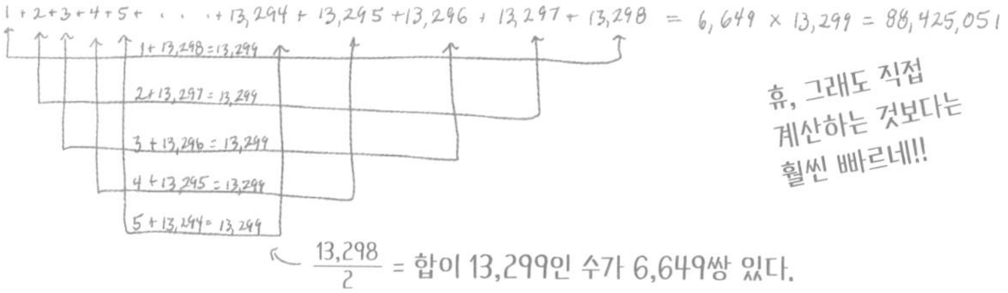

이 그림을 이용해 가우스 방법을 일반화할 수 있다. 1부터 임의의 자연수 n까지를 더한 값을 나타내는 일반식은 다음과 같다.

$$1+2+3+\cdots+n=\frac{1}{2}n\times(n+1)$$

36장

세탁물의 오염 정도를 측정하는 방법을 알지 못한다면, 먼저 물의 혼탁도를 측정할 수 있는 방법부터 결정해야 한다. 물에 떠다니는 흙 따위의 입자 때문에 물이 탁해진 정도를 나타내는 NTU(네펠로메트릭 탁도 단위)로 물의 혼탁도를 측정할 수 있다. 세계보건기구WHO는 5NTU가 식수로 사용할 수 있는 최대 혼탁도라고 했다. 세탁 후 남은 물을 충분히 마실 수 있을 정도로 깨끗한 상태에서만 세탁기가 멈추도록 하려면 다음과 같은 연속 함수를 세탁기에 적용할 수 있다.

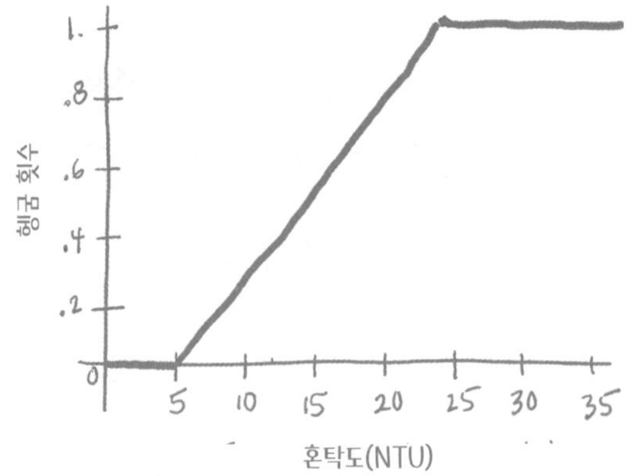

다시 말해서 세탁을 하고 정해진 횟수대로 빨래를 헹군 뒤에 물의 혼탁도를 측정하는 퍼지 조절 시스템이 작동하도록 세탁기를 다음처럼 프로그래밍할 수 있다.

- 혼탁도가 25NTU 이상일 때, 세탁기는 세탁 후 정해진 횟수대로 헹구고 처음부터 다시 세탁과 헹굼을 반복한다.
- 혼탁도가 5~25NTU라면, 세탁기는 그래프에 보이는 것처럼 세탁과 헹굼을 몇 번 반복한다.
- 혼탁도가 5NTU 미만이라면, 세탁기는 빨래가 깨끗해졌다고 결론짓고 작동을 멈춘다.

37장

바다는 경계가 있지만 군데군데 존재하는 육지는 '구멍'이다. 육지가 존재하는 한 '바닷물 휘젓기'에는 브라우어르의 부동점 정리를 적용할 수 없다. 물고기가 휘저은 대양에는 부동점이 있을 수도 있고,

없을 수도 있다.

38장

주어진 정보를 이용하면 다음과 같은 표를 만들 수 있다.

	전립샘암으로 사망할 남성 (전체 남성의 3%)	전립샘암으로 사망하지 않을 남성 (전체 남성의 97%)
PSA 수치 상승	80%	75%
PSA 수치 정상	20%	25%

이제 특정한 남성 집단을 생각해보자. 예를 들어서, 남성 1000명으로 이루어진 집단이라면 다음과 같은 표로 나타낼 수 있다.

	전립샘암으로 사망할 남성 (30명)	전립샘암으로 사망하지 않을 남성 (970명)
PSA 수치 상승	24명	727.5명
PSA 수치 정상	6명	242.5명

문제의 남성은 PSA 수치가 상승했다. 이 조건대로라면 24명은 전립샘암 때문에 사망하고, 727.5명은 (PSA 수치가 상승했어도) 전립샘암으로 사망하지 않는다. 따라서 이 남성의 현재 전립샘암 발병 가능성을 예측하려면 PSA 수치가 상승한 사람 가운데 실제로 전립샘암으로 사망할 남성의 수는 몇 명인지를 알아내야 한다. 그 값 역시 분수

계산을 이용해 알 수 있다.

$$\frac{\text{PSA 수치가 상승하고 전립샘암으로 죽는 남성의 수}}{\text{PSA 수치가 상승한 남성의 수}}$$

이 분수를 계산한 값은 다음과 같다.

$$\frac{24}{24+727.5}=\frac{24}{751.5}=3.2\%$$

PSA 검사 결과를 기반으로, 전립샘암으로 사망할 확률이 3퍼센트였던 남성의 사망률을 새로 구하면 3.2퍼센트가 된다.

39장

다양한 답이 있다. 두 수의 허수 부분이 크기는 같고 부호가 다르면 된다. 나는 다음과 같은 수를 생각했다.

$$(2+3i)+(4-3i)=6+0i=6$$
$$(-7+8i)+(-7-8i)=-14+0i=-14$$

이 예를 보면 인생의 어떤 면이 떠오를까? 나는 가상의 생각이 둘 합쳐지면 실제 생각이 생길 수도 있다는 사실을 알게 되어 기뻤다. 어쩌면 나의 꿈이 이루어진다는 은유이거나 나의 꿈을 실현할 방법을 가르쳐주는 것일 수도 있다.

40장

'편향'된 무작위 걷기로 정원에 도착할 수 있도록 하는 여러 방법 중 하나를 소개한다.

- 동전을 던졌을 때 앞이 나오면 '왼쪽으로 한 칸' 간다.
- 동전을 던졌을 때 뒤가 나오면 '오른쪽으로 두 칸' 간다.

괴물들의 동굴이나 아름다운 정원 중 한 곳에 도착할 때까지, 필요한 만큼 이리 갔다가 저리 갔다가를 반복해보자!

41장

아인슈타인의 방정식은 에너지를 줄 단위로 측정했기 때문에 10억 MMBtu를 줄 단위로 바꿔야 한다. MMBtu를 줄 단위로 바꾸려면 먼저 Btu 단위로 바꿔야 한다.

10억 MMBtu=1,000,000,000MMBtu
=(1,000,000,000)x(1,000,000)Btu
=1,000,000,000,000,000Btu
=1000조 Btu => 뉴욕 에너지 소비량

1Btu는 1.06J이므로 뉴욕시는 1060조 J의 에너지를 소비했다.

뉴욕시에서 소비한 총 에너지양은 1060조 줄이다.

그럼 이제 이 책의 에너지 양을 계산해보자. 이 책의 질량을 1파운드라고 하면, 책은 얼마만큼의 에너지를 보유하고 있을까? 먼저 킬로그램 질량을 구하고, 그 질량을 아인슈타인의 방정식에 대입하면 책이 가진 에너지의 양을 알 수 있다.

1파운드의 책: 1파운드/2.21≈0.452kg
질량이 1파운드인 책의 에너지는

$$
\begin{aligned}
E &= mc^2 \\
&= [(0.452)\times(299{,}792{,}458)^2]\,\mathrm{J} \\
&= [(0.452)\times(89{,}875{,}517{,}870{,}000{,}000)]\,\mathrm{J} \\
&= 40{,}623{,}734{,}080{,}000{,}000\,\mathrm{J} \\
&\approx 4\text{경 J}
\end{aligned}
$$

따라서 책의 에너지는 4경 줄이다. 1060조보다 4경이 더 크므로, 7월 한 달 동안 뉴욕시에서 사용한 전체 에너지보다 책 한 권이 더 큰 에너지를 가진다.

지금 들고 있는 책을 포함해, 고작 책 한 권이 그렇게나 많은 에너지를 가지고 있다는 사실을 알면 누구나 깜짝 놀랄 것이다. 아인슈타인도 그랬다. 아인슈타인은 루스벨트 미국 대통령에게 원자를 하나만 쪼개도 상상도 할 수 없는 에너지가 방출될 거라며, 원자 폭탄은 어마어마하게 무서운 무기가 될 거라고 경고했다. 책은 아주, 아주 많은 원자로 이루어져 있다. 책을 이루는 모든 원자가 원자 폭탄처럼 쪼개진다면 너무나도 무시무시한 힘이 발휘될 것이다. 뉴욕시는 한 달 동안 엄청난 에너지를 소비하지만, 원자 폭탄 여러 개가 낼 수 있는 에너지는 그와는 절대로 비교할 수 없을 정도로 엄청나다.

42장

2차원 판에서 이기는 삼목 두기 수는 모두 클라인 병 위에서 하는 삼목 두기에서도 이기는 수이다. 세로 방향으로 이기는 수의 경우, 클라인 판에서만 존재하는 승부수는 없다. 하지만 가로 방향과 대각선 방향으로는 클라인 병이기 때문에 이기는 방법이 더 있다. 다음은 그 예다.

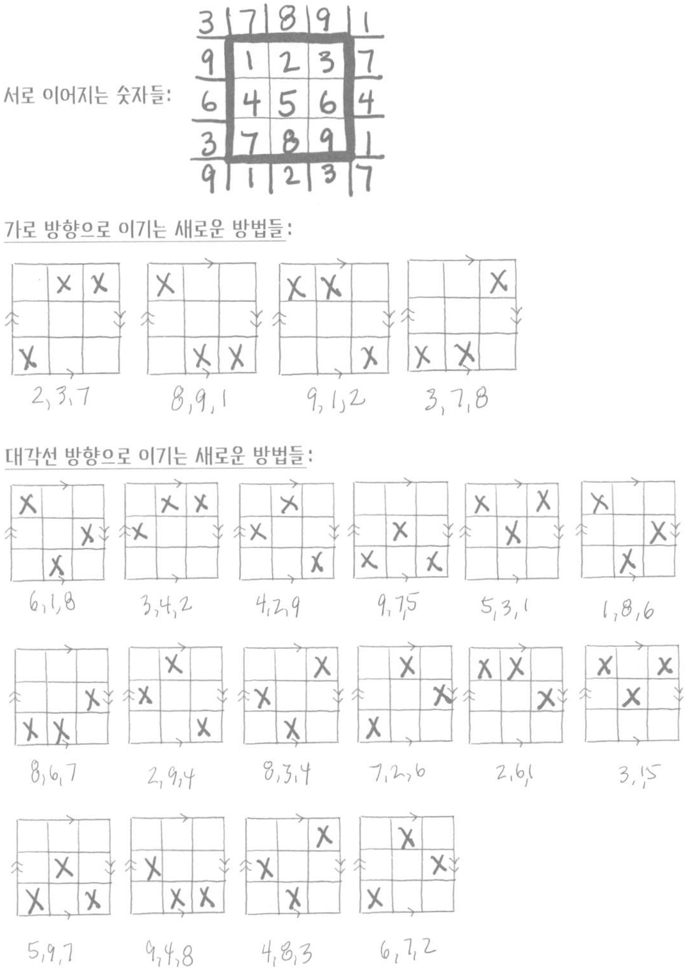

43장

맞다. 어떤 방향으로 원본 3차원 입방체를 끌고 가든, 초입방체는 3차원 입방체 8개로 이루어져 있다.

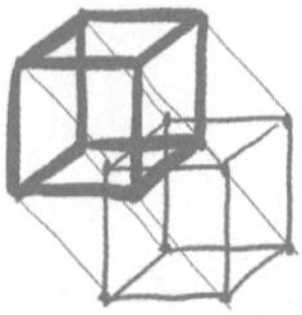

원본 3차원 입방체는 그대로 있다.

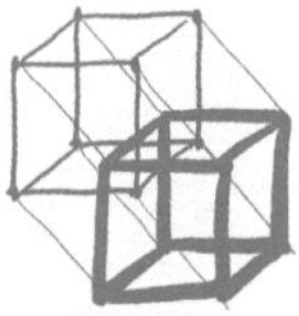

복사해서 끌고 간 3차원 입방체.

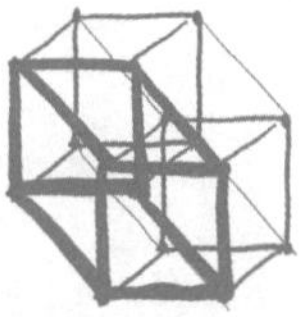

원본 3차원 입방체 앞에 새로운 3차원 입방체가 생겼다.

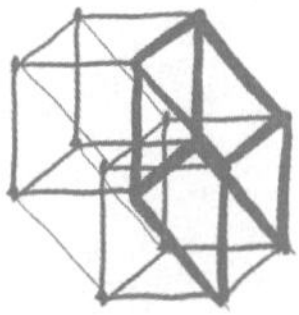

원본 3차원 입방체 오른쪽에 새로운 3차원 입방체가 생겼다.

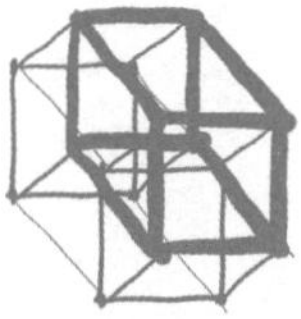

원본 3차원 입방체는 뒤에 새로운 3차원 입방체가 생겼다.

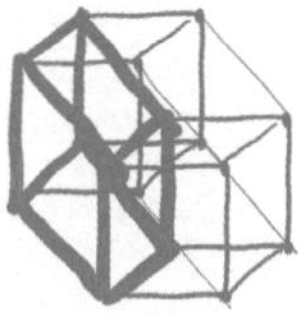

원본 3차원 입방체 왼쪽에 새로운 3차원 입방체가 생겼다.

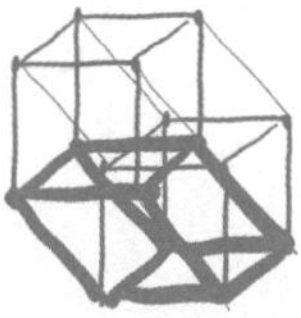

원본 3차원 입방체 밑에 새로운 3차원 입방체가 생겼다.

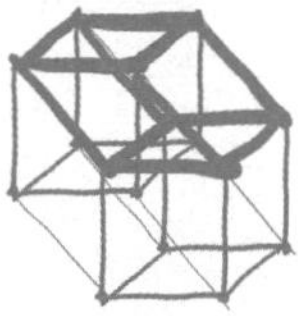

원본 3차원 입방체 위에 새로운 3차원 입방체가 생겼다.

44장

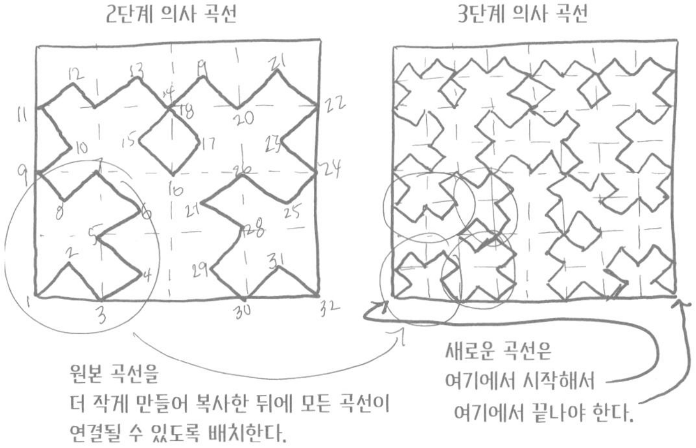

45장

이 문제를 풀려면 먼저 시어핀스키 삼각형을 몇 번 복사해야 모양은 같고 크기는 큰 시어핀스키 삼각형을 만들 수 있는지 알아내야 한다.

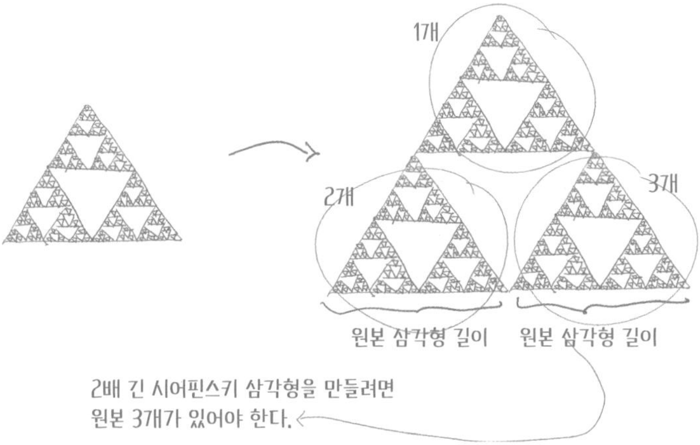

시어핀스키 삼각형의 길이를 2배로 늘리려면 원본 삼각형이 3개 필요하다. 앞의 예에서 우리는 다음과 같은 사실을 알고 있다.

S^d는 크기만 커지고 모양은 같은 삼각형을 만들 때 필요한 원본 도형 개수를 나타낸다. S는 키우고자 하는 크기의 배수를 뜻하고 d는 그 물체(상자처럼 친숙한 물체일 수도 있고, 코흐 곡선처럼 독특한 물체일 수도 있다)가 속한 차원을 나타낸다. 시어핀스키 삼각형에서 배수 S는 2이고, 필요한 원본 개수는 3이다. 따라서 다음과 같은 방정식을 세울 수 있다.

$$2^n = 3$$

로그라고 부르는 도구를 사용하면 이런 방정식도 풀 수 있다. 하지만 우리는 대략적인 값만 알면 되니까, 굳이 로그를 이용할 필요는 없다. n는 1일까? 아니다. 2^1은 2이고, 2는 3보다 작다. 그렇다면 n은 2일까? 아니다. 2^2은 4이고, 4는 3보다 크다. 따라서 n은 1과 2 사이의 값이어야 한다. n에 몇 가지 값을 넣으면 다음과 같은 표를 그릴 수 있다.

n의 값	2^n 값
1.1	2.14…
1.2	2.29…
1.3	2.46…
1.4	2.63…
1.5	2.82…
1.6	3.03…

아하! n이 1.6일 때의 2^n 값은 3.03이다. 거의 3에 가까운 수이다! 따라서 시어핀스키 삼각형의 분수 차원은 대략 1.6이라고 할 수 있다.

46장

자연수(양의 정수)의 집합과 자연수와 음의 정수의 집합은 서로 일대일 대응하기 때문에 크기가 같은 무한 집합이다. 두 집합은 다음처럼 짝지을 수 있다.

자연수 → 양의 정수와 음의 정수

1 → -1

2 → 1

3 → -2

4 → 2

5 → -3

6 → 3

7 → -4

8 → 4

우선 1과 -1을 짝짓는다. 그다음, 1보다 큰 짝수 n은 $\frac{n}{2}$과 짝을 짓고 1보다 큰 홀수는 $-\frac{n+1}{2}$와 짝을 짓는다. 이런 식으로 두 집합의 원소들을 짝지으면 빠지는 수 없이 모든 원소를 일대일 대응시킬 수 있다.

참고문헌

1. S. J. Gould, *Ever Since Darwin: Reflections on Natural History*, New York: W.W. Norton and Company, 1977.
2. Guinness World Records, "Britney Gallivan: How Many Times Can YOU Fold a Piece of Paper?—Meet the Record Breakers," November 26, 2018. Available at: https://www.youtube.com/watch?v=AfPDvhKvaa0. Accessed February 21, 2019.
3. G. Korpal, "Say Crease! Folding Paper in Half Miles Please," Fermat's Library, November 2015. Available at: https://fermatslibrary.com/s/folding-paper-in-half. Accessed February 2019.
4. Guinness World Records, "Guinness World Records: Most Times to Fold a Piece of Paper," Guinness World Recrods, 2019. Available at: http://www.guinnessworldrecords.com/world-records/494571-most-times-to-folda-piece-of-paper. Accessed 18 February 2019.
5. M. Simonson, "Mathematical Democracy: Mission Impossible? Maybe not...," American Mathematical Society, November 21, 2016. Available at: https://blogs.ams.org/mathgradblog/2016/11/21/mathematical-democracymission-impossible-not/. Accessed 2 May 2019.
6. D. Austin, B. Casselman, J. Malkvitch, and T. Phillips, "Voting and Elections: Election Decision Methods," American Mathematical Society, Available at: http://www.ams.org/publicoutreach/feature-column/fcarc-voting-decision. Accessed 2 May 2019.
7. J. F. Kennedy, "John F. Kennedy Moon Speech—Rice Stadium," September 12, 1962. Available at: https://er.jsc.nasa.gov/seh/ricetalk.htm. Accessed 12 June 2019.
8. N. M. P. a. A. Division, Director, Apollo Atmospheric Entry Phase. Film. USA: National Aeronautics and Space Administration, 1968.

9. M. L. Shetterly, *Hidden Figures: The American Dream and the Untold Story of the Black Women Mathematicians Who Helped Win the Space Race*, New York: William Morrow, 2016.
10. B. Obama, "Remarks by the President at Medal of Freedom Ceremony," White House Office of the Press Secretary, November 24, 2015. Available at: https://obamawhitehouse.archives.gov/the-press-office/2015/11/24/remarks-president-medal-freedom-ceremony. Accessed 5 June 2019.
11. NASA, "Katherine Johnson: The Girl Who Loved to Count," National Aeronautics and Space Administration, November 24, 2015. Available at: https://www.nasa.gov/feature/katherine-johnson-the-girl-wholoved-to-count. Accessed 5 June 2019.
12. B. Rauch, M. Göttsche, and G. E. S. Brähler, "Fact and Fiction in EU-Governmental Economic Data," *German Economic Review*, vol. 12, no. 3, pp. 243–55, 2011.
13. T. Taylor, "Benford's Law: a Useful, But Imperfect, Fraud-catcher," *Globe and Mail*, December 22, 2010. Available at: https://www.theglobeandmail.com/report-on-business/rob-magazine/benfords-law-a-useful-butimperfect-fraud-catcher/article560409/. Accessed April 26, 2019.
14. J. Golbeck, "Benford's Law Applies to Online Social Networks," *PLoS One*, August 26, 2015. Available at: https://journals.plos.org/plosone/article/file?id=10.1371/journal.pone.0135169&type=printable. Accessed June 14, 2019.
15. I. Stewart, *Significant Figures: The Lives and Work of Great Mathematicians*, New York: Basic Books, 2017.
16. B. Hopkins and R. Wilson, "The Truth About Konigsberg," *College Mathematics Journal*, vol. 35, pp. 198–207, 2004.
17. C. Adams, *The Knot Book: An Elementary Introduction to the Mathematical Theory of Knots*, Providence: American Mathematical Society, 2004.
18. K. Murasugi, *Knot Theory and Its Applications*, Boston: Birkhauser, 1996.
19. d. w. b. R. Alvesgaspar, "FibonacciChamomile.PNG liscensed under the Creative Commons Attribution 2.5 Generic license (https://creativecommons.org/licenses/by/2.5/deed.en), converted to greyscale from original," April 28, 2011. Available at: https://commons.wikimedia.org/wiki/File:FibonacciChamomile.PNG. Accessed June 11, 2019.
20. K. Helmut Haß, "File:Goldener Schnitt Bluetenstand Sonnenblume.jpg licensed

under Creative Commons Attribution ShareAlike 3.0 Unported (CC BY-SA 3.0) (https://creativecommons.org/licenses/by-sa/3.0/deed.en) converted to greyscale," July 5, 2004. Available at: https://commons.wikimedia.org/wiki/File:Goldener_Schnitt_Bluetenstand_Sonnenblume.jpg. Accessed 11 June 2019.

21. Marazols, "File:Cactus in Helsinki Winter Garden spirals 8.jpg licensed under the Creative Commons Attribution 2.5 Generic license (https://creativecommons.org/licenses/by/2.5/deed.en), converted to greyscale from original," August 8, 2009. Available at: https://commons.wikimedia.org/wiki/File:Cactus_in_Helsinki_Winter_Garden_spirals_8.jpg. Accessed June 11, 2019.
22. Marazols, "File:Cactus in Helsinki Winter Garden spirals 13.jpg, licensed under the Creative Commons Attribution 2.5 Generic License Unported (CC BY-SA 3.0) (https://creativecommons.org/licenses/by-sa/3.0/deed.en) converted to greyscale from the original," August 8, 2009. Available at: https://commons.wikimedia.org/wiki/File:Cactus_in_Helsinki_Winter_Garden_spirals_13.jpg. Accessed June 11, 2019.
23. J.-L. W, "File:Phyllotaxie.jpg—Une pomme de pin dont les spirales montrent le mécanisme de la phyllotaxie—licensed under the Creative Commons Attribution-Share Alike 3.0 Unported converted to grayscale from the original," May 4, 2008. Available at: https://commons.wikimedia.org/wiki/File:Phyllotaxie.jpg. Accessed June 14, 2019.
24. K. Blansey, "Pexels (All photos on Pexels can be used for free.), licensed by Pexels (https://www.pexels.com/photo-license/) and converted to greyscale from the original and altered to note and count Fibonacci spirals," Available at: https://www.pexels.com/photo/daisy-fibonacciflower-macro-1156467/. Accessed June 11, 2019.
25. D. Quenqua, "The Moon Is (Slightly) Flat, Scientists Say," *New York Times*, July 30, 2014. Available at: https://www.nytimes.com/2014/07/31/science/space/the-moon-is-slightly-flat-scientists-say.html. Accessed May 25, 2019.
26. K. Wu, "Saturn's Innermost Moons Are Red Ravioli, Thanks to Its Rings," NOVA, March 28, 2019. Available at: https://www.pbs.org/wgbh/nova/article/saturn-rings-moons/. Accessed May 25, 2019.
27. D. Overbye, "Universe as Doughnut: New Data, New Debate," *New York Times*, March 11, 2003. Available at: https://www.nytimes.com/2003/03/11/science/uni-

verse-as-doughnut-new-data-new-debate.html. Accessed March 8, 2019.

28. D. Hilbert, "Mathematical Problems," *Bulletin of the American Mathematical Society*, vol. 37, no. 4, pp. 407–36, 2000.
29. J. Kennedy, "Can the Continuum Hypothesis Be Solved?" Institute for Advanced Study, 2011. Available at: https://www.ias.edu/ideas/2011/kennedy-continuum-hypothesis. Accessed March 29, 2019.
30. P. Cohen and K. Gödel, "The Independence of the Continuum Hypothesis," *Proceedings of the National Academy of Sciences of the United States of America*, vol. 50, no. 6, pp. 1143–8, 1963.
31. C. Clawson, *Mathematical Mysteries : The Beauty and Magic of Numbers*, New York: Springer Science + Business Media, 1999.
32. P. Honner, "Where Proof, Evidence and Imagination Intersect," *Quanta*, March 14, 2019. Available at: https://www.quantamagazine.org/where-proof-evidence-and-imagination-intersect-in-math-20190314/. Accessed March 23, 2019.
33. A. Wilkinson, "The Pursuit of Beauty: Yitang Zhang Solves a Pure-math Mystery," *New Yorker*, February 2, 2015. Available at: https://www.newyorker.com/magazine/2015/02/02/pursuit-beauty. Accessed March 23, 2019.
34. E. Klarreich, "Unheralded Mathematician Bridges the Prime Gap," Quanta, May 19, 2013. Available at: https://www.quantamagazine.org/yitang-zhang-proves-landmark-theorem-in-,distribution-of-primenumbers-20130519/. Accessed March 23, 2019.
35. S. Singh, *Fermat's Enigma: The Epic Quest to Solve the World's Greatest Mathematical Problem*, New York: Anchor Books, 1997.
36. A. Jha, "Dan Shechtman: 'Linus Pauling said I was talking nonsense'," *The Guardian*, January 5, 2013. Available at: https://www.theguardian.com/science/2013/jan/06/dan-shechtman-nobel-prize-chemistry-interview. Accessed May 1, 2019.
37. Abcxwz, "File:Kite&Dart-tiling.gif released to the public domain," July 31, 2009. Available at: https://commons.wikimedia.org/wiki/File:Kite%26Dart-tiling.gif. Accessed June 11, 2019.
38. M. Rose, "Is the 'Penrose Pattern' Used in Kleenex's Toilet Paper?" *Wall Street Journal*, April 14, 1997. Available at: https://www.wsj.com/articles/SB860978392483692000. Accessed May 1, 2019.

39. M. Rajesh, "Floral Pattern Background 658 licensed under the Creative Commons CC0 1.0 Universal (CC0 1.0) Public Domain Dedication," Available at: https://creativecommons.org/publicdomain/zero/1.0/. Accessed June 11, 2019.
40. K. Arnold, "Japanese Wave Pattern Background licensed under Creative Commons CC0 1.0 Universal (CC0 1.0) Public Domain Dedication," Available at: https://www.publicdomainpictures.net/en/view-image.php?image=50976&picture=japanese-wave-pattern-background. Accessed June 11, 2019.
41. K. Arnold, "Stars Abstract Wallpaper Pattern licensed under Creative Commons CC0 1.0 Universal (CC0 1.0) Public Domain Dedication," Available at: https://www.publicdomainpictures.net/en/view-image.php?image=154672&picture=stars-abstract-wallpaper-pattern. Accessed June 11, 2019.
42. M. Pixel, "Line Spiral Rotation Rotated Background Swirl licensed under Creative Commons CC0 1.0 Universal (CC0 1.0) Public Domain Dedication," Available at: https://www.maxpixel.net/LineSpiral-Rotation-Rotated-Background-Swirl-2721735. Accessed June 11, 2019.
43. K.-i. Kawasaki, "Proof without Words: Viviani's Theorem," *Mathematics Magazine*, vol. 78, no. 3, p. 213, 2005.
44. J. Hollander, "The Road Not Taken," in *Frost*, New York: Alfred A. Knopf, 1997, p. 136.
45. International ISBN Agency, "International ISBN Agency," About ISBN, 2014. Available at: https://www.isbn-international.org/content/whatisbn. Accessed May 20, 2019.
46. H. Scarf, "Fixed-Point Theorems and Economic Analysis: Mathematical Theorems Can Be Used to Predict the Probable Effects of Changes in Economic Policy," *American Scientist*, vol. 71, no. 3, pp. 289–96, 1983.
47. American Cancer Society, "Limitations of Mammograms," 2019. Available at: https://www.cancer.org/cancer/breast-cancer/screening-tests-andearly-detection/mammograms/limitations-of-mammograms.html. Accessed June 13, 2019.
48. M. Le, C. Mothersill, C. Seymour, and F. McNeill, "Is the False-positive Rate in Mammography in North America Too High?" *British Journal of Radiology*, vol. 89, no. 1065.
49. American Cancer Society, "Understanding Your Mammogram Report," 2019. Avail-

able at: https://www.cancer.org/cancer/breast-cancer/screening-tests-and-early-detection/mammograms/understandingyour-mammogram-report.html. Accessed June 13, 2019.

50. H. Ohanian, *Einstein's Mistakes*, New York: W. W. Norton & Company, Inc., 2008.
51. A. Calaprice, *Dear Professor Einstein: Albert Einstein's Letters to and from Children*, New York: Prometheus Books, 2002.
52. A. Calaprice, *The Ultimate Quotable Einstein*, Princeton: Princeton University Press, 2011.
53. New York City Economic Development Corporation, "NYCEDC—Economic Research and Analysis," NYCEDC, 2019. Available at: https://www.nycedc.com/economic-data/july-2013-economic-snapshot. Accessed March 15, 2019.
54. D. Banegas and C. Stark, "Klein Bottle is a Real Natural in the Zoo of Geometric Shapes," National Science Foundation, October 7, 2008. Available at: https://www.nsf.gov/discoveries/disc_summ.jsp?cntn_id=112392. Accessed April 5, 2019.
55. K. Reidy, "Salvador Dalí and the Hypercube," *Scientific American*, March 8, 2018. Available at: https://blogs.scientificamerican.com/observations/salvador-dali-and-the-hypercube/. Accessed June 15, 2019.
56. G. Gibbs, "Bang! Math Professors Prove TV Show Theory About the Number 73," *The Dartmouth*, May 2, 2019. Available at: https://www.thedartmouth.com/article/2019/05/bang-math-professors-prove-tvshow-theory-about-the-number-73. Accessed June 13, 2019.
57. E. Specht, "The best known packings of equal circles in a square (up to N = 10000)," Otto von Guericke, June 21, 2018. Available: http://hydra.nat.uni-magdeburg.de/packing/csq/d1.html. Accessed May 4, 2019.

찾아보기

ㄱ

가산 무한 집합 319, 321~322, 326, 331
가와사키 켄이치로 179
가우스, 카를 프리드리히 244~245, 247, 373
강체 운동 167
개릭-베델, 이언 135
갤리번, 브리트니 34~36
게임 이론 12, 198, 201
결선 투표제 45, 48, 344~345
골드바흐의 추측 27, 342
골벡, 제니퍼 69
공간 채움 곡선 15, 208, 300~302, 305~306
괴델, 쿠르트 139~140
교차점 93~97, 206, 355
굴드, 스티븐 제이 24
귀류법 194~195
그래프 82~88
~ 이론 82, 85~86, 88~89
글렌, 존 49~52, 56~57

ㄴ

나비 효과 72
나사(NASA) 49~50, 53, 56~58
내시, 존 201
~ 균형 201, 336
노이만, 존 폰 260
뉴턴, 아이작 70~71, 133, 306
~의 운동 제3법칙 53, 58

ㄷ

다수 해독법 239
단일 폐곡선 203~206, 208, 368~369
달리, 살바도르 293, 298
대원 100~102
데이터 세트 65~67
데카르트, 르네 267~268
덴, 맥스 140
독재 투표제 46~47

ㄹ

라이프니츠, 고트프리트 빌헬름 82
러셀, 버트런드 9
로렌즈, 에드워드 70~71

리만 가설 141, 143
리만 합 107, 112, 114
리셰, 장 133

ㅁ

마리노니, 조반니 82
만장일치의 원칙(파레토 원칙) 46
매도프, 버나드 68
매듭 90~97
~ 이론 14, 90, 92, 96
머큐리 계획 49
뫼비우스의 띠 184~186, 188~190, 366
무게 중심 54~55
무리수 139, 326~327
무작위 걷기 272~275, 377
무한 소수 139, 326
무한 집합 139, 318~319, 321~323, 326~327, 330, 366~367, 383
미분 방정식 93
미적분 7, 8, 12, 107, 240

ㅂ

바이러스 228~229, 231
박테리오파지 228~229, 233~234
반사 대칭성 167~169, 172, 174, 363
밴초프, 토머스 293
베이즈 통계 262~263, 266
벡터장 15, 154~158
벤포드의 법칙 65~69, 351
병리적 곡선 207~208
병진 대칭성 167~169, 172, 174, 363
보로노이 다이어그램 28~32, 343
봄벨리, 라파엘 267
부적절한 대안 43, 45~46
부호 이론 12, 237~238, 240
분수 차원 15, 308~309, 315~316, 383
불가산 무한 327, 331, 341
브라우어르의 부동점 정리 255~258, 260~261, 374
비둘기 집의 원리 120, 122~123
비비아니의 정리 177~179, 182~183, 364~365
비연속적인 벡터장 156
비유클리드 기하학 116~119, 358

ㅅ

사원 소수 152, 362
사촌 소수 150, 152
생애 주기 24~26, 342
섀넌, 클로드 240
세잎 매듭 91~95, 355
섹시 소수 150, 152
셰흐트만, 다니엘 166~167, 172~173
소수(素數) 15, 25~27, 141, 147~152, 191~197, 342, 366
~로만 적힌 소수 152, 361
수직선(數直線) 15, 139, 151, 269, 274, 326~327
수확 체감 225
순위 투표제 43~45
순차 결선 투표제 45, 48, 344, 346
순환 소수 152, 361
스타인, 거트루드 331
시어핀스키 삼각형 316, 381~383

실수 139, 268~271, 326~331
십진법(십진수) 59~64, 350
쌍대 다면체 235~236, 370
쌍둥이 소수 147~148, 150~152
~ 추측 15, 147~148, 151

ㅇ

아르키메데스 75~79, 222
아인슈타인, 알베르트 276~280, 298, 377~378
아폴로 계획 49, 336
암호학 238
애덤스, 콜린 96
애로, 케네스 46~47
~의 불가능성 정리 41, 47
약등호 37
약수 15, 25, 148, 150, 191~192, 196, 367
양력 53~56
연속적 155~156, 253, 258~259, 289, 305, 373
~인 벡터장 15, 154, 157
연속체 가설 139~140
영 벡터 156~157
오바마, 버락 57
오일러, 레온하르트 27, 82, 86~88, 333, 336
~ 경로 86
~ 회로 85~88, 354~355
와일스, 앤드루 160~163
완전성의 원칙 46
원자 192~193
위상 수학 12, 153~154, 158, 291, 362
유리수 322, 326~327
유방암 263~266
유방 조영상 263~266
유클리드 159
~ 기하학 117~119, 358
의사 힐베르트 곡선 305~306, 381
이중 진자 72~74
이진법(이진수) 59~64, 336, 350
인간 컴퓨터 14, 56~57, 336
일기 예보 70~71
일대일 대응 319~323, 325~327, 330, 383

ㅈ

자기 유사성 167, 171~173, 363
자데, 로트피 250
자연수 139, 148~149, 163, 191~193, 225, 247, 319, 321~323, 325~328, 330~331, 373, 383
장이탕 147~151
전립샘암 266, 375~376
전립샘 특이 항원(PSA) 266, 375~376
점수 투표제 46, 48, 345, 348~349
정이십면체 228~235, 370
조르당 곡선 정리 203, 205, 207~208, 210~211, 368~369
조화급수 225~227
존슨, 캐서린 14, 49, 57~58
종단 속도 129~131, 360
죄수의 딜레마 198, 201
준결정체 166~167
중력 50, 52, 129, 133~135

~ 등가물 50
지레 77, 79
지수 함수 36~37
진공 근지점 고도(VPA) 50~52

ㅊ

체크 기호 241~242, 370~372
초입방체 293~294, 296~299, 380
최다 득표 투표제 41, 43, 45, 48, 344~345
최적 부호 240
축척 대칭성 169, 171~172

ㅋ

카오스 이론 12, 70~74
칸토어, 게오르크 139
케네디, 존 F. 49
케플러, 요하네스 125~126
~의 구 쌓기 추측 125~126, 141
코언, 폴 139~140
코흐 곡선 209, 309, 311, 314~316, 382
코흐 눈송이 209~210
콜라츠 추측 163~165, 362
쾨니히스베르크의 다리 14, 80, 82~83, 85~86, 88~89
클라인 병 15, 285~286, 288~292, 378~379

ㅌ

털북숭이 공 정리 15, 153, 157~158, 362
특수 상대성 이론 276, 298

ㅍ

퍼지 규칙 252~254
퍼지 논리 248~249, 251~252, 254, 374
퍼지 집합 249, 252~254
페르마, 피에르 드 159~160
~의 마지막 정리 159~163
페아노, 주세페 300~306
펜로즈, 로저 167, 172~173
~ 패턴 166~167, 169~173
편향된 무작위 걷기 273, 275, 377
폐곡선 203~206, 208, 369
포물선 76, 79
포식자 배불리기 24
폰지 사기 68
폴링, 라이너스 166
풀린 매듭 91, 93~95, 97, 355
프로스트, 로버트 203, 210
플라톤의 입체 234~235
플랑크, 막스 277
피보나치수열 103~106, 355~356
피타고라스학파 267, 271, 333
필즈상 9~10

ㅎ

항력(저항력) 51~56, 129~130
허수 267~271, 376
~ 평면(복소수 평면) 269
헤론 267
헤일스, 토머스 126, 141~142
황금 나선 220~221, 369
황금 비율(φ) 213, 215, 218, 221, 326~327

황금 사각형 212~213, 215~220
황금 삼각형 221, 369
회문 소수 152, 362
회전 대칭성 167~169, 172, 174, 231~232, 363
회전 타원체 133~135, 137, 361
히에로 2세 75, 77
히파소스 267
힐베르트, 다비트 138~143, 305~306
~의 스물세 문제 138, 140, 142

A~Z

DNA 96
ISBN 241~243, 371~372
NTU 373~374
WMAP 136

숫자

4차원 10, 12, 15, 285~286, 288~289, 293~294, 296, 298
8자 매듭 92~93, 95

옮긴이 김소정
대학교에서 생물학을 전공했고 과학과 역사를 좋아한다. 꾸준히 동네 분들과 독서 모임을 하고 있고, 번역계 후배들과 함께 번역을 공부한다. 실수하고 좌절하고 배우고 또 실수하는 과정을 되풀이하지만, 꾸준히 성장하는 사람이기를 바라며 되도록 오랫동안 번역을 하면서 살아가기를 바란다. 『사라진 지구를 걷다』 『새들의 천재성』 『원더풀 사이언스』 『악어 앨버트와의 이상한 여행』 『완벽한 호모 사피엔스가 되는 법』 『만물과학』 등을 번역했다.

다정한 수학책

1판 1쇄 2024년 2월 7일
1판 2쇄 2024년 3월 22일

지은이 수전 다고스티노
옮긴이 김소정
펴낸이 김정순
책임편집 장준오
편집 김해슬 허영수
마케팅 이보민 양혜림 손아영

펴낸곳 (주)북하우스 퍼블리셔스
출판등록 1997년 9월 23일 제406-2003-055호
주소 04043 서울시 마포구 양화로 12길 16-9(서교동 북앤빌딩)
전자우편 henamu@hotmail.com
홈페이지 www.bookhouse.co.kr
전화번호 02-3144-3123
팩스 02-3144-3121

ISBN 979-11-6405-234-9 03410

* 해나무는 (주)북하우스퍼블리셔스의 과학 브랜드입니다.